智能光电技术应用实训

主　编　周广大　刘招荣　陈宏斟

副主编　廖家敏　王中龙　陈祥云

参　编　吉　凤　李　适　林进生　周龙彪　林勇杰

電子工業出版社

Publishing House of Electronics Industry

北京・BEIJING

内 容 简 介

本书是光电课程改革创新系列教材之一，可配套唯康智能光电技术实训台 VGDJS-2E 使用，力争做到理实一体化教学。本书共有 8 个实训项目 24 个任务，每个任务包含知识和实训两部分内容，内容涵盖了 LED 灯具组装及广告灯的制作，光电基础电路的线路连接与检测，LED 驱动电源的装配与检测，单色 LED 点阵屏的制作与应用，LED 全彩显示屏的综合应用，智能路灯、智能交通灯的调试与应用，LED 智能照明系统的搭建与调试，LED 显示屏的拼接与应用。在介绍上述内容的同时有机融入了爱国主义、职业素养、辩证思维等思政元素。

本书是新编校企合作教材，采用适应技能培养的“项目+任务”体例编写，注重工学结合，有利于专业与产业、职业岗位更好地对接，专业课程内容与职业标准更好地对接；有利于培养专业技能扎实的德、智、体、美、劳全面发展的新时代人才。

本书可作为职业院校、技工院校光电类专业的教学用书，也可供 LED 照明和显示行业技术人员参考、学习和培训之用。

图书在版编目（CIP）数据

智能光电技术应用实训 / 周广大，刘招荣，陈宏斟主编．—北京：电子工业出版社，2023.3

ISBN 978-7-121-45174-4

Ⅰ．①智… Ⅱ．①周… ②刘… ③陈… Ⅲ．①光电技术 Ⅳ．①TN2

中国国家版本馆 CIP 数据核字（2023）第 041018 号

责任编辑：张镨丹　　　　特约编辑：田学清
印　　刷：天津千鹤文化传播有限公司
装　　订：天津千鹤文化传播有限公司
出版发行：电子工业出版社
　　　　　北京市海淀区万寿路 173 信箱　　　　邮编：100036
开　　本：880×1230　1/16　印张：13.25　字数：282 千字
版　　次：2023 年 3 月第 1 版
印　　次：2023 年 3 月第 1 次印刷
定　　价：53.00 元

凡所购买电子工业出版社图书有缺损问题，请向购买书店调换。若书店售缺，请与本社发行部联系，联系及邮购电话：（010）88254888，88258888。

质量投诉请发邮件至 zlts@phei.com.cn，盗版侵权举报请发邮件至 dbqq@phei.com.cn。

本书咨询联系方式：（010）88254549，zhangpd@phei.com.cn。

光电课程改革创新系列教材
编审委员会

PREFACE

前言

党的二十大报告指出，“统筹职业教育、高等教育、继续教育协同创新，推进职普融通、产教融合、科教融汇，优化职业教育类型定位”。这一新部署新要求是“实施科教兴国战略，强化现代化建设人才支撑”的重点举措，对开拓职业教育、高等教育、继续教育可持续发展新局面，书写教育多方位服务社会主义现代化建设新篇章具有非常重要的导向意义。依据《教育部关于进一步深化中等职业教育教学改革的若干意见》，编者以培养高素质劳动者和技能型人才为目标，本着适应企业需要，突出能力培养，体现“做中学，做中教”的职教特色，在深入企业调研的基础上编写了本书。

党的二十大报告指出，“推动制造业高端化、智能化、绿色化发展”。“智能光电技术应用”是职业院校、技工院校光电类专业开设的综合实训性较强的专业核心课程。本书在内容安排上，将每个任务分为任务目标、任务内容、知识、实训和考核5部分，每个任务都有相应的实操技能训练；在内容设置上，注重培养LED照明应用方向的人才，使之将来可以从事LED照明安装、设计，光电器件的测试，以及光电仪器设备的维护等技术性工作。通过本书的学习可以使读者掌握必备的光电技术基本知识，培养读者解决涉及光电类问题的基本能力，提高其实训操作的综合能力。

本书打破传统的知识体系结构，以应用为主线，以实训项目为载体，以典型、具体的任务操作贯穿全书；采用企业现有的技术和标准，实现专业课程内容与职业标准的对接。在介绍LED日光灯、LED显示屏等传统照明项目的基础上，引入智能路灯、LED智能照明系统方面的内容，内容更新，更符合当前应用的需求。教材配有相应配套的实训设备，每个任务配套核心知识和实训内容，实操性强，读者在学习过程中容易上手。同时，在编写过程中注重思政元素的引入，每个项目都融入与内容相关的科学技术、节能环保、安全教育等思政内容，将立德树人落实到教学中。

本书在编写过程中组织了高校专家、企业专家和一线教师共同进行深入研讨，编写人员有教学和编写工作经验丰富的高级讲师，有讲师、助理讲师等专业骨干教师，还有企业高级工程师。本书由珠海市第一中等职业学校的周广大、刘招荣、陈宏斟 3 位老师担任主编，由东莞市电子科技学校的廖家敏老师、珠海市第一中等职业学校的王中龙老师、广东唯康教育科技股份有限公司的陈祥云工程师担任副主编，同时，珠海市第一中等职业学校的吉凤、李适、林进生、周龙彪老师和广东唯康教育科技股份有限公司的林勇杰工程师参与了本书的编写。

本书在编写过程中得到了编者所在学校及兄弟院校老师的帮助，在此表示感谢。

由于编者水平有限，书中难免存在不足之处，敬请广大读者批评指正。

编　者

CONTENTS

目 录

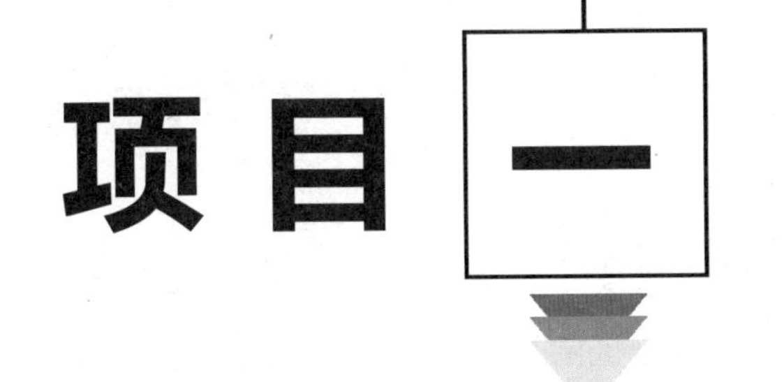

LED 灯具组装及广告灯的制作

为应对气候变化，我国提出“二氧化碳排放力争于 2030 年前达到峰值，努力争取 2060 年前实现碳中和”等庄严的目标承诺。在 2021 年的政府工作报告中，“扎实做好碳达峰、碳中和各项工作”被列为 2021 年重点任务之一；“十四五”规划也将加快推动绿色低碳发展列入其中。LED 产品的光电转化效率高，是标准的节能减排产业，对助力碳达峰、碳中和有极大的帮助。本项目主要包含认识 LED 灯带、LED 日光灯的组装与调试、LED 广告字的制作和 LED 灯珠制作发光字。

任务一　认识 LED 灯带

LED 灯带即 LED 灯条，常见的有软灯带和硬灯带。软灯带是指将 LED 组装在带状的 FPC（软性线路板）上，硬灯带是指将 LED 组装在 PCB 硬板上，一般有 LED 贴片和 LED 直插两种组装方式。LED 灯带的使用非常广泛，而且方便。本任务主要介绍 LED 灯带的组成和测试。

任务目标

知识目标

1. 认识 LED 灯带的电路组成原理和结构。
2. 学会计算 LED 灯带的功率。

技能目标

1. 学会用万用表检测 LED 灯带的连接方式。
2. 掌握用万用表测试 LED 灯带的电压和电流的方法。

任务内容

1. 测试 LED 灯带的连接方式。
2. 测试 LED 灯带的功率，并与计算值进行比较。

知识

1. LED 灯带简介

LED 灯带因其产品形状像一条带子一样而得名。它因为使用寿命长（一般正常寿命为 8×10^4～10×10^4h），又非常节能和绿色环保，所以逐渐在各种装饰行业中崭露头角。常见的 LED 灯带如图 1-1-1 所示。通常把软灯带称为 LED 灯带，把硬灯带称为灯条。

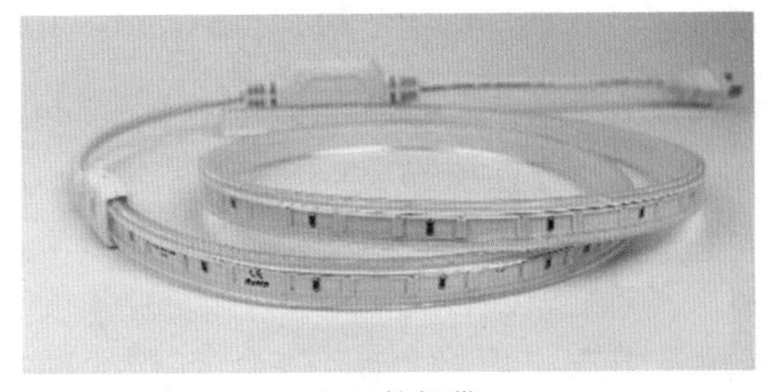

（a）软灯带

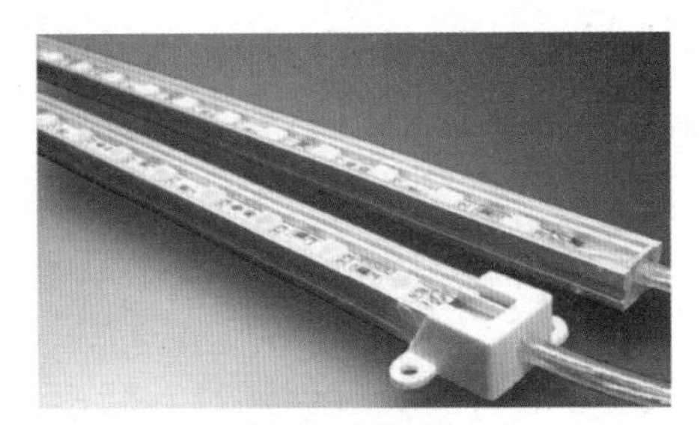

（b）硬灯带

图 1-1-1　常见的 LED 灯带

LED 灯带有单色（红色、黄色、绿色、蓝色等）、白色及彩色等种类，根据应用环境的不同，可选择不同颜色的 LED 灯带。LED 灯带的应用场景如图 1-1-2 所示。目前，常用的 LED 灯带是 2835LED 灯带和 5050LED 灯带。其中，2835 和 5050 是灯珠的型号。2835LED 灯带的封装尺寸为 2.8mm×3.5mm×0.8mm，5050LED 灯带的封装尺寸为 5mm×5mm× 1.6mm。在相同的灯珠数下，5050 灯珠比 2835 灯珠的亮度高，功率也大，价格也高一些。

（a）室内

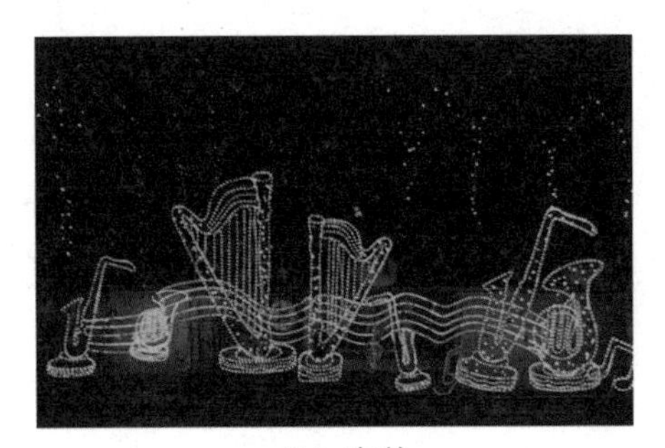

（b）室外

图 1-1-2　LED 灯带的应用场景

2．LED 灯带的组成

LED 灯带一般由灯珠、电阻、电路板、导线和相关配件组成。根据工作电压的不同，LED 灯带分为高压灯带和低压灯带，高压灯带的工作电压为 220V，低压灯带的工作电压通常为 12V、24V 和 36V。根据结构的不同，LED 灯带有普通型和组合型两种，普通型即简单的串并联电路结构；组合型是幻彩灯带所采用的结构，里面包含集成电路和时序控制电路。

常用的 LED 灯带的电路结构为串并联电路，如 12V 供电 LED 灯带，一般将 3 颗 LED 灯珠和 1 个贴片电阻 R 串联起来，组成 1 组独立电路，而每个 LED 灯带是由多组独立电路组合而成的。5050LED 灯带的电路结构如图 1-1-3 所示，每颗灯珠内有 3 个发光晶片，3 颗灯珠串联 1 个电阻组成 1 组，可以单独使用，也可以多组一起使用。2835LED 灯带的电路结构与 5050LED 灯带的电路结构一样，不同的是 2835LED 灯带的每颗灯珠内只有 1 个发光晶片，其电路结构如图 1-1-4 所示。一般灯带每卷的长度有 5m、10m、20m 等规格。2835LED 灯带的设计结构的优点如下。

- 电阻分压：可以有效保证每颗 LED 灯珠在额定电压下工作，不会因过压工作而缩短 LED 灯带的使用寿命。
- 并联分流：可以通过并联电路有效减小输入额定电流对每组 LED 灯带的冲击，让 LED 灯带可以稳定在一个电流范围之内，从而大大延长 LED 灯带的使用寿命。
- 并联恒压：因为每组 LED 灯带之间是并联结构，所以任意剪断一组都不会影响其他组的正常使用，可以有效节约安装成本。

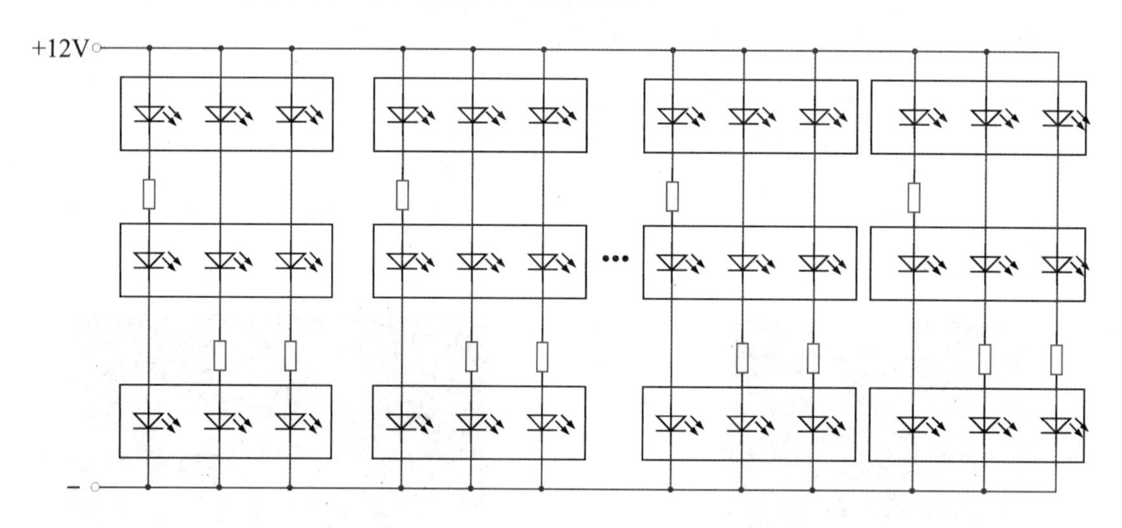

图 1-1-3　5050LED 灯带的电路结构

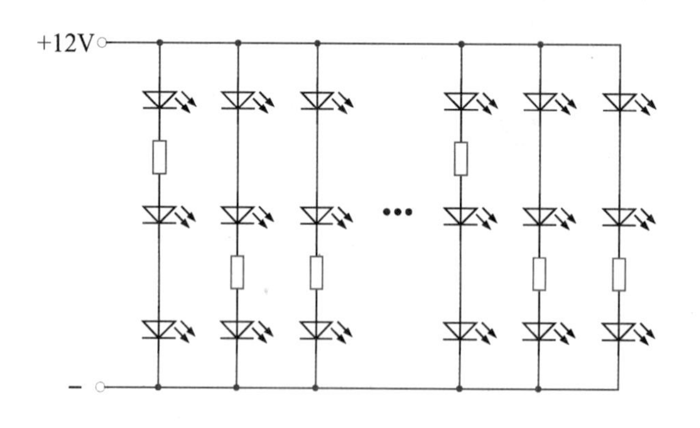

图 1-1-4　2835LED 灯带的电路结构

3．LED 灯带的连接方式

从如图 1-1-3 所示的电路结构来看，每颗灯珠内有 3 个发光晶片（3 晶），3 颗灯珠组成 1 组，可单独使用，每组通过并联的方式连接在 12V 供电线路上。

注：并不是所有的 LED 灯带都是由 3 颗灯珠串联组成 1 组的，24V 的 LED 灯带一般是由 6 颗灯珠串联组成 1 组的。LED 灯带的工作电压不同，每组灯珠的数量不同。

由于每组（每剪）LED 灯带都可以单独使用，因此用来制作广告字就非常方便。连接时，将 LED 灯带的“+”极（正极）连接到驱动电源的“+V”端、“－”极（负极）连接到驱动电源的“COM”端。12V LED 灯带的连接示意图如图 1-1-5 所示。

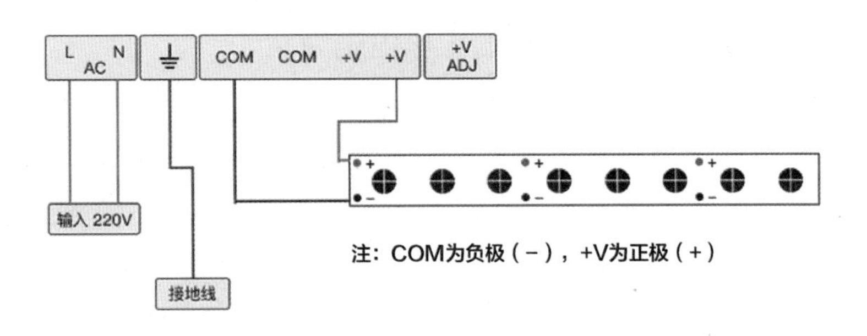

图 1-1-5　12V LED 灯带的连接示意图

实训

1．LED 灯带的好坏和连接方式的检测

根据前面的知识可知 LED 灯带一般采用先串联后并联的连接方式，而且一般其上都有明显的标识，因此我们只需使用万用表验证 LED 灯带的连接方式即可。测试 LED 灯带的好坏主要测试灯珠的好坏。下面以 12V 供电的 2835LED 灯带为例介绍灯带的好坏和连接方式的检测。具体检测方法如下。

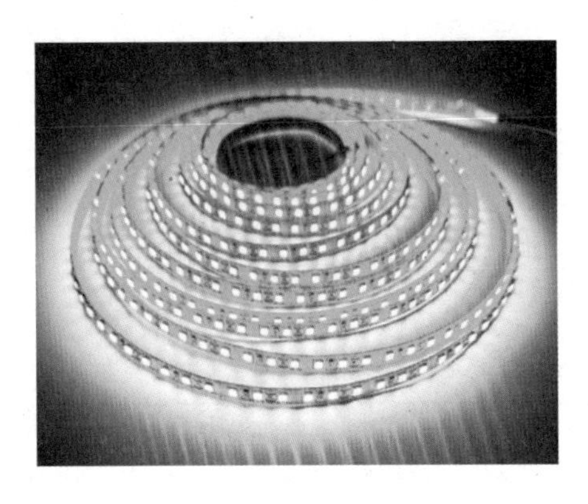

图 1-1-6　正常发光的 2835LED 灯带

（1）灯带好坏的检测：给 LED 灯带供电（正常工作电压为 12V），如果灯带正常发光，则证明灯带的质量是好的，如图 1-1-6 所示。如果有个别灯珠不发光，则可以在断电后用万用表进行测试，将万用表调到二极管挡位，若使用的是数字式万用表，则用红表笔接灯珠的正极、黑表笔接灯珠的负极，如果灯珠不亮，则证明此灯珠已损坏；如果灯珠亮，则证明此灯珠可能出现断路。若使用的是指针式万用表，则在检测灯珠质量时，用黑表笔接灯珠的正极、红表笔接灯珠的负极。

（2）灯带连接方式的检测：将指针式万用表调到蜂鸣挡，测试灯珠之间的串并联关系，根据图 1-1-4，用红、黑表笔分别接两颗灯珠的正极，若相通，则证明这两颗灯珠属于不同组，而且是并联关系；用红、黑表笔分别接两颗灯珠其中一颗的正极和另一颗的负极，若相通，则证明这两颗灯珠是串联关系，而且属于同一组。

2. LED 灯带功率的测试

本任务采用 2835LED 灯带进行测试，灯带的正常工作电压为 12V，每颗灯珠的正常工作电流约为 20mA。由于灯带长度不同，功率也不同。因此这里分别测试 10 组（10 剪）、5 组（5 剪）、1 组（1 剪）3 种长度灯带的电压、电流和功率。裁剪灯带时要注意以组为单位进行，灯带一般都会有明显的裁剪位置，如图 1-1-7 所示。在测量前，可以先计算灯带的功率，以 10 组为例，灯带的工作电压为 12V，灯带的电流为 20mA×10=200mA，总功率为 12V×200mA=2.4W。用万用表测量 LED 灯带的实际功率的具体方法如下。

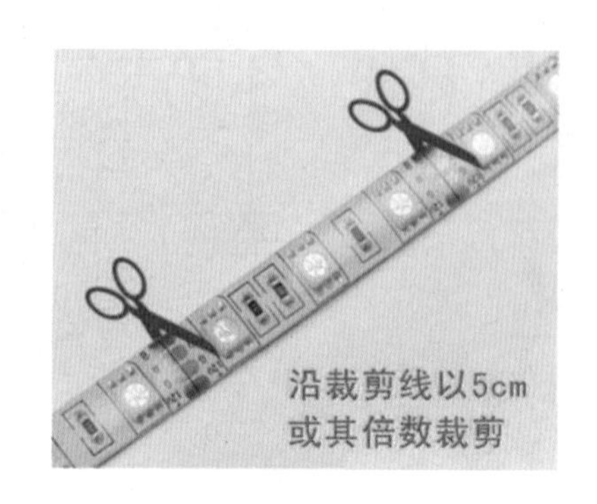

图 1-1-7　灯带的正确裁剪方法和位置

（1）给 LED 灯带接入 12V 驱动电源，灯带正常发光，用万用表测量灯带正常工作时的电压值应为 12V。

（2）工作电流的测试。将万用表调到电流挡，并串联接入电路，测量不同长度灯带的电流大小，将结果记入表 1-1-1 中。

表 1-1-1　LED 灯带参数测试记录

参数	LED 灯带长度		
	10 组	5 组	1 组
测试电流			
测试功率（计算）			
计算功率			

考核

将考核结果填入表 1-1-2 中。

表 1-1-2　考核表

任务考核内容		标准分值	自我评分分值×50%	教师评分分值×50%
专业知识与技能	任务计划阶段			
	实训任务要求	10		
	任务执行阶段			
	熟悉灯带型号	5		
	熟悉灯带结构	5		
	灯带电流测试	15		
	灯带功率计算	15		

续表

任务考核内容		标准分值	自我评分分值×50%	教师评分分值×50%
专业知识与技能	任务完成阶段			
	灯带结构检测	15		
	实训数据计算	10		
	实训结论	5		
职业素养	规范操作（安全、文明）	5		
	学习态度	5		
	合作精神及组织协调能力	5		
	交流总结	5		
合计		100		
学生心得体会与收获：				
教师总体评价与建议： 教师签名：　　　　　　　　日期：				

任务二　LED 日光灯的组装与调试

LED 日光灯俗称直管灯，是传统荧光灯管的替代品，其优势体现在节能和环保两方面。LED 日光灯的尺寸、安装方式和传统荧光灯相同，但它是采用 LED 半导体芯片来发光的。它的使用寿命在 5×10^4h 以上，供电电压为 AC 85～265V，无须启辉器和镇流器，启动快，功率小，无频闪，不容易使人视疲劳。

任务目标

知识目标

1. 了解 LED 日光灯的结构特点和基本原理。
2. 掌握 LED 日光灯的驱动方式及 LED 灯串的连接方式。

技能目标

1. 掌握 LED 日光灯的制作步骤。
2. 掌握 LED 日光灯的参数测试方法。

任务内容

1. 焊接、组装 LED 日光灯。
2. 测试 LED 日光灯的电气参数。

知识

1. LED 照明灯的原理

LED 照明灯具安装模块中提供的 LED 日光灯、LED 筒灯、LED 天花灯都属于常用的室内照明灯具，其内部主要由驱动电源和 LED 灯串（光源、灯板）组成。

驱动电源的作用是将交流电源转换为特定的电流、电压以驱动 LED 灯珠。多个 LED 灯珠以一定的串并联方式安装在玻纤板或铝基板上。220V 交流市电经驱动电源的转换，输出恒定电流驱动 LED 照明灯具发光。

由于 LED 日光灯、LED 筒灯、LED 天花灯的应用场合有所不同，因此它们的外形、结构也各有其特点。图 1-2-1 所示为常用的 LED 照明灯具，有日光灯、射灯、筒灯、天花灯、面板灯。实训台中这些常用的 LED 照明灯具发出 3 种颜色的灯光，分别为正白、暖白、暖黄，用户可以根据实际需要进行调节。实训台中的射灯有 3 种不同颜色的灯珠可供使用。

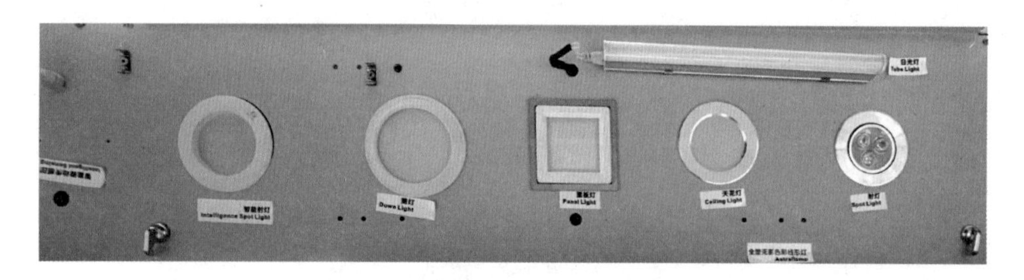

图 1-2-1　常用的 LED 照明灯具

2. LED 日光灯的结构

由于 LED 日光灯在原理和结构上都与传统荧光灯的差别很大，故它的外部接线方式也与传统荧光灯不同，需要采用驱动电路。但单从外形上看，LED 日光灯和传统荧光灯相差不大。图 1-2-2 是 LED 照明灯具安装模块中提供的 LED 日光灯的外观图及接线示意图。

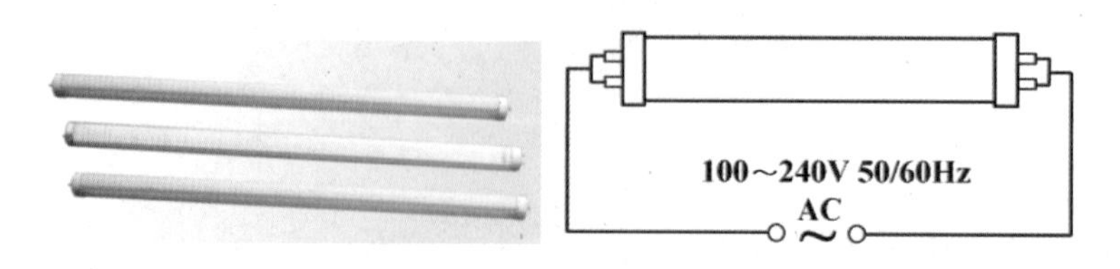

图 1-2-2　LED 照明灯具安装模块中提供的 LED 日光灯的外观图及接线示意图

LED 日光灯通常将恒流驱动电源内藏于灯管中，因此外部只需接入 85～265V 的交流电源即可。

将 LED 日光灯从 LED 照明灯具安装模块上取下，拧开灯管两端的堵头，很容易将其拆卸、分解。分解后可以看到，LED 日光灯主要由驱动电源、灯板、PC 灯罩、散热铝灯罩、接线端头等几部分组成，如图 1-2-3 所示。

LED 日光灯的每个部件都可以拆除，其中任何一个部件损坏，都可以维修或更换，且其中的所有材质都可以回收再利用，非常环保。按类似的方法，可将 LED 照明灯具安装模块中的 LED 筒灯、LED 天花灯等灯具逐一拆解。

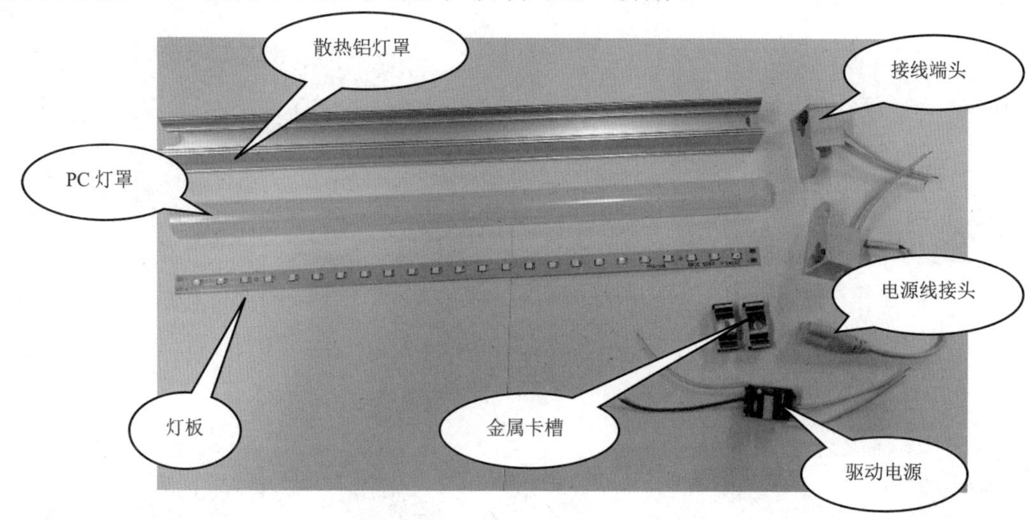

图 1-2-3　LED 日光灯各组成部分

本模块中提供的样品 LED 日光灯的灯板由 24 颗 2835 LED 灯珠混联而成，采用 3 串 8 并（3 颗灯珠串联组成 1 组，8 组并联）的连接形式。驱动电源为成品模组。图 1-2-4 所示为该 LED 日光灯的电路结构。

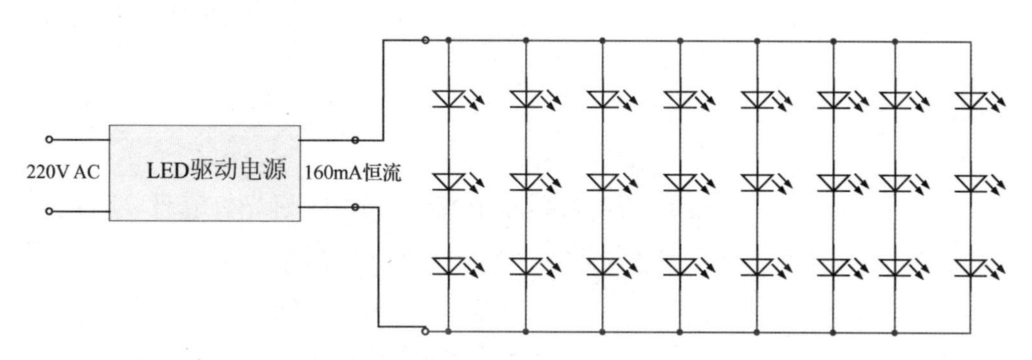

图 1-2-4　该 LED 日光灯的电路结构

电路采用的 LED 灯珠的工作电流 I_F 为 20mA，正向工作电压 V_F 为 3V。3 颗同型号的 LED 灯珠串联，需要的驱动电压为 3V×3=9V；8 组并联，可得工作电流为 20mA×8=160mA。由此可知，该 LED 日光灯的驱动电源输出的恒定电流为 160mA，电压应为 9V。

3. LED 日光灯的灯珠简介

LED 日光灯采用的灯珠通常有直插式 LED（俗称草帽）灯和贴片式 LED 两种类型。常用的贴片式灯珠有 2835 和 5050 两种类型。2835 贴片式灯珠的封装尺寸为 2.8mm×3.5mm×0.8mm，其外形如图 1-2-5（a）所示；5050 贴片式灯珠的封装尺寸为 5mm×5mm×1.6mm，其外形如图 1-2-5（b）所示。贴片式 LED 组成的日光灯如图 1-2-6 所示。

所谓草帽灯，就是直插式 LED 灯的俗称，因其外形像草帽而得名，常见的尺寸有 3mm 和 5mm 两种类型，常见的颜色有红、绿、黄 3 种，也有组合而成的其他颜色。直插式 LED 灯珠的外形如图 1-2-7 所示。

（a）2835 贴片式灯珠

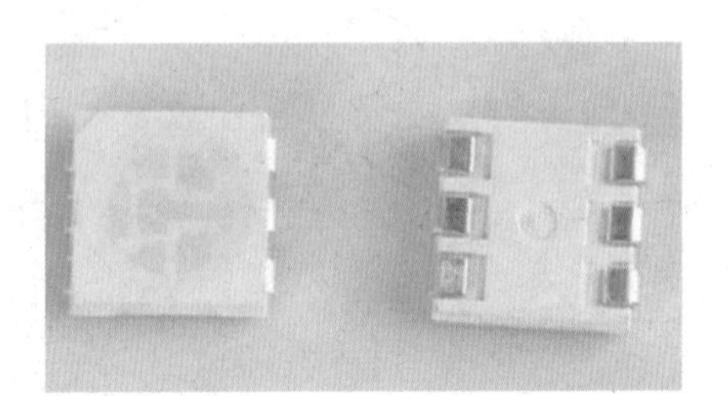

（b）5050 贴片式灯珠

图 1-2-5 贴片式 LED 灯珠的外形

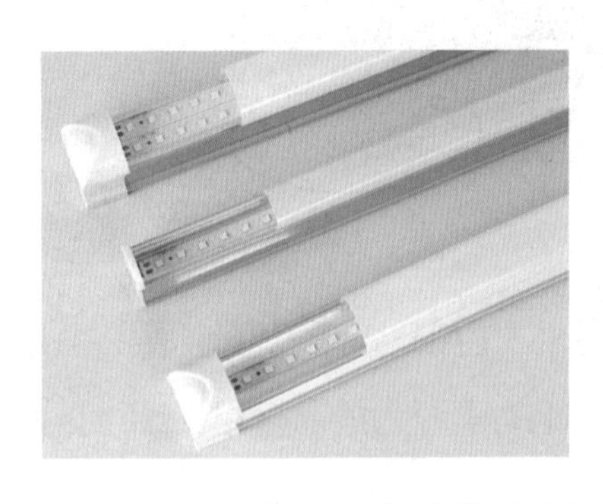

图 1-2-6 贴片式 LED 组成的日光灯

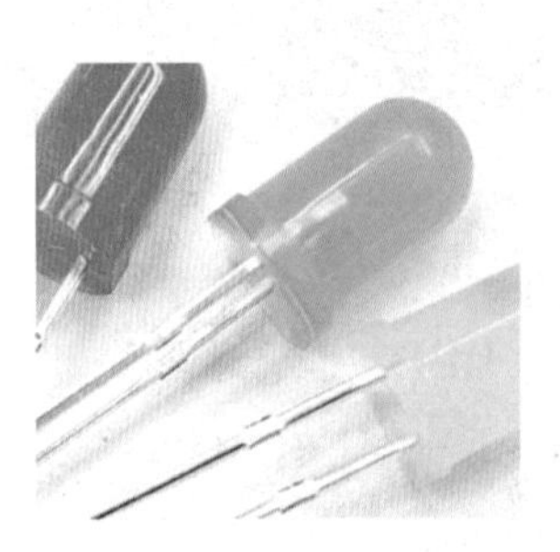

图 1-2-7 直插式 LED 灯珠的外形

实训

本任务所需设备和材料：LED 照明灯具安装模块、LED 日光灯套件、万用表、恒温电烙铁、斜口钳、防静电手环、焊锡丝等。LED 日光灯材料清单如表 1-2-1 所示。

表 1-2-1 LED 日光灯材料清单

序 号	材料名称	数 量	规格或型号
1	LED 灯珠	24	颗
2	LED 驱动电源	1	个
3	灯板	1	块

续表

序　　号	材料名称	数　　量	规格或型号
4	接线端头	2	个
5	PC 灯罩	1	条
6	散热铝灯罩	1	条

1. LED 日光灯的制作

（1）组装前的防静电注意事项。

LED 属于半导体元器件，特别容易受静电感应损伤。在焊接组装 LED 日光灯前，做好静电防护十分重要：工作台面铺设防静电台垫，操作者佩戴带接地夹的防静电手环，穿着防静电工作服等。

（2）检测 LED 灯珠质量。

如图 1-2-8 所示，将指针式万用表置“R×10k”挡，检查每颗 LED 灯珠是否能正常发光，剔除不合格的 LED 灯珠。

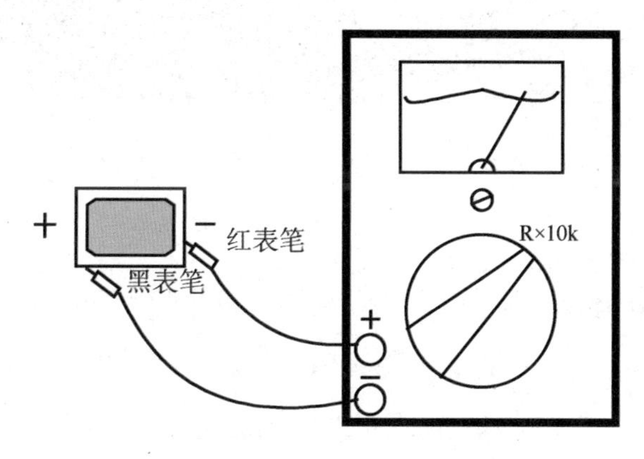

图 1-2-8　检测 LED 灯珠质量

（3）检测 PCB 灯板。

用万用表的“R×1”挡测量 PCB 灯板覆铜面的各条相邻线路是否有相通短路的现象。如果短路，就必须找出短路点，用美工刀等工具将短路铜箔处割断，排除短路故障，否则可能造成严重漏电或短路的危险。如果在灯珠装配完成后进行排查，将比较麻烦。

（4）焊接 LED 灯珠。

经过检测后，将质量完好的 LED 灯珠平整地装到灯板上并焊接。安装时务必保证灯珠的正负极性正确，切不可接反；所有灯珠均贴板安装。焊接后的 LED 灯珠如图 1-2-9 所示。

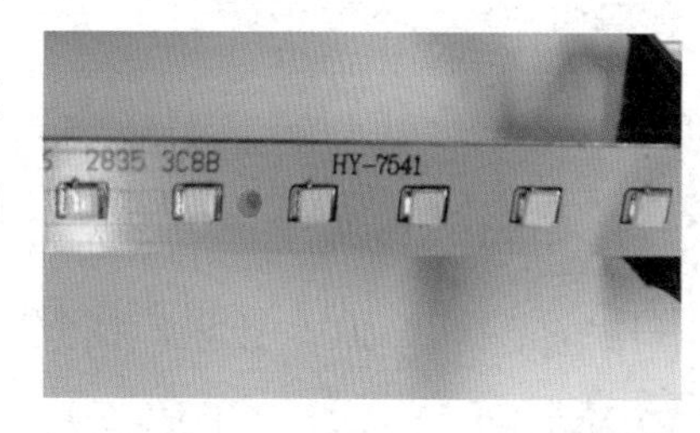

图 1-2-9　焊接后的 LED 灯珠

（5）检测焊接质量。

焊完 24 颗 LED 灯珠后，仔细检查每颗 LED 灯珠的焊接质量，检查焊点是否有虚焊、假焊等现象。如果有以上情况，则应及时进行修补处理，保证焊接的工艺与质量。

（6）连接 LED 驱动电源。

将 LED 驱动电源与 PCB 灯板连接起来。LED 驱动电源共有 4 条引线，其中有 2 条黑色引线的一端为 220V 交流输入端，将它们焊接到灯板上的 220V 交流输入焊盘处，这 2 条引线不用区分极性；LED 驱动电源的另一端有 1 红、1 白 2 条引线，此端为恒流输出端，将此 2 条引线分别焊接到灯板上标有“+”“-”符号的焊盘处，将红色引线焊接到标有“+”符号的焊盘处，将白色引线焊接到标有“-”符号的焊盘处，切不可接反，如图 1-2-10 所示。

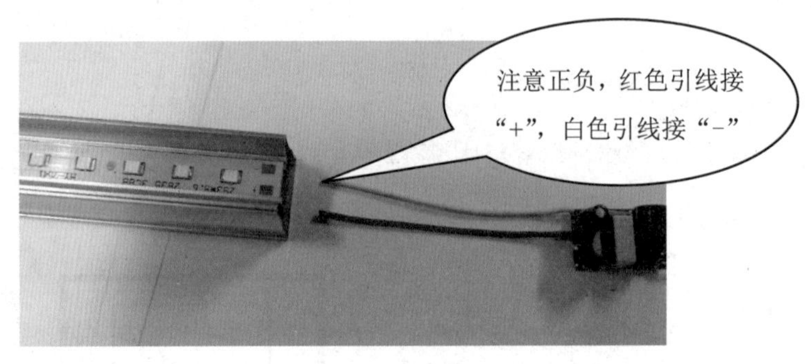

图 1-2-10　LED 驱动电源的连接

（7）连接接线端头。

220V 交流电源由灯管两端的接线端头引入，每个接线端头各有 2 条白色引线，2 个接线端头都可以接 220V 交流电供电。将 LED 驱动电源的 2 条黑色引线与 1 个堵头的 2 条白色引线相连接，将另 1 个堵头的 2 条白色引线焊接到 LED 驱动电源上，如图 1-2-11 所示。至此，所有焊接工作均已完成。

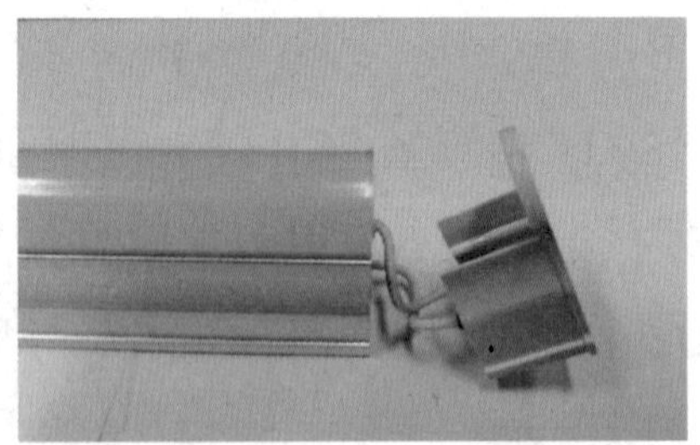

图 1-2-11　接线端头与灯板的连接

（8）组装前的通电检测与参数测量。

用电源线将 220V 交流电源的火线和零线分别接到新安装灯板的两个接线端头的引脚上，接通 220V 电源，观察灯板上的所有灯珠是否都能正常发光。如果不能正常发光，或者个别 LED 灯珠不能正常发光，则应在断电后及时查找故障原因，并排除故障。特别提示：在进行此项检测时，应注意用电安全，谨防触电。

在确保所有 24 颗 LED 灯珠都能正常发光后，先用万用表测量 LED 驱动电源的输出电流、输出电压这两个主要参数，再计算该 LED 驱动电源的输出功率，将结果填入表 1-2-2 中。

表 1-2-2　LED 日光灯的参数测量

	测量值	计算值
驱动电源输出电压/V		—
驱动电源输出电流/mA		—
驱动电源输出功率/W	—	

2. LED 日光灯的组装与测试

（1）LED 日光灯的组装。

参数测量完成后可进行外壳的安装。将灯板与套好热缩管的 LED 驱动电源同时推入散热铝灯罩的卡槽中，如图 1-2-12（a）所示；灯板安装到位后，将 PC 灯罩推入散热铝灯罩的外侧卡槽中，如图 1-2-12（b）所示；固定灯管两端的堵头，如图 1-2-11（c）所示，即完成 LED 日光灯的组装。

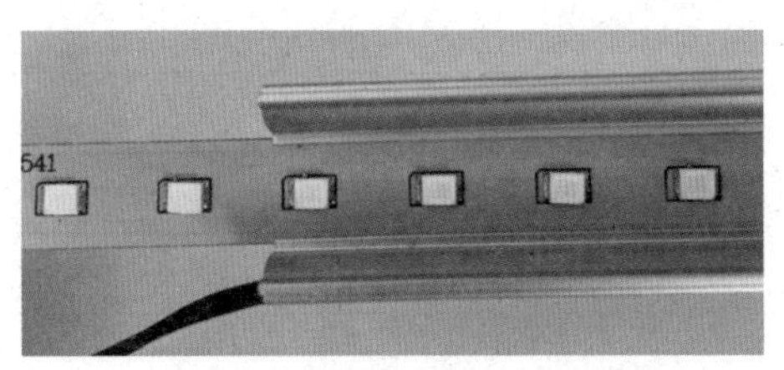

（a）将灯板与套好热缩管的 LED 驱动电源同时推入散热铝灯罩的卡槽中

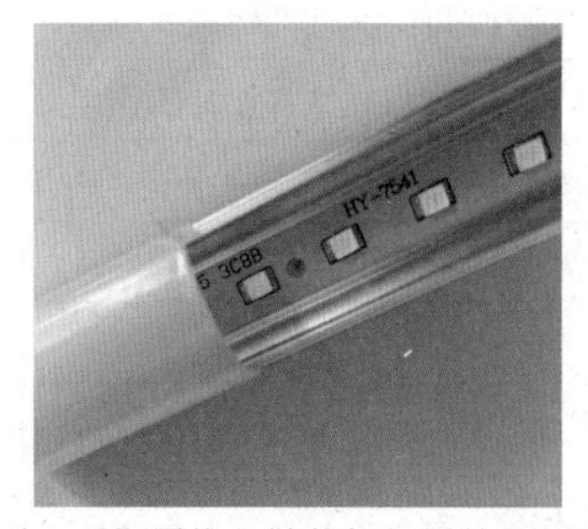

（b）将 PC 灯罩推入散热铝灯罩的外侧卡槽中

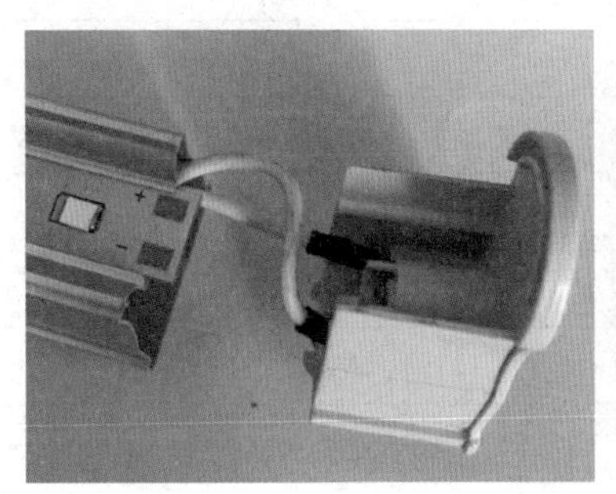

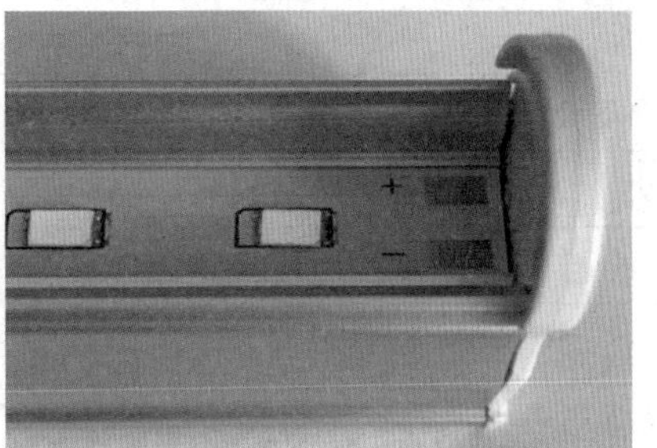

（c）固定灯管两端的堵头

图 1-2-12　LED 日光灯外壳的安装

（2）观察效果。

取下 LED 照明灯具安装模块中的原 LED 日光灯样品，将新安装的 LED 日光灯装到灯座上，接通电源，观察日光灯通电后的发光效果，如图 1-2-13 所示。

（a）安装图

（b）发光效果图

图 1-2-13　LED 日光灯的安装图和发光效果图

考核

将考核结果填入表 1-2-3 中。

表 1-2-3　考核表

任务考核内容		标准分值	自我评分分值×50%	教师评分分值×50%
专业知识与技能	任务计划阶段			
	实训任务要求	10		
	任务执行阶段			
	熟悉 LED 日光灯的组成	5		
	理解 LED 日光灯各部分的作用	5		
	理解 LED 灯珠的连接方式	5		
	实训设备使用	5		
	任务完成阶段			
	元器件检测	10		
	LED 灯珠焊接	20		
	LED 日光灯的组装	20		
职业素养	规范操作（安全、文明）	5		
	学习态度	5		
	合作精神及组织协调能力	5		
	交流总结	5		
合计		100		
学生心得体会与收获：				
教师总体评价与建议： 教师签名：　　日期：				

任务三　LED 广告字的制作

LED 广告字采用 LED 灯带制作，各种文字、图案有序跳跃、交相辉映，可产生强烈的视觉冲击，能有效提高广告单位面积利用率，广泛适用于商场、火车站、高速公路收费站、停车场等地方。不过，随着国家对 LED 行业的大力扶持，LED 广告屏幕迅猛发展，但是 LED 高亮度的优点给人们带来了视觉上的光污染，作为企业，在使用时应注重光污染问题，应该掌握好亮度的设置。本任务介绍采用 LED 彩色灯带和 LED 霓虹灯带制作广告字。

任务目标

知识目标

1. 了解 LED 彩色灯带和 LED 霓虹灯带的原理与构成。
2. 掌握 LED 彩色灯带和 LED 霓虹灯带的组装与测试方法。

技能目标

1. 学会使用 LED 彩色灯带和 LED 霓虹灯带制作广告字的方法。
2. 掌握 LED 彩色灯带和 LED 霓虹灯带广告字电气参数的测试方法。

任务内容

1. 利用 LED 灯带制作 LED 广告字。
2. LED 灯带电气参数的测试。

知识

1. LED 霓虹灯带

LED 霓虹灯带是指将 LED 灯珠组装在柔性带状壳体中，柔性带状壳体的一端有套管，另一端连接电源导线。目前使用的 LED 霓虹灯带的柔性带状壳体材料一般是柔性硅胶，具有强柔韧性、耐黄变、耐酸碱、光衰小、透光率好等优良特性。LED 霓虹灯带的外形和应用如图 1-3-1 所示。

LED 霓虹灯带的正常工作电压有 12V、24V、110V 和 220V 等，根据工作电压的不同，使用的 LED 驱动电源也不同。LED 霓虹灯带一般一卷有 50m 和 100m 两种规格。

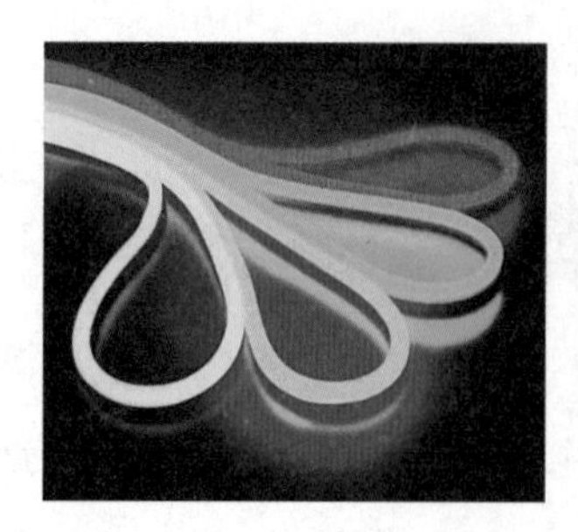

图 1-3-1　LED 霓虹灯带的外形和应用

LED 霓虹灯带的优势如下。

- 使用环保硅胶，无毒。
- 采取挤出硅胶工艺，有更好的防水性能，防水等级高达 IP68。
- 柔性硅胶克服了原始霓虹灯易碎的缺点。此外，它还有较强的柔韧性，可弯折、扭曲、拉拔等，更易于造型设计，适合多种安装环境。
- 防火，防气体腐蚀，抗紫外线等。
- 光效柔和，发光均匀，光色纯正，具有丰富的色彩。
- 光衰小，寿命长，质保 3～5 年。

2．LED 彩色灯带套件

LED 彩色灯带中所用的灯珠通常是 RGB 灯珠（RGB 是指红光、绿光、蓝光 3 基色，即在 1 颗灯珠里组合安装了红、绿、蓝 3 种颜色的 LED 芯片）。根据空间混色原理，每颗 RGB 灯珠既能发出红、绿、蓝 3 基色单色光，又能由 3 基色混色发出其他颜色的光，如红+绿=黄、红+蓝=紫、绿+蓝=青、红+绿+蓝=白。

在 LED 照明灯具安装模块中，提供有安装 LED 彩色灯带所需的整套材料，包括控制器 1 个、44 键遥控器 1 个、SMD 5050 规格 RGB 彩色灯带 1 卷（5050 指灯珠尺寸为 5mm×5mm×1.6mm）、电源适配器 1 个，如图 1-3-2 所示。

图 1-3-2　LED 彩色灯带套件外观

3．LED 彩色灯带的参数及裁剪方法

本套件中的灯带参数如下。

- 规格：5m/卷；采用双面胶粘贴固定。
- 灯珠型号：SMD-5050-RGB。
- 灯珠数量：60 颗/m。

- 工作电压：12V。
- 功率：0.24W/灯，14.4W/m，72W/卷。
- 灯带工艺：滴胶防水。

由于该灯带的连接方式为每 3 颗 LED 灯珠串联成 1 组，各组并联，故裁剪时必须按其所标注的裁剪线进行裁剪，同一组的 3 颗 LED 灯珠不可分开，如图 1-3-3 所示。LED 灯带的电路结构如图 1-3-4 所示。

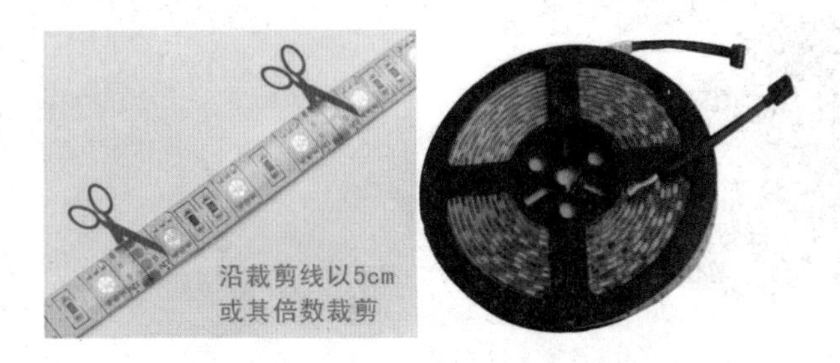

图 1-3-3　灯带及其裁剪示意图

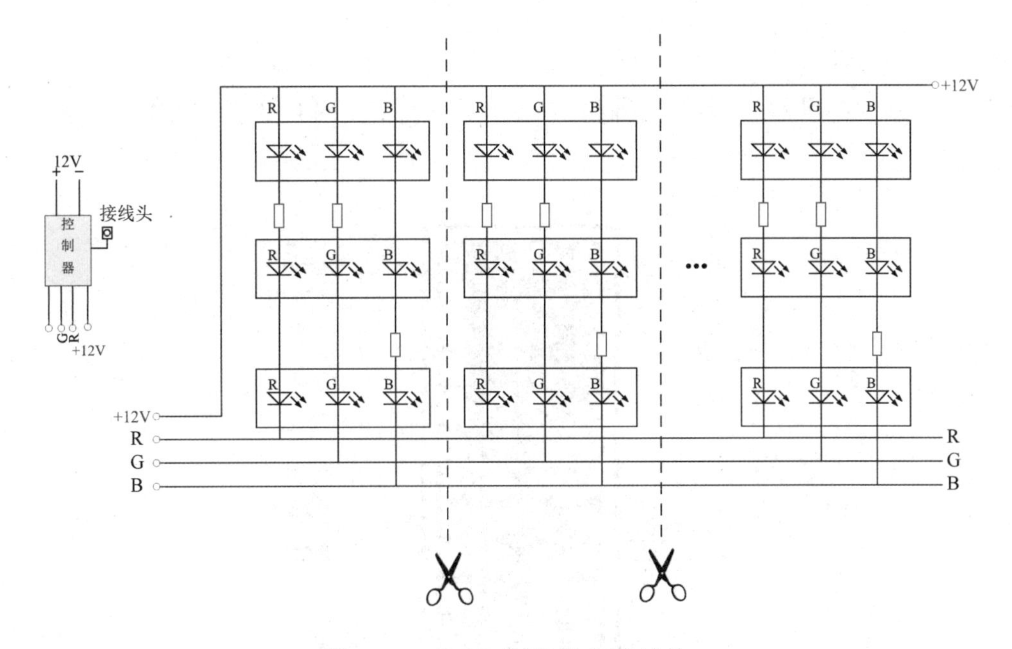

图 1-3-4　LED 灯带的电路结构

4. 电源适配器

电源适配器为灯带及控制器提供电源，本模块中提供了一个开关电源适配器，如图 1-3-5 所示，其主要参数如下。

输入电压：100～240V，50～60Hz，1.6A。

输出电压：12V/5A，直流输出。

5. 控制器

控制器用来控制灯带的颜色变换效果，其控制程序已固化在内部芯片中。

控制器有两组引出线，如图 1-3-6 所示。其中，上面一组为红外遥控接收头，用来接收 44 键遥控器的控制信号；下面一组为控制器输出线，4 个引脚分别为+12V、R、G、B，与灯带的输入插头相连。

控制器输入/输出电压为 DC 12V，最大输出电流为 6A，最大负载功率为 72W，即此控制器控制该型灯带的最大长度为 5m（1 卷）。在安装时，若要将多卷灯带串联延长安装，则需要使用具有更大电流和功率的控制器。

图 1-3-5　开关电源适配器

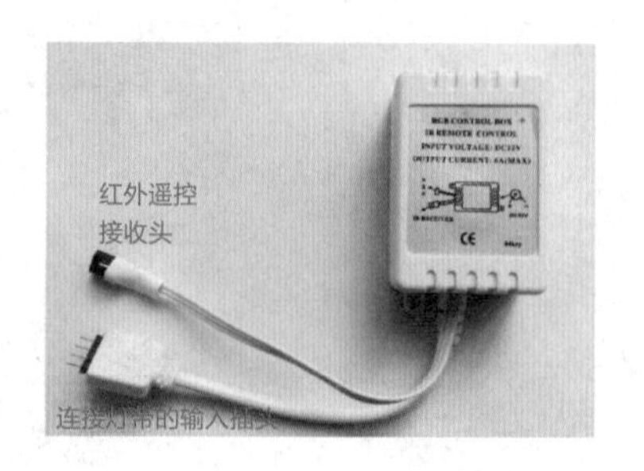

图 1-3-6　控制器

6. 44 键遥控器

用户可通过 44 键遥控器切换各种颜色和变换效果。44 键遥控器各按键的功能说明如图 1-3-7 所示。

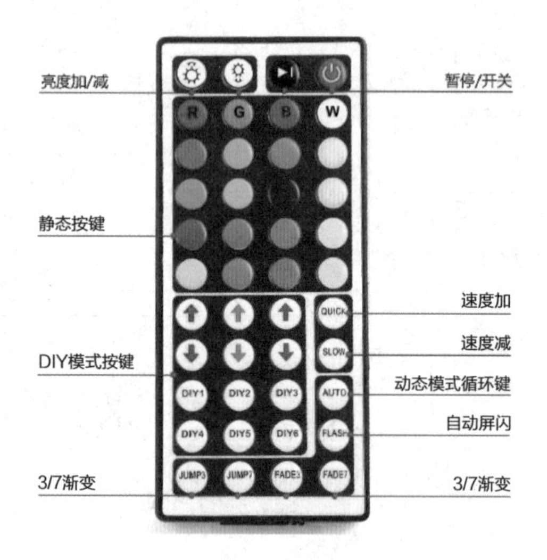

图 1-3-7　44 键遥控器各按键的功能说明

实训

1. 用 LED 霓虹灯带制作广告字

（1）实训准备。

本任务所需设备和材料：LED 驱动电源（DC 12V，16.7A）、红/黑导线、LED 霓虹灯带、接线端子排、香蕉插线、万用表、电烙铁、剪刀、焊锡丝、细铜线等。

（2）裁剪计算。

灯带裁剪要求：LED 霓虹灯带的裁剪长度一般为 5cm 一剪，底部有明显标识，确保无损坏和暗区。根据项目实际情况，可以在裁剪处以 5cm 的整数倍为单位裁剪。

（3）字体设计与位置规划。

根据每个字需要的长度和大小裁剪 LED 霓虹灯带，如图 1-3-8 所示；依据提供的网板规格大小，将裁剪好的 LED 霓虹灯带根据设计字体形状的大小、长宽对固定位置进行规划。注意：定位时需要计算距离并规范字与字之间的等宽、等高、等间距这 3 个参数值。

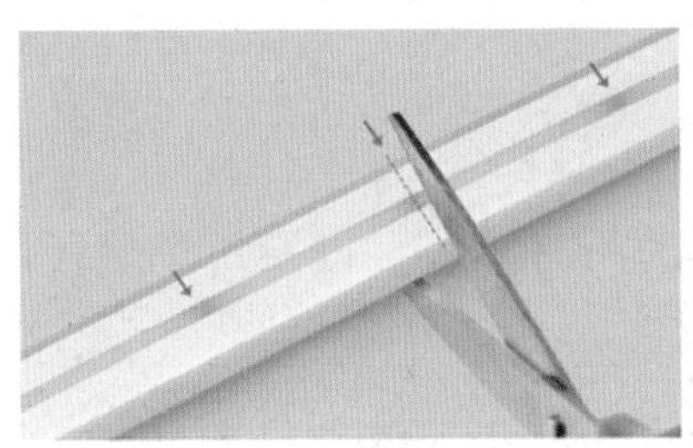
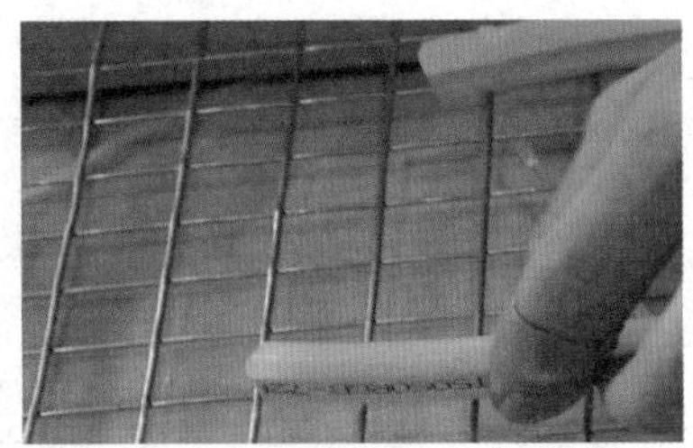

图 1-3-8　LED 霓虹灯带裁剪示意图

（4）焊接与安装。

将裁剪好的 LED 霓虹灯带接上电源线连接到控制器上以检测其好坏，如图 1-3-9 所示。在测试正常的灯带接线处加上热熔胶以防止接线脱落或短路；按照计算好的字体规格把灯带用扎带固定在网板上；把每部分的电源线连接到控制器端，规范布线。把制作好的 LED 霓虹灯带广告字安装在操作台顶部，通电展示，效果如图 1-3-10 所示。

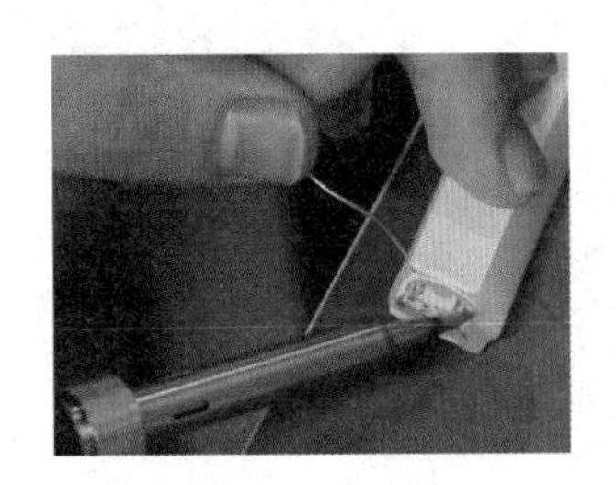
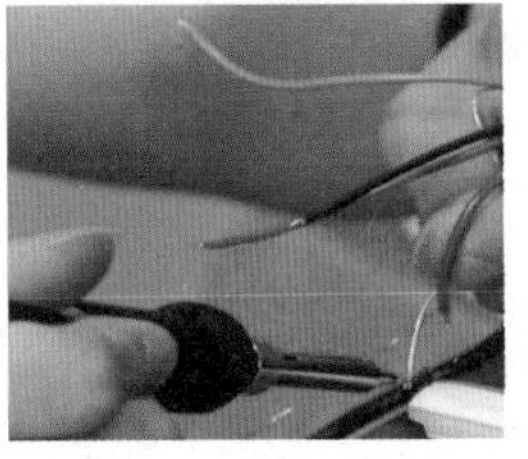

图 1-3-9　将 LED 霓虹灯带连接到控制器上

图 1-3-10　LED 霓虹灯带广告字效果图

（5）电压、电流和功率的测量。

测量和计算制作完成的 LED 霓虹灯带广告字的发光颜色为白色、红色、绿色、蓝色时的电压、电流和功率，并填入表 1-3-1 中。

表 1-3-1　LED 霓虹灯带广告字的测量数据

	发光颜色			
	白色	红色	绿色	蓝色
电压				
电流				
功率				

2．用 LED 彩色灯带制作广告字

由于 LED 广告字就是由若干 LED 发光字组成的，因此本任务以 LED 彩色灯带制作发光字“中”为例来介绍 LED 灯带广告字的制作方法。发光字“中”的效果如图 1-3-11 所示。在制作 LED 广告字时，可按照自己的想象与创意组合一个图案，创造一种意境般的光照环境，要注意不同灯带特效之间的切换，以及电源的匹配、散热问题。

（1）实训准备。

本任务所需设备和材料：LED 驱动电源（DC 12V，5A）、LED 彩色灯带套件 1 套、万用表、电烙铁、剪刀、焊锡丝、细铜线等。

（2）裁剪计算。

选定要制作的发光字，计算出组成该字的所有笔段，以及每个笔段所需的灯带长度（总长度不大于 5m）。

虽然 LED 灯带采用了柔性电路板，非常柔软，但不能够横向弯折，故在制作发光字时，必须先剪断再拼接。笔段之间可以用细铜线进行焊接连接。每个笔段的长度必须是 5cm 或它的倍数。以制作一个“中”字为例：若灯带交叉处不重叠，则应将“中”字拆分为 7 个笔段，如图 1-3-12 所示。

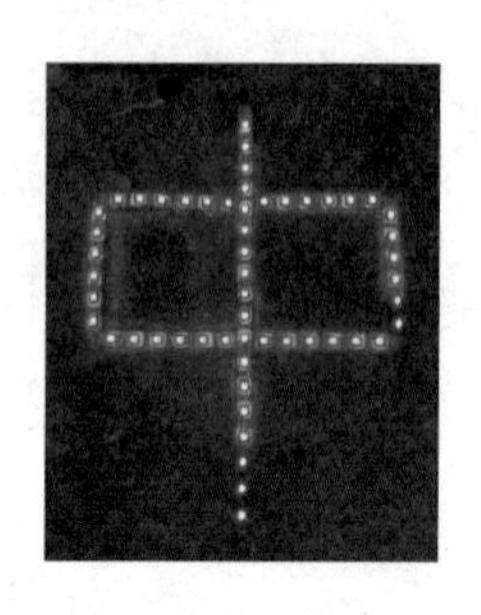

图 1-3-11　发光字“中”的效果

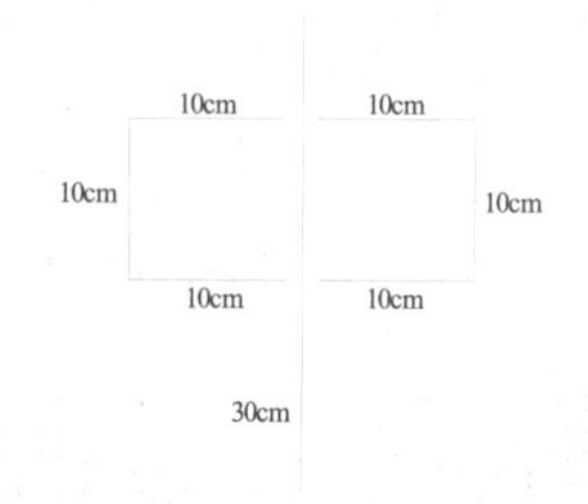

图 1-3-12　“中”字的笔段拆分

（3）灯带裁剪。

按上述计算结果，首先从原始灯带卷的某一头（带插头）起剪下一段长度为 90cm 的灯带，然后分别裁剪为 30cm 长度 1 段、10cm 长度 6 段，并将其拼成“中”字形状。为方便重新连接时的焊接，裁剪时应沿裁剪线从焊盘正中心裁剪，如图 1-3-13 所示。

沿裁剪线从焊盘正中心裁剪，以方便两端的焊接

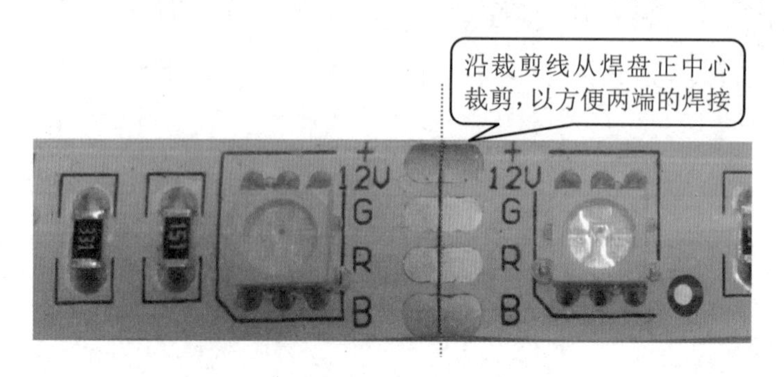

图 1-3-13　裁剪示意图

对裁剪前后不同长度灯带的电流进行对比测量，将测量结果填入表 1-3-2 中。

表 1-3-2　不同长度灯带的电流测量

	灯带长度		
	5m（整卷）	90cm	30cm
工作电流/A （白光静态时）			

（4）笔段连接。

将 7 个笔段按顺序串联焊接起来。由于一共有 4 条线路（+12V、R、G、B），故每个连接处需要用 4 根细铜线进行连接（注意绝缘处理及隐藏效果）。

（5）整字粘贴。

所有笔段串联焊接完成后，小心地将成形的 LED 灯带广告字粘贴到合适的地方（如大块的硬纸板、木板、墙面等）。

（6）通电测试。

先将电源适配器的输出插头连接到控制器的电源输入插孔中，再将控制器输出插头与制作好的发光字的输入插头相连，如图 1-3-14 所示。通电后即可观察制作效果，如图 1-3-15 所示。

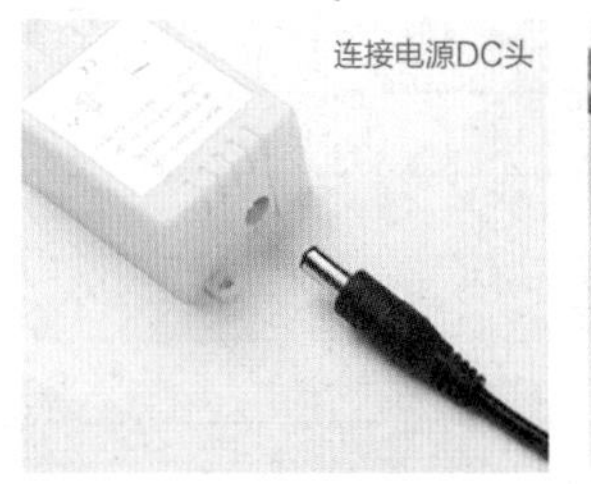

图 1-3-14　控制器与电源及灯带的连接

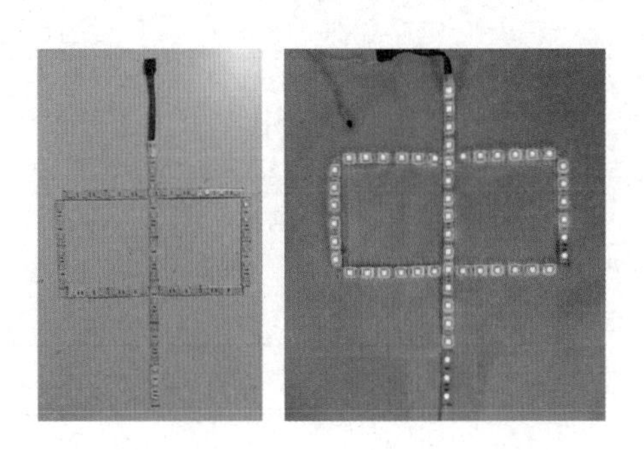

图 1-3-15　完成效果图

（7）LED 彩色灯带电气参数测试。

使用 44 键遥控器对发光字进行效果检测，测试单色、闪烁、渐变等各种变化效果，检查发光字是否正常发光；分别测量灯带发出红色、绿色、蓝色和白色 4 种颜色效果时的工作电流，将测量结果填入表 1-3-3 中。

表 1-3-3　不同颜色效果工作电流测量

	发光颜色			
	红色	绿色	蓝色	白色
工作电流/A				

考核

将考核结果填入表 1-3-4 中。

表 1-3-4　考核表

任务考核内容		标准分值	自我评分分值×50%	教师评分分值×50%
专业知识与技能	任务计划阶段			
	实训任务要求	10		
	任务执行阶段			
	熟悉电路连接	10		
	实训效果展示	10		
	理解电路原理	10		
	实训设备使用	10		
	任务完成阶段			
	元器件检测（极性判断）	10		
	实训数据计算	10		
	实训结论	10		
职业素养	规范操作（安全、文明）	5		
	学习态度	5		
	合作精神及组织协调能力	5		
	交流总结	5		
合计		100		
学生心得体会与收获：				
教师总体评价与建议： 教师签名：　　　　日期：				

任务四　LED 灯珠制作发光字

用 LED 灯珠制作发光字是指将 LED 灯珠根据设计的字体进行焊接，常见的有 LED 冲孔发光字，主要用于户外的广告标识、楼宇上的发光标识、门店的招牌等。它的出现让广告变得更直接。本任务介绍如何用直插式 LED 灯珠在万能板上制作出自己需要的发光字，常用于学生实训，提升学生的创意设计和焊接能力。

任务目标

知识目标

1. 了解常见的 LED 灯珠。
2. 掌握 LED 灯珠制作发光字的连接方式。

技能目标

1. 掌握 LED 灯珠发光字的制作方法。
2. 掌握 LED 灯珠发光字的检测方法。

任务内容

1. 设计制作 LED 灯珠发光字。
2. 检测 LED 灯珠发光字。

知识

1. 常见的 LED 灯珠

常见的 LED 灯珠的外形有直插式、贴片式及有机发光二极管（OLED）形式，如图 1-4-1 所示。目前，制作发光字广泛采用直插式和贴片式的 LED 灯珠。

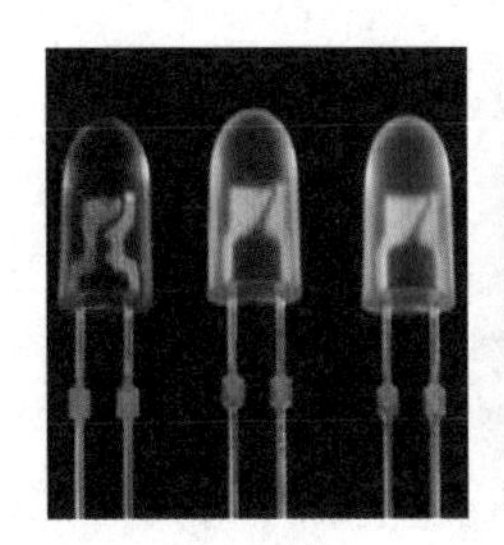
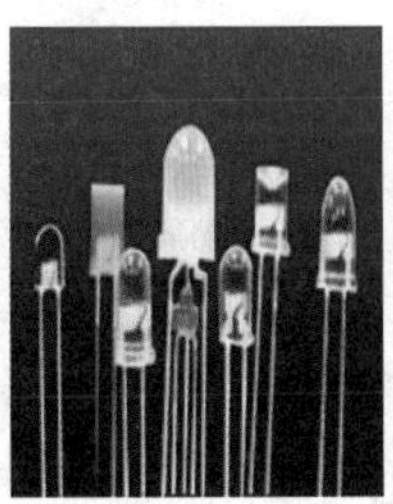
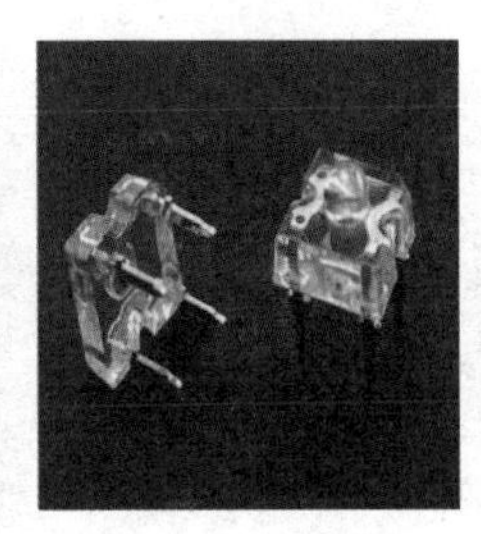
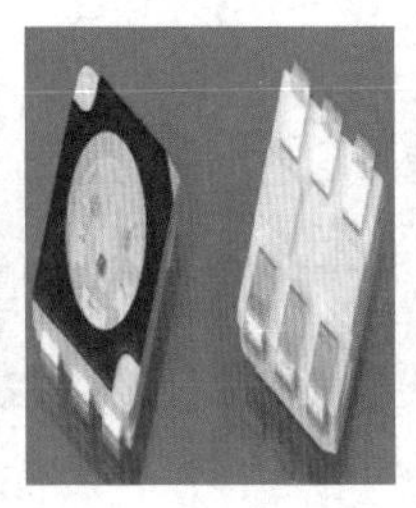
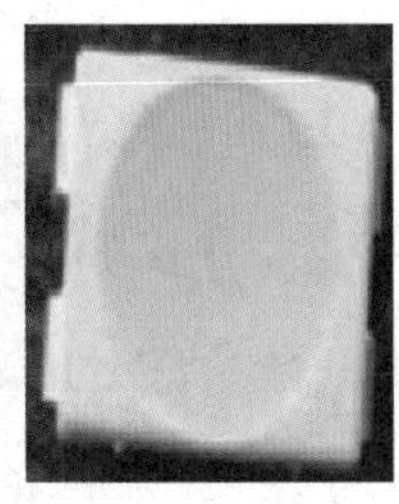

图 1-4-1　不同形式的 LED 灯珠

2. LED 灯珠的连接方式

LED 灯珠的连接方式有串联、并联和混联。发光字采用的 LED 灯珠连接方式与选用什么类型的 LED 驱动电源有关，一般根据灯珠的数量、功率的大小、电流的大小、驱动电压的高低进行综合考虑。直插式 LED 灯珠的功率一般为 0.06W（蓝光、绿光、白光）和 0.04W（红光），正常工作电流一般为 10～20mA，正常工作电压一般为 2～3V；而对于功率为 1W 的贴片式 LED 灯珠，蓝光、绿光、白光的管压降约为 3V，工作电流达到

330mA，而红光的管压降约为 2V，其工作电流达到 500mA。因此在应用时，应根据不同 LED 灯珠的参数选择正确的连接方式。

（1）串联方式。

串联方式如图 1-4-2 所示。在 LED 灯珠采用串联方式时，首先要注意 LED 驱动电源的功率的大小与电压的高低，保证所有灯珠的功率总和不超过 LED 驱动电源的功率；其次，在整个串联电路中，每颗灯珠的压降总和不超过电源电压的额定值；对于电路中的电流，要保证不超过每颗灯珠正常的工作电流。通常为确保灯珠正常工作，都要串入限流电阻，同时要确保所选电阻阻值合理。

（2）并联方式。

并联方式如图 1-4-3 所示。在 LED 灯珠采用并联方式时，首先要注意 LED 驱动电源电压的高低和输出电流的大小，保证所有灯珠的工作电流总和不超过 LED 驱动电源输出电流的最大值；其次，整个并联电路中的每颗灯珠正常工作时的电压不超过驱动电源电压的额定值。通常为确保灯珠正常工作，要串入限流电阻，同时要确保所选电阻阻值合理。

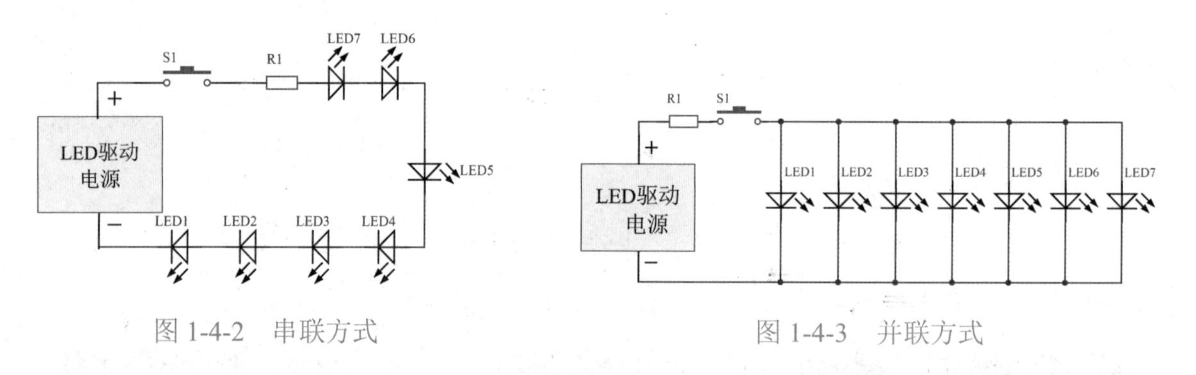

图 1-4-2　串联方式　　图 1-4-3　并联方式

（3）混联方式。

混联方式如图 1-4-4 所示。在制作发光字时，需要采用 LED 灯珠的混联方式，因此需要综合考虑 LED 灯珠在串联、并联电路中的电压、电流、功率的高低（大小）问题，以便确保每颗灯珠发光一致、工作电流一致、压降相同，只有这样才能保障每颗灯珠安全、正常地工作。

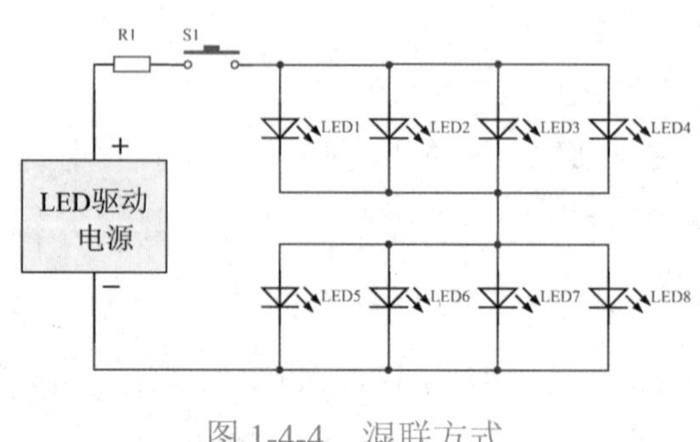

图 1-4-4　混联方式

3. 发光字驱动电路

根据所要做的“电”字形状的 LED 冲孔发光字，要使用 40 颗 LED 灯珠，分为 7 组，其中 6 组每组有 6 颗 LED 灯珠，共 36 颗 LED 灯珠；另外 1 组由 4 颗 LED 灯珠串联 1 个电阻组成。将 7 组并联起来，如图 1-4-5 所示。若每颗 LED 灯珠的工作电压为 2V，则 LED 驱动电源电压为 2V×6=12V，每颗 LED 灯珠的正常工作电流为 10mA，故 7 组的总电流为 10mA×7=70mA。由此可知，LED 驱动电源的电压为 12V，输出电流不小于 70mA。由于第 7 组是由 4 颗 LED 灯珠串联 1 个电阻组成的，为保证 LED 灯珠正常发光，计算出电阻值应该为(12V−2V×4)/10mA=400Ω，因此第 7 组应该串联 1 个阻值为 400Ω左右的电阻。由于不同型号、不同颜色的 LED 灯珠正常工作时的电压和电流有所不同，因此计算出来的电阻值也会不同（根据制作的发光字进行计算）。

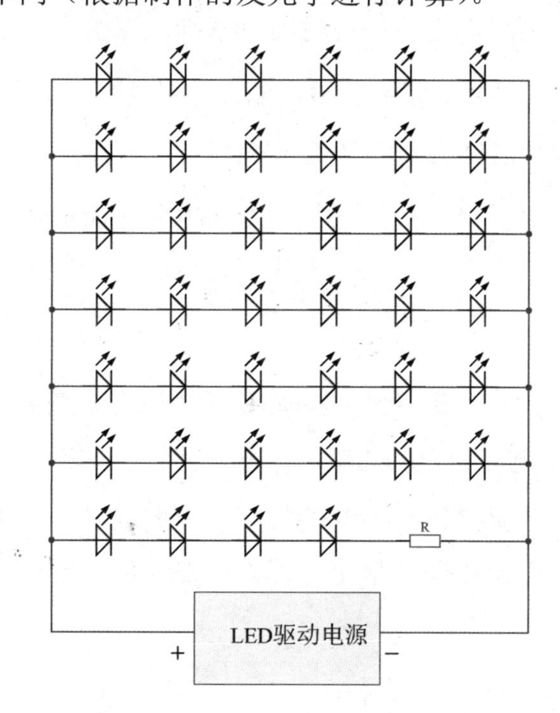

图 1-4-5　电路连接

实训

1. 实训准备

实训前准备好实训材料，并检查是否缺漏。本任务所需设备和耗材：LED 可调光筒灯套件、万用表、恒温电烙铁、松香、焊锡丝、斜口钳、防静电手环等。表 1-4-1 所示为用 LED 灯珠制作发光字的材料清单。实际中，根据设计制作的发光字的不同，LED 灯珠数量和电阻值会有所不同。

表 1-4-1　用 LED 灯珠制作发光字的材料清单

序　号	材　料	数　量	单　位	型号或规格
1	LED 灯珠	40	颗	白色红光
2	色环电阻	各 1	个	120Ω、240Ω、330Ω、470Ω、510Ω
3	万能板	1	块	45mm 铝制 PCB
4	LED 驱动电源	1	个	12V
5	红/黑导线	若干	根	—
6	接线端子	1	个	铝制

2. 发光字的制作

（1）制作注意事项。

在用电操作过程中，要严格遵循相关的用电规则，保护自身安全。

在使用恒温电烙铁的过程中，要避免被高温的烙铁头烫伤，同时对 LED 灯珠的焊接时间不宜过长，过长的焊接时间会对器件造成损坏。

在操作中要做好防静电保护，避免元器件受静电感应而损坏，可以利用防静电手环将静电导入地中。

（2）“电”字设计。

设计“电”字的布局摆放草图。如图 1-4-6 所示，根据草图分析电路串联、并联的分布，合适的组合方式为：6 颗 LED 灯珠串联后为 1 组，共 6 组，即 36 颗灯珠，最后 1 组由 4 颗灯珠串联组成，一共使用 36+4=40 颗灯珠。前面提到，制作不同的发光字使用的灯珠数量不同，这可以由设计者根据驱动电源大小来计算决定。

（3）焊接制作。

确定 LED 灯珠的放置位置，注意其正负极。注意：焊点要光泽饱满，不能出现虚焊、脱焊、连焊等情况，LED 灯珠均匀分布。6 颗 LED 灯珠焊接完毕的正反面图如图 1-4-7 所示，40 颗 LED 灯珠全部焊接完毕的正反面图如图 1-4-8 所示。

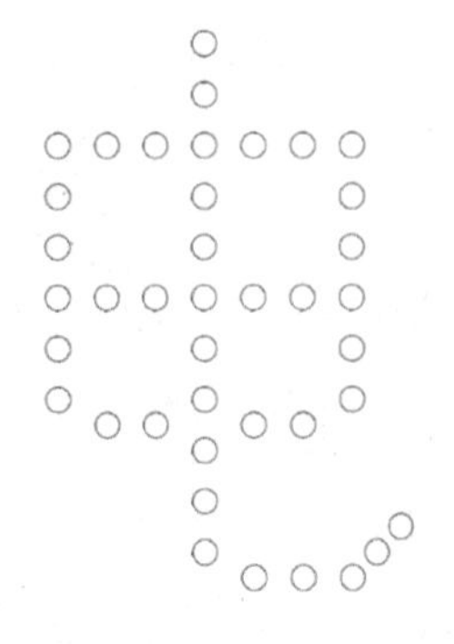

图 1-4-6　“电”字草图

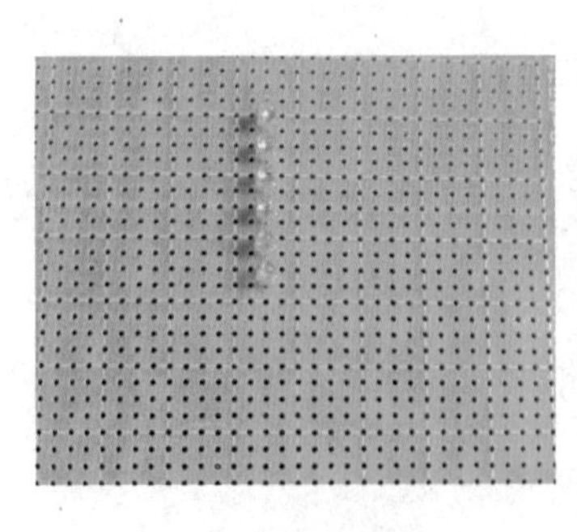

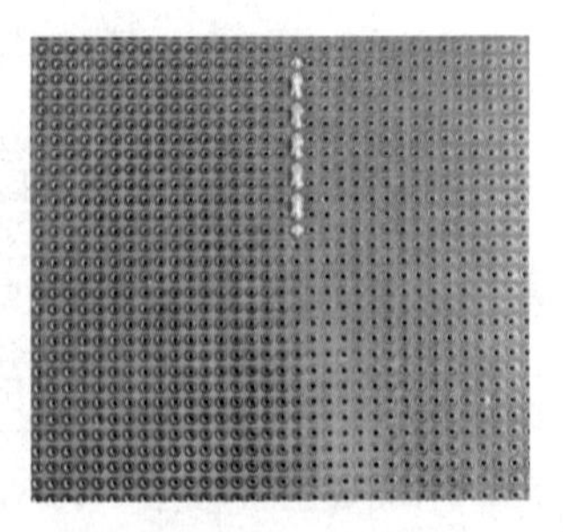

图 1-4-7　6 颗 LED 灯珠焊接完毕的正反面图

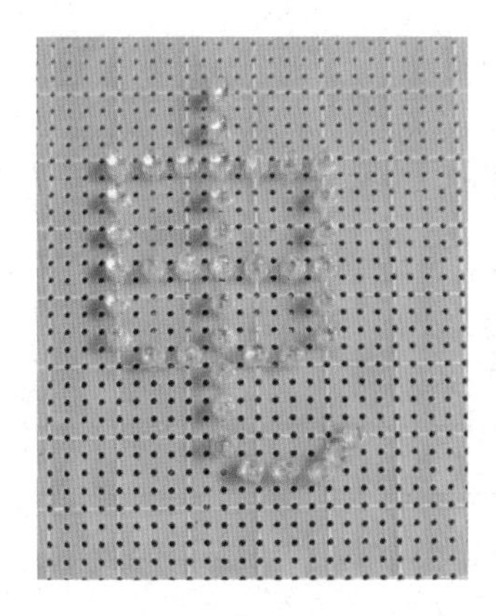

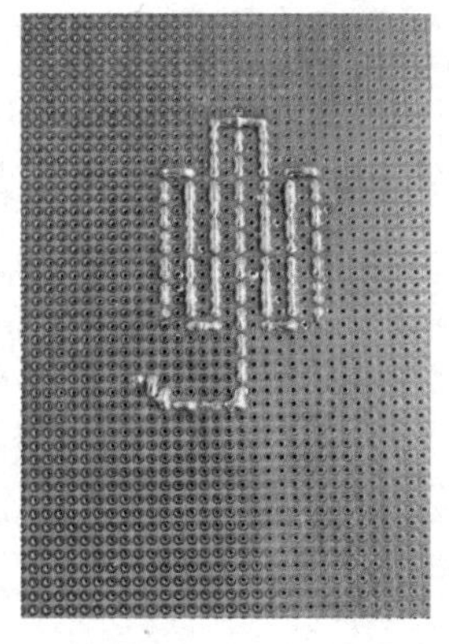

图 1-4-8　40 颗 LED 灯珠全部焊接完毕的正反面图

（4）通电检测。

将已经焊接好的“电”字接入 12V 电压，观看效果，如图 1-4-9 所示，如果有个别 LED 灯珠不发光，则需要进行检测。

经过上述操作，一个“电”字就制作成功了。按照上述方法和步骤，可以设计制作其他发光字。图 1-4-10 是用 LED 灯珠制作的“光”字和“信”字。

图 1-4-9　通电后发光效果图

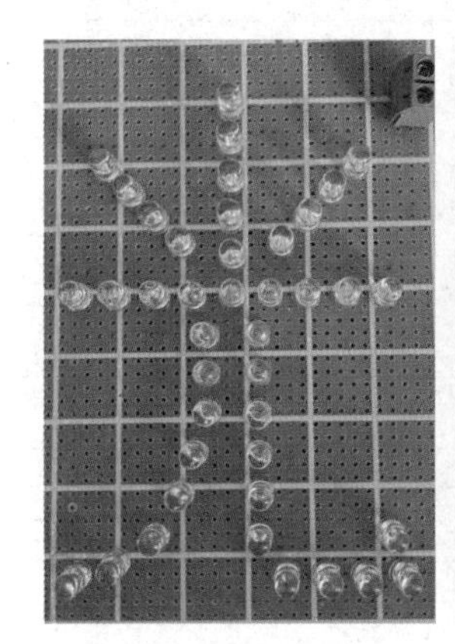

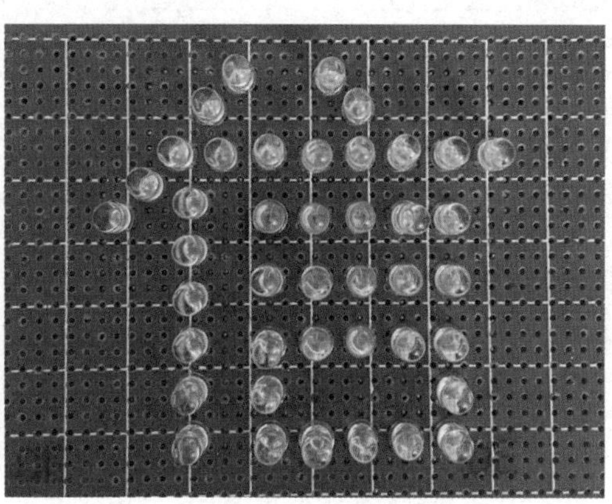

图 1-4-10　用 LED 灯珠制作的“光”字和“信”字

3．发光字的电气参数测试

（1）测试发光字正常发光时输出电流的值。

断开 LED 驱动电源连接 LED 灯板的正极一端，将万用表转换到直流电流挡后串联接入电路中，测试 LED 灯板正常发光时的电流大小。

注意万用表挡位的选择及用电安全，将测量数据填入表 1-4-2 中。

（2）测试发光字正常发光时输出电压的值。

选择直流电压挡后将万用表并联在 LED 驱动电源与发光字的两端，测试整个 LED 灯板正常发光时的电压，并将测量数据填入表 1-4-2 中。

（3）计算发光字正常发光时的功率。

通过测量出的输出电流和电压数据，按功率的计算方法（$P=UI$）进行计算，将结果填入表 1-4-2 中。

表 1-4-2　发光字工作电流、电压和功率

	测试项目		
	电流/mA	电压/V	功率/W
测量值			
理论值			

考核

将考核结果填入表 1-4-3 中。

表 1-4-3　考核表

任务考核内容		标准分值	自我评分分值×50%	教师评分分值×50%
专业知识与技能	任务计划阶段			
	实训任务要求	10		
	任务执行阶段			
	电路布局设计	5		
	电路焊接质量	15		
	实训设备使用	5		
	任务完成阶段			
	元器件检测（极性判断）	15		
	实训效果展示	20		
	实训数据测量	10		
职业素养	规范操作（安全、文明）	5		
	学习态度	5		
	合作精神及组织协调能力	5		
	交流总结	5		
合计		100		
学生心得体会与收获：				
教师总体评价与建议： 教师签名：　　日期：				

光电基础电路的线路连接与检测

本项目主要包括4个任务：两路调光模块的线路连接与检测、光控开关模块的线路连接与检测、光电转速计模块的线路连接与检测、声光报警模块的线路连接与检测。本项目主要要求掌握基础元件的认识与测量，以及光电基础电路4个模块的使用与测量方法。每个模块上配备预留的实物接口，当连接上LED灯具、声光报警器、直流电机等实物时，可对它们进行控制，以此来检验实训结果。

任务一　两路调光模块的线路连接与检测

2022年1月，国务院印发了《"十四五"节能减排综合工作方案》，明确了"十四五"期间推进节能减排的总体要求，为助力实现碳中和目标提供了重要支撑。调光电路被广泛应用于酒店、图书馆、咖啡厅、家居装修等照明领域。在照明电路中应用调光技术，可以进一步改善照明电路的节能效果，同时延长灯具的使用寿命，为国家的节能减排事业贡献力量。

任务目标

知识目标

1. 了解PWM调光基本原理。
2. 理解两路调光模块的原理与应用。

技能目标

1. 熟悉两路调光模块的演示操作。
2. 掌握简易PWM方式LED调光电路的制作与调试方法。

任务内容

1. 两路调光模块的线路连接。
2. 两路调光模块的检测与数据记录。

知识

1. 两路调光电路基本原理简介

PWM是英文"Pulse Width Modulation"的缩写，简称脉宽调制，是利用微处理器将输入的模拟信号变换为数字信号（脉冲），进而实现对模拟电路的控制的一种技术，广泛应用在测量、通信、功率控制与变换等领域中。

占空比是指周期信号中活跃状态（如高电平状态）的持续时间占整个周期时间的比例。例如，方波的占空比为50%，说明正电平所占时间为0.5个周期。

在本任务中，单片机采用定时器中断产生两路PWM（脉宽调制）信号，通过P2.3和P2.4引脚输出，经过运放电路和信号驱动电路对PWM信号进行调节，输出调光信号。PWM信号的频率由程序控制，可通过独立按键调节PWM信号的占空比，并由数码管扫描显示当前占空比，改变电流的输出，实现调光。

两路调光模块主要由单片机电路、独立按键、运放电路、信号驱动电路、数码管电路和电源电路组成，其原理框图如图2-1-1所示。

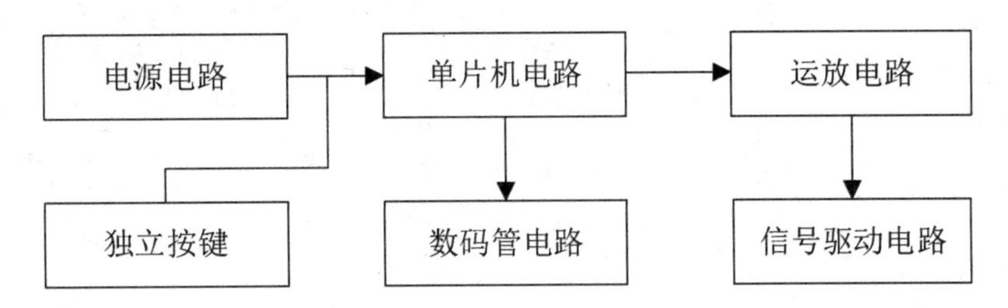

图2-1-1　两路调光模块的原理框图

独立按键作为输入模块，用于调整相应的PWM信号的占空比；单片机电路作为处理单元，将按键信息处理后，输出相应的信号给运放电路，将信号放大；信号通过信号驱动电路控制接入的灯具的亮度；同时单片机电路控制数码管电路输出当前的占空比，方便按键的输入；电源电路为各个电路提供电源。

2. 简易PWM方式LED调光电路原理简介

图2-1-2所示为简易PWM方式LED调光电路。其中，三极管VT4在矩形脉冲的控制下驱动高亮LED灯串（LED2、LED3和LED4）发光。当处于矩形脉冲的高电平时，三极管VT4导通，高亮LED灯串发光；当处于矩形脉冲的低电平时，三极管VT4截止，高亮LED灯串不发光。由于人眼的视觉滞留特性，在单位时间内，矩形脉冲的高电平时间相对于低电平时间越长，人们会觉得高亮LED灯串发光越亮。

通过调节可调电阻RP1，可以改变矩形脉冲的宽度，从而改变高亮LED灯串的发光亮度。可以看出，这是一个典型的PWM方式LED调光电路。

PWM方式LED调光电路主要包括电源电路、三角波产生电路、比较电压产生电路、PWM信号产生电路及LED驱动电路。

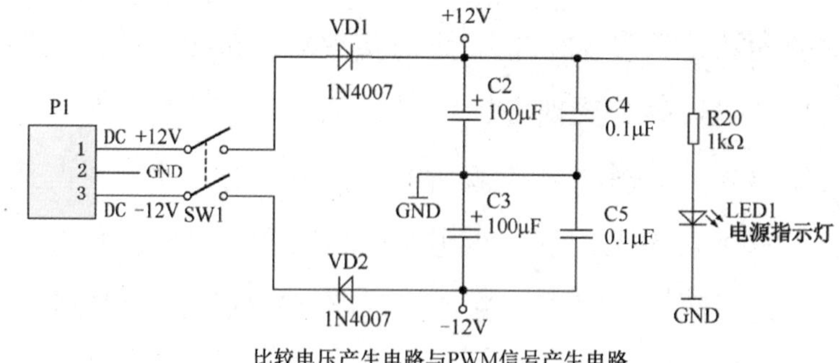

比较电压产生电路与PWM信号产生电路

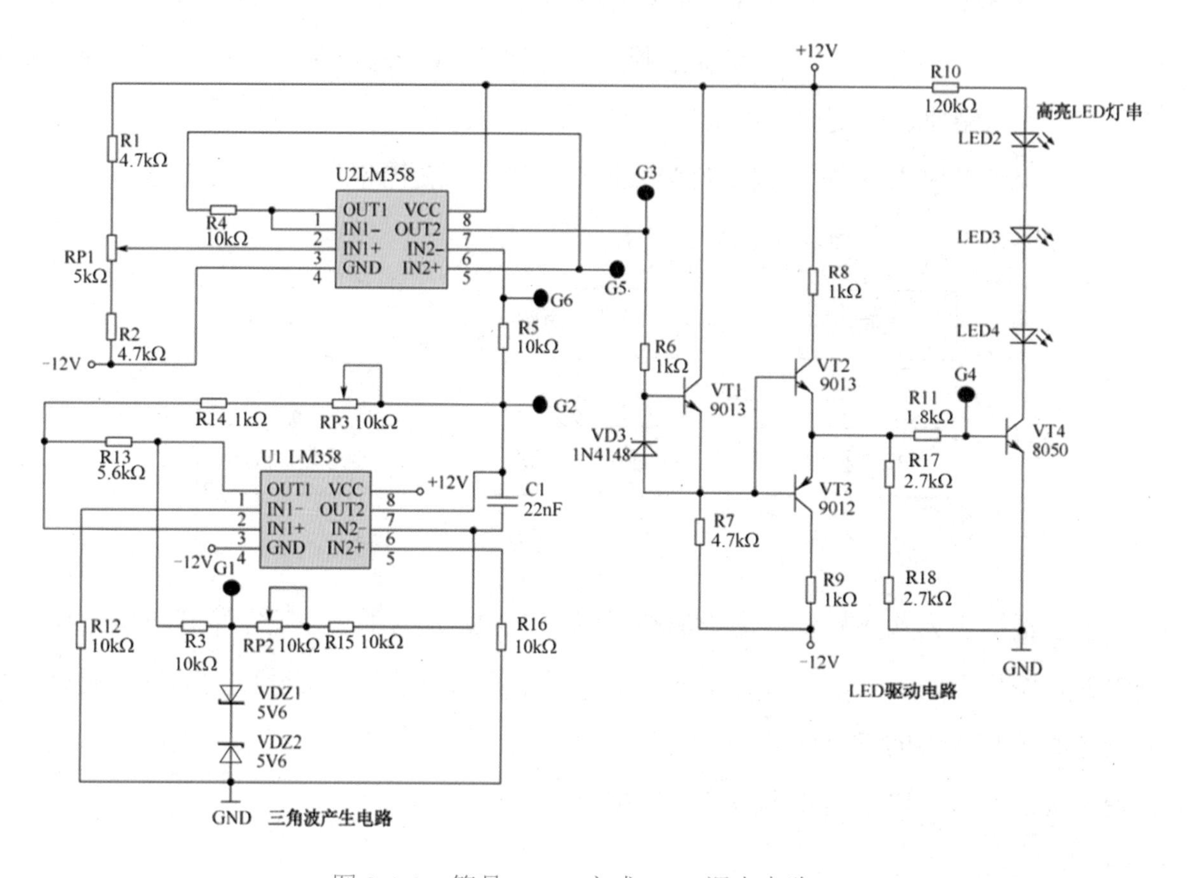

图 2-1-2　简易 PWM 方式 LED 调光电路

实训

1．两路调光模块的连接与测量

两路调光模块如图 2-1-3 所示。它主要包括 4 部分，分别为亮度显示模块（数码管模块）、亮度控制模块（独立按键模块）、12V 电源输入端、两路射灯输入和输出端口。

1）1 路调光电路的连接

（1）在电源输入端接 12V 直流电源，注意正负极的正确连接。

（2）选择 1 路输入和输出端口，1 路输入端口连接的电源电压的高低要根据所接射灯的额定电压而定，智能光电技术实训台射灯的额定电压为 12V，因此将 1 路输入端口接

12V 电源，1 路输出端口接射灯输入电源正极，射灯输入电源负极接电源负极。调光电路接线图如图 2-1-4 所示。接线时，要认真仔细，多次检查，养成精益求精的工作作风。

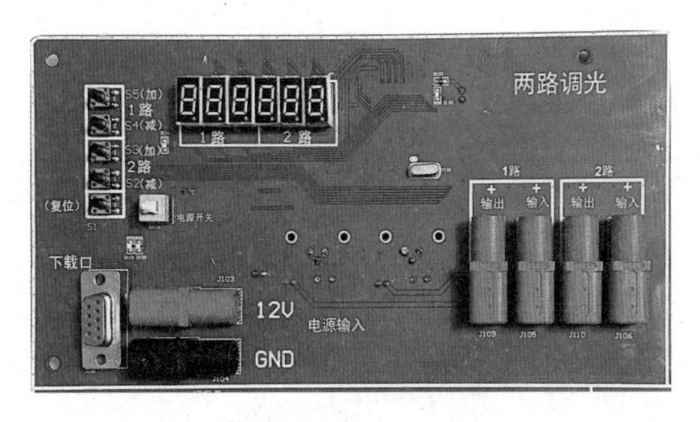

图 2-1-3　两路调光模块

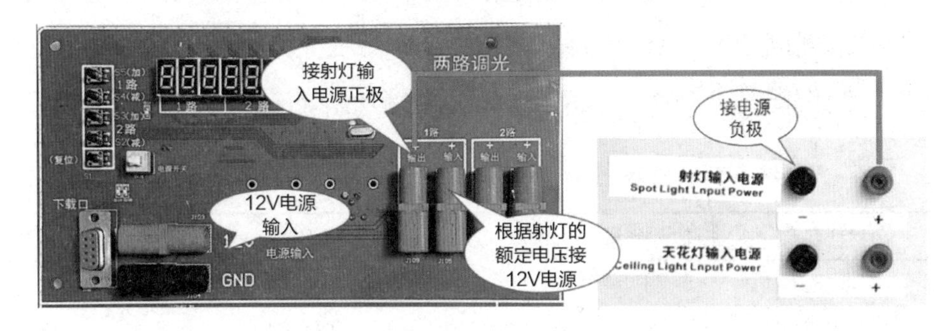

图 2-1-4　调光电路接线图

（3）接通电源后，射灯发光，调节 S5 或 S4 按键可实现射灯调光。数码管显示模块显示的数字能直观反映射灯的亮度，当调节 S5 按键使数字增大时，亮度提升；当调节 S4 按键使数字减小时，亮度降低。射灯亮度最高时的数字为 100，射灯最暗或熄灭时的数字为 0。

2）调试与测量

打开万用表，把万用表的挡位调到直流电压 20V 处，将黑表笔插到 COM 孔中，将红表笔插到 VΩ孔中。

同时，将黑表笔插到两路调光模块的电源 GND 上，将红表笔插到两路调光模块 1 路的输出孔中。测量电压属于带电操作，操作时需要认真仔细，规范操作，防止因操作不当而烧坏设备。

通过 S5/S4 按键把数码管左边 1 路的值分别调为 5、50、90，并将相对应的电压值填入表 2-1-1 中。

表 2-1-1　电压测量数据 1

	数码管显示值		
	5	50	90
1 路输出电压/V			

参照上述操作方法，使用2路调光电路对实训台上的天花灯进行线路连接及调光演示。

通过 S3/S2 按键把数码管右边 2 路的值分别调为 5、50、90，并将相对应的电压值填入表 2-1-2 中。

表 2-1-2 电压测量数据 2

	数码管显示值		
	5	50	90
2 路输出电压/V			

2. 简易 PWM 方式 LED 调光电路的制作

实训器材：焊接工具有电烙铁、吸锡器、烙铁架、松香、焊锡丝等；测量器材有万用表、示波器等；辅助工具有连接导线、螺丝刀、稳压电源和实训台等。

材料清单：制作简易 PWM 方式 LED 调光电路所需的材料清单如表 2-1-3 所示。

表 2-1-3 制作简易 PWM 方式 LED 调光电路所需的材料清单

序　号	材料名称	数　量	位置标识	型号或规格
1	电阻	3	R1，R2，R7	4.7kΩ
2	电阻	6	R3，R4，R5，R12，R15，R16	10kΩ
3	电阻	6	R6，R8，R9，R14，R19	1kΩ
4	电阻	1	R13	5.6kΩ
5	电阻	1	R10	120kΩ
6	电阻	2	R17，R18	2.7kΩ
7	电阻	1	R11	1.8kΩ
8	电容	2	C4，C5	0.1μF
9	电容	1	C1	22nF
10	电容	2	C2，C3	100μF
11	二极管	2	VD1，VD2	1N4007
12	二极管	1	VD3	1N4148
13	运算放大器	2	U1，U2	LM358
14	稳压二极管	2	VDZ1，VDZ2	5V6
15	发光二极管	1	LED1（红色）	直插式 LED
16	发光二极管	3	LED2，LED3，LED4（白色高亮）	直插式 LED
17	三极管	1	VT3	9012
18	三极管	2	VT1，VT2	9013
19	三极管	1	VT4	8050
20	电阻	1	RP1	5kΩ
21	电阻	1	RP2，RP3	10kΩ
22	双联按钮开关	1	SW1	—

续表

序　号	材料名称	数　量	位置标识	型号或规格
23	三位接口	1	P1	—
24	万能板	1	—	8cm×5cm

1）电路制作

将电子元器件按照图 2-1-2 在万能板上进行装配。也可以先自行设计并制作 PCB，再进行安装与焊接。

装配时要注意以下几点。

（1）安装元器件时要注意极性，正负极不要接错，元器件的标注方向要一致。

（2）一般情况下，电阻要卧式安装，电容要立式安装，两者都尽量压低安装。

（3）安装 IC 芯片时应注意引脚的排列方向。整机焊接时要认真检查有无虚焊和漏焊，以及焊点之间是否连接，以防引起短路，烧坏集成电路。焊接完成后，在距离焊点 0.5～1mm 处剪去多余的引脚。

2）电路调试与运行

电路装配完成后，按以下步骤对电路进行调试。

（1）用示波器的 CH1 通道连接电压比较器输出端测试点 G1、CH2 通道连接电压比较器输出端测试点 G2，观察各测试点的信号波形。

（2）用示波器的 CH1 通道连接电压比较器输出端测试点 G3、CH2 通道连接三极管 VT4 的基极测试点 G4，观察各测试点的信号波形。

（3）调节可调电阻 RP2 和 RP3，使测试点 G1 输出的是方波、G2 输出的是三角波、G3 输出的是 PWM 信号、G4 输出的是 PWM 信号放大后的矩形脉冲。将各测试点的信号波形、周期和峰峰值记录在表 2-1-4 中。

表 2-1-4　各测试点的信号波形、周期和峰峰值

测　试　点	信号波形	周期/ms	峰峰值/mV
G1			
G2			
G3			
G4			

（4）调节可调电阻 RP1，观察高亮 LED 灯串（LED2、LED3 和 LED4 串联）的亮度是否随着 RP1 的阻值变化而发生变化。使用万用表测量运算放大器的同相输入端测试点 G5 和反相输入端测试点 G6 的电压值，将测量结果记录在表 2-1-5 中。

表 2-1-5　LM358 芯片电压测量结果

测试点的电压	测试条件		
	RP1（最大值）	RP1（中间值）	RP1（最小值）
测试点G5 的电压/V			
测试点G6 的电压/V			

考核

将考核结果填入表 2-1-6 中。

表 2-1-6　考核表

任务考核内容		标准分值	自我评分分值×50%	教师评分分值×50%
专业知识与技能	任务计划阶段			
	实训任务要求	5		
	任务执行阶段			
	熟悉电路连接	5		
	实训效果展示	15		
	理解电路原理	15		
	实训设备使用	10		
	任务完成阶段			
	元器件检测及装配	5		
	实训数据及波形测试	15		
	实训结果	10		
职业素养	规范操作（安全、文明）	5		
	学习态度	5		
	合作精神及组织协调能力	5		
	交流总结	5		
合计		100		
学生心得体会与收获：				
教师总体评价与建议： 教师签名：　　　　日期：				

任务二　光控开关模块的线路连接与检测

随着我国社会生产力的不断提升，越来越多的智能化设备（如智能音箱、扫地机器人、智能门锁等智能家居产品）逐渐走入千家万户，为人们的居家生活增添了便利和乐趣。这些智能化设备都离不开相应的传感器。本项目的光控开关是能够根据光照强弱实现开、关的装置。它主要采用的传感器是光敏电阻，当光照较强时，光敏电阻的电流增大，控制电路关灯；当光照减弱时，光敏电阻产生的电压控制电路使灯点亮。光控开关广泛应用于路灯照明、广告灯箱、霓虹灯、楼梯灯照明及汽车照明等场合。

任务目标

知识目标

1. 了解光敏电阻的特性和应用。
2. 理解光控开关模块的工作原理。

技能目标

1. 熟悉光控开关模块的演示操作。
2. 掌握声光控制楼梯灯电路的制作、调试及日常维护方法。
3. 掌握利用万用表测量光控开关电路参数的方法。

任务内容

1. 光控开关模块的线路连接。
2. 光控开关模块的检测与数据记录。

知识

1. 光敏电阻简介

光敏电阻又称光导管，常用的制作材料为硫化镉（CdS），还有硒、硫化铝、硫化铅和硫化铋等。这些制作材料具有在特定波长的光照射下阻值迅速减小的特性。这是由于光照产生的载流子都参与导电，在外加电场的作用下做漂移运动，电子向电源的正极移动，空穴向电源的负极移动，从而使光敏电阻的阻值迅速减小。光敏电阻的图形符号、外形与结构如图 2-2-1 所示。

图 2-2-1　光敏电阻的图形符号、外形与结构

光敏电阻一般用于光的测量、光的控制和光电转换（将光的变化转换为电的变化）。光敏电阻对光的敏感性（光谱特性）与人眼对可见光（0.4～0.76μm）的响应很接近，人眼可感受的光都会使光敏电阻阻值变化。在设计光控电路时，可用白炽灯泡（或小电珠）或自然光作为控制光源，从而使设计大为简化。

2．光控开关电路原理

在光控开关的信号采集电路中，首先通过使用光敏电阻（RL）作为光控传感器实现对光源的采集，然后通过电压比较器 LM311 对信号进行处理，并将其输入单片机中，单片机通过逻辑运算把指令输出到相关的 I/O 口以驱动外围设备的开与关，即实现对蜂鸣器和 LCD 显示屏的控制。

LM311 是一款高灵活性的电压比较器，能工作于 5～30V 单电源或±15V 双电源下，其引脚封装结构如图 2-2-2 所示。LM311 的工作过程可简单理解为：当同相输入端（2 号引脚）电压高于反相输入端（3 号引脚）电压时，输出端（7 号引脚）输出高电平；反之，当同相输入端电压低于反相输入端电压时，输出端输出低电平。

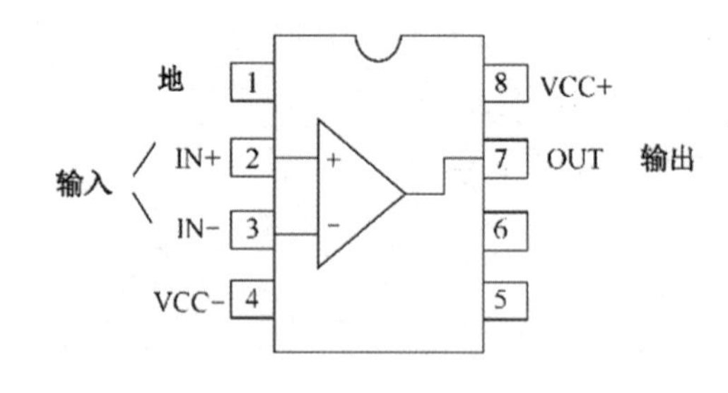

图 2-2-2　LM311 的引脚封装结构

如图 2-2-3 所示，LM311 的同相输入端电压取决于可调电阻 RP 与光敏电阻 RL 的分压，反相输入端电压的高低由电阻 R1 和 R2 分压决定。当有光照时，光敏电阻的阻值变小，同相输入端电压降低，当低于反相输入端电压时，LM311 的 7 号引脚输出低电平；当无光照时，光敏电阻的阻值变大，同相输入端电压较高，当高于反相输入端电压时，LM311 的 7 号引脚输出高电平。7 号引脚输出的信号被直接送至单片机（P3.3 引脚）中

进行逻辑运算处理，由此控制相关的开关电路或蜂鸣器控制电路。

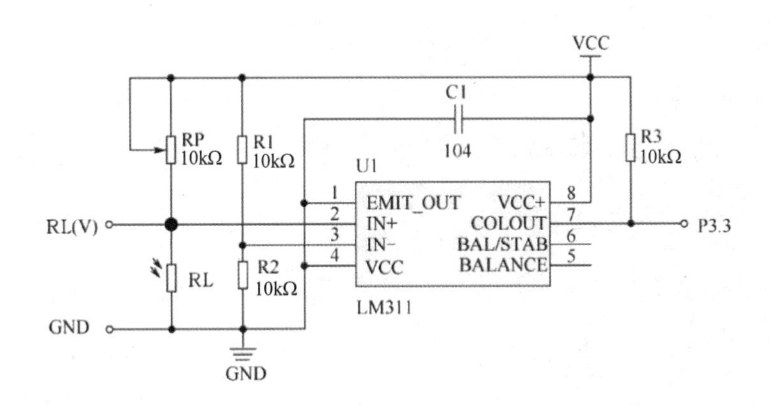

图 2-2-3　光控开关的信号采集电路

图 2-2-4 所示为蜂鸣器控制电路。蜂鸣器由三极管 VT1 驱动，三极管起到开关的作用，基极（B）受单片机的 P2.4 引脚控制，当单片机的 P2.4 引脚输出高电平时，三极管 VT1 导通，蜂鸣器鸣叫；当单片机的 P2.4 引脚输出低电平时，三极管 VT1 截止，蜂鸣器不鸣叫。

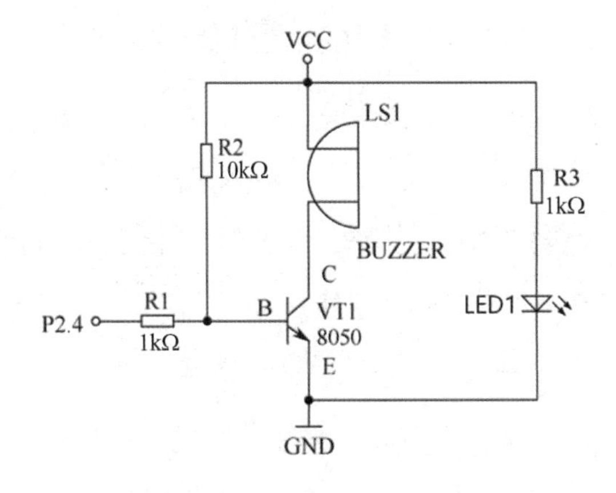

图 2-2-4　蜂鸣器控制电路

实训

光控开关模块如图 2-2-5 所示。当无光照时，蜂鸣器响；当有光照时，蜂鸣器不响，从而实现光控开关的自动控制功能。

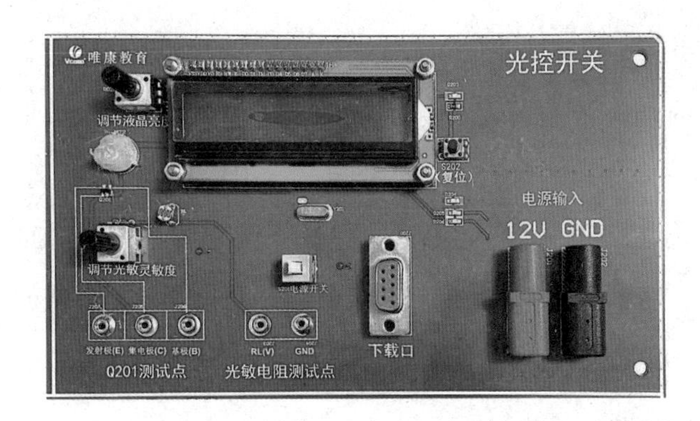

图 2-2-5　光控开关模块

1. 光控开关模块的连接方式

将红色香蕉插线的一头插在智能光电技术实训台的+12V 插孔中，将另一头插在光控开关模块的 12V 插孔中；将黑色香蕉插线的一头插在智能光电技术实训台的 GND 插孔中，将另一头插在光控开关模块的 GND 插孔中。在接线时，要认真仔细，多次检查，养成精益求精的工作作风。

打开电源开关，测量光敏电阻的电压。当有光照时，光敏电阻的阻值变小，其两端的电压较低，显示屏显示“Have Light”（有光照）；当无光照时（遮挡光敏电阻），光敏电阻的阻值变大，其两端的电压升高，显示屏显示“No Light”（无光照），此时蜂鸣器响。

2. 光控开关模块电路的测量

在有光照和无光照的情况下，分别测试三极管的导通状态和光敏电阻两端的电压。

打开万用表，把万用表的挡位调到直流电压 20V 处，将黑表笔插到 COM 孔中、红表笔插到 VΩ孔中，将黑表笔笔尖插到光控开关模块的 GND 孔中、红表笔笔尖插到 RL(V) 孔中。

【有光照】功能调试及测量记录

打开电源开关，按下复位键 S202，上电，调节可调电阻 RD202，使蜂鸣器响起来，记下此时的电压值并填入表 2-2-1 中；按下复位键 S202，断开电源开关，把万用表的挡位调到“20kΩ”处，将红表笔插在和 RL(5516)的一个引脚相连的 RL(V)孔中，用黑表笔测量 RL(5516)的另外一个引脚，记下此时 RL(5516)的电阻值并填入表 2-2-1 中。在操作过程中，测量电压属于带电操作，操作要规范、认真、仔细，防止因操作不当而烧坏设备。在测量电阻时，要确保已经断电，切勿带电测量电阻的阻值，要养成认真、严谨的工作作风。

表 2-2-1　测量数据 1

光敏电阻	RL 电压值/V	RL 电阻值/Ω
有光（放开）		

【无光照】功能调试及测量记录

把万用表的挡位调到直流电压 20V 处，按下复位键 S202，上电，逆时针调节可调电阻，使 RD202 蜂鸣器不响，用手指按住光敏电阻（RL），调节可调电阻，使 RD202 蜂鸣器响起来，记下此时的电压值并填入表 2-2-2 中；按下复位键 S202，断电，把万用表的挡位调到“20kΩ”处，将红表笔插到和 RL(5516)的一个引脚相连的 RL(V)孔中，用手指按住光敏电阻（RL），用黑表笔测量 RL(5516)的另外一个引脚，记下此时 RL(5516)的电阻值，并填入表 2-2-2 中。

表 2-2-2　测量数据 2

光敏电阻	RL 电压值/V	RL 电阻值/Ω
无光（遮住）		

图 2-2-5 中的光控开关模块上有 3 个测试端，分别为 Q201(E)、Q201(C)和 Q201(B)。

当有光照时，三极管截止，蜂鸣器不响；反之，三极管导通，蜂鸣器响。测量三极管各极电压并填入表 2-2-3 中。

表 2-2-3　三极管各极电压测量结果

有光照（Have Light）		无光照（No Light）	
测试端	测量值/V	测试端	测量值/V
Q201(E)		Q201(E)	
Q201(C)		Q201(C)	
Q201(B)		Q201(B)	

思考： 光敏电阻与光照强度有何关系？

考核

将考核结果填入表 2-2-4 中。

表 2-2-4　考核表

任务考核内容		标准分值	自我评分分值×50%	教师评分分值×50%
专业知识与技能	任务计划阶段			
	实训任务要求	5		
	任务执行阶段			
	熟悉电路连接	5		
	实训效果展示	15		
	理解电路原理	15		
	实训设备使用	10		
	任务完成阶段			
	元器件检测及装配	5		
	实训数据及波形测试	15		
	实训结果	10		
职业素养	规范操作（安全、文明）	5		
	学习态度	5		
	合作精神及组织协调能力	5		
	交流总结	5		
合计		100		
学生心得体会与收获：				
教师总体评价与建议： 教师签名：　　　　日期：				

任务三　光电转速计模块的线路连接与检测

光电转速计模块主要由被测旋转部件、反光片（或反光贴纸）、光电传感器组成，采用红外光电传感器进行转速测量，把被测量的变化转变为信号的变化，借助光电元器件将光信号转换成电信号。光电转速计是日常生活中比较重要的计量仪表之一，广泛应用于发动机、电机等旋转设备的试验、运转和控制中。

任务目标

知识目标

1. 了解红外光电传感器、直流电机的特性。
2. 理解光电转速计的工作原理。

技能目标

1. 熟悉光电转速计模块的演示操作。
2. 掌握光电转速计模块的调试方法。
3. 学会利用万用表测量光电转速计模块参数。

任务内容

1. 光电转速计模块的线路连接。
2. 光电转速计模块的检测与数据记录。

知识

光电转速计模块主要包含电机控制模块、光电检测模块、单片机处理单元及显示模块，通过光电检测模块检测电机的转速信息，将转速信号转换为可以被单片机识别和处理的高/低电平脉冲信号，利用单片机计算电机的转速及进行显示处理，使 LCD1602 显示屏能够直接显示出电机的转速。

1. 光电三极管简介

光电三极管又称光敏三极管，也是一种晶体管。它有 3 个电极，其中，基极受光照强度的控制，当光照强度变化时，集电极和发射极之间的电阻也随之变化。当光照增强时，集电极和发射极之间的电阻减小；反之，集电极和发射极之间的电阻增大。光电三极管的图形符号、外形与结构如图 2-3-1 所示。

图 2-3-1 所示为用 N 型硅单晶做成的 NPN 结构三极管，其管芯基区面积较大，发射区面积较小，入射光线主要被基区吸收。与光电二极管一样，入射光在基区激发出电子与空穴。在基区漂移场的作用下，电子被拉向集电区，而空穴则积聚在靠近发射区的一边。空穴的积聚引起发射区势垒的降低，其结果相当于在发射区两端加上一个正向电压，从而引起倍率为β+1（相当于三极管共发射极电路中的电流增益）的电子注入，这就是硅光电三极管的工作原理。

图 2-3-1　光电三极管的图形符号、外形与结构

常见的硅光电三极管有金属壳封装的，也有环氧平头式的，还有微型的。对于有金属壳封装的硅光电三极管，金属下面有一个凸块，距离凸块最近的那个引脚为发射极，如果该管仅有两个引脚，那么剩下的那个引脚就是集电极；若该管有 3 个引脚，那么距离发射极近的是基极、距离发射极远的是集电极。

对于环氧平头式、微型光电三极管，由于两个引脚不一样，所以很容易识别——长引脚为发射极，短引脚为集电极。

光电三极管的极性（集电极和发射极）也可用万用表进行判断。选择万用表的“R×1k”挡（并调零），用物体将射向光电三极管的光线遮住，万用表的两表笔无论怎样与光电三极管的两引脚接触，测得的阻值均应为无穷大；去掉遮光物体，并将光电三极管的窗口正方朝向光源，如果这时万用表指针向右偏转（阻值变小），则黑表笔所接的电极就是集电极、红表笔所接的电极就是发射极，如图 2-3-2 所示。

光电三极管主要应用于开关控制电路及逻辑电路。

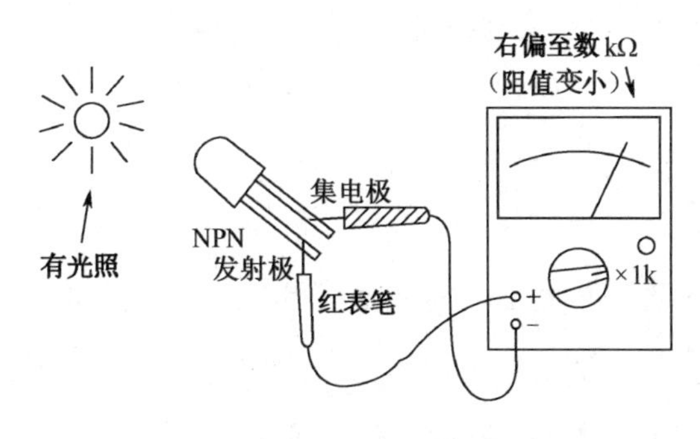

图 2-3-2　光电三极管的极性判断示意图

2. 光电检测模块

红外光电传感器ST188是由高发射功率的红外发射二极管和高灵敏度光电三极管组成的，检测距离为4～13mm。

光电检测模块电路通过红外光电传感器ST188对信号进行采集。ST188同时具有发射器和接收器，发射器将电信号转换为光信号射出，接收器根据接收的光线的强弱或有无对目标物体进行探测。ST188探测到信号后，经过LM311进行电压比较，并把信号通过输出端输送到单片机的P3.3引脚，如图2-3-3所示。

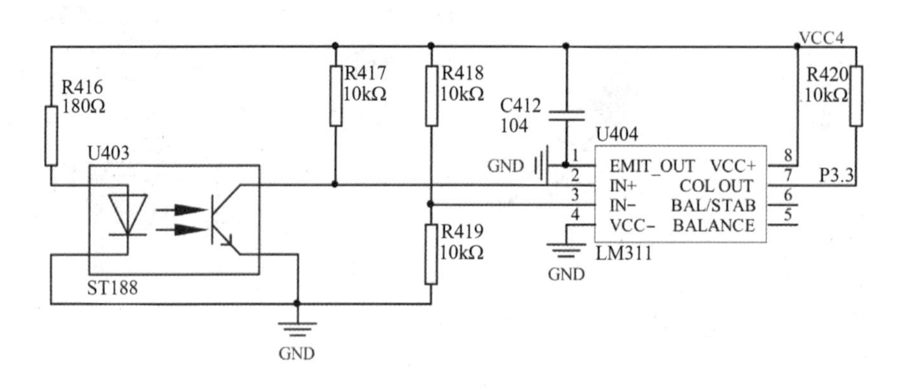

图2-3-3 光电检测模块电路

电路中的电阻R416为ST188中红外发射二极管的限流电阻，电路通电后，它就会发出红外光。当ST188前方没有障碍物时，发射出去的红外光没有反射回来，因此光电三极管不会有电流，处于截止状态。这样，LM311的同相输入端电压比反相输入端电压要高，即LM311的2号引脚电压比3号引脚电压高，因此LM311的7号引脚输出高电平。

当ST188前方有障碍物时，发射出去的红外光经障碍物反射回来，使光电三极管导通，使LM311的同相输入端电压变低而使其输出低电平，即LM311的3号引脚电压比2号引脚电压高，7号引脚输出低电平。

将LM311的7号引脚输出的电信号送到单片机的P3.3引脚。单片机采集电信号后，经过计数和逻辑运算，可得出电机的转速。

注意：

在实际制作此电路时，不要将ST188放在有太阳光直射的地方，容易受到干扰。

实训

光电转速计模块如图2-3-4所示。使用智能光电技术实训台的+12V电源给光电转速计模块供电，其中，可通过按键S403设置为正转、通过按键S404设置为反转；调节可调电阻RD402，控制直流电机的转速，并用万用表测量在不同转速下直流电机两个引脚

（J61、J62）的电压。

图 2-3-4　光电转速计模块

1．光电转速计的连接

将红色香蕉插线的一头插在智能光电技术实训台的+12V 插孔中，将另一头插在光电转速计模块的 12V 插孔中；将黑色香蕉插线的一头插在智能光电技术实训台的 GND 插孔中，将另一头插在光电转速计模块的 GND 插孔中。按下电源开关后电机转动，通过调节可调电阻来改变电机的转速，显示屏会自动显示电机的转速（单位为 r/s）和行程（单位为 km）。按下正转和反转按键可实现电机的正/反转。按下复位按键可以使电机停止运转，并重新开始计数。接线时要认真仔细，多次检查，养成精益求精的工作作风。

2．正转功能测试及记录

打开万用表，把万用表的挡位调到直流电压 20V 处，将黑表笔插到 COM 孔中、红色表笔插到 VΩ孔中。

按下复位键，上电；按下正转按键，使电机转起来，调节可调电阻显示最大转速状态，此时，将黑表笔笔尖点在光电转速计模块的 GND 上，将红表笔笔尖分别点在电机的引脚 1（J61）和引脚 2（J62）上，并记录此时的值，如表 2-3-1 所示。

表 2-3-1　测量数据 1

	J61 电压/V	J62 电压/V	两个引脚的电压差绝对值/V
正转最大转速状态			

3．反转功能测试及记录

按下反转按键，使电机转起来，调节可调电阻显示最大转速状态，此时，将黑表笔笔尖点在光电转速计模块的 GND 上，将红表笔笔尖分别点在电机的引脚 1 和引脚 2 上，并记录此时的值，如表 2-3-2 所示。

表 2-3-2　测量数据 2

	J61 电压/V	J62 电压/V	两个引脚的电压差绝对值/V
反转最大转速状态			

4．光电转速计的测试

在电机的转叶没挡住红外光电传感器及电机的转叶挡住红外光电传感器的情况下，使用万用表分别测出 LM311 的 2 号引脚、3 号引脚和 7 号引脚的电压，并将测量结果填入表 2-3-3 中。

表 2-3-3　LM311 的引脚电压测量结果

状　态	2 号引脚电压/V	3 号引脚电压/V	7 号引脚电压/V
红外光电传感器被挡住			
红外光电传感器未被挡住			

使用示波器的 CH1 探头连接 LM311 的 7 号引脚，随着电机的正转转速从零逐渐增大，观察 7 号引脚输出的信号波形及电压变化情况，并测出不同转速下的信号周期和频率，将相关数据填入表 2-3-4 中。

表 2-3-4　LM311 的 7 号引脚输出的信号周期和频率

电机正转转速/（r/s）	周期/s	频率/Hz
5		
10		
20		

 考核

将考核结果填入表 2-3-5 中。

表 2-3-5　考核表

任务考核内容		标准分值	自我评分分值×50%	教师评分分值×50%
专业知识与技能	任务计划阶段			
	实训任务要求	5		
	任务执行阶段			
	熟悉电路连接	5		
	实训效果展示	15		
	理解电路原理	15		
	实训设备使用	10		

续表

任务考核内容		标准分值	自我评分分值×50%	教师评分分值×50%
专业知识与技能	任务完成阶段			
	元器件检测及装配	5		
	实训数据及波形测试	15		
	实训结果	10		
职业素养	规范操作（安全、文明）	5		
	学习态度	5		
	合作精神及组织协调能力	5		
	交流总结	5		
合计		100		
学生心得体会与收获：				
教师总体评价与建议： 教师签名：　　　　　　日期：				

任务四　声光报警模块的线路连接与检测

声光报警器是为了满足客户对报警响度和安装位置的特殊要求而设置的。声光报警器通常应用在危险场所，通过声音和各种光来向人们发出示警信号，当生产现场发生火灾等紧急情况时，声光报警电路将会启动，发出声光报警信号。适当地使用声光报警器，可以为人们的社会生产、生活提供重要的保障。

任务目标

知识目标

1. 了解红外发射与接收的特性和应用。
2. 理解声光报警模块的工作原理。

技能目标

1. 熟悉声光报警模块的演示操作。
2. 掌握红外感应报警模块的组装与调试方法。
3. 学会利用万用表测量声光报警模块电路参数。

任务内容

1. 声光报警器模块的线路连接。
2. 声光报警器模块的检测与数据记录。

知识

1. 声光报警模块的原理

声音传感器的作用相当于一个话筒（麦克风），用来接收声波，显示声音的振动图像。该传感器内置一个对声音敏感的电容式驻极体话筒。声波使话筒内的驻极体薄膜振动，导致电容变化，从而产生与之对应变化的微小电压，该电压经三极管放大并处理后，输入单片机的 P3.3 引脚，单片机采集电信号后，通过逻辑运算把指令输出到相关的 I/O 口以驱动报警器和指示灯。声音信号采集电路如图 2-4-1 所示。

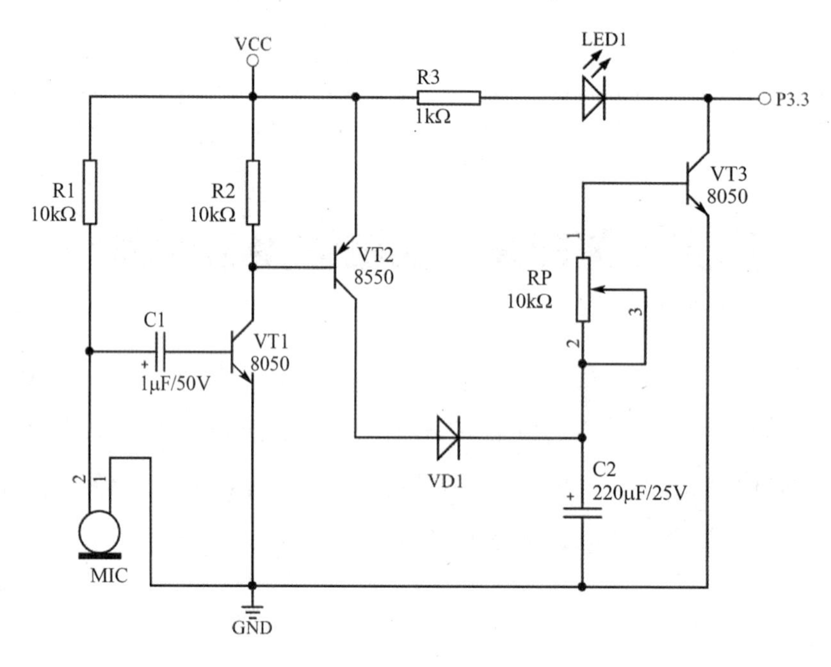

图 2-4-1 声音信号采集电路

2. 光电二极管简介

光电二极管也称光敏二极管，与普通二极管一样，也是由一个 PN 结组成的半导体器件，同样具有单向导电特性。光电二极管在工作时应加上反向电压，在电路中它是反向应用的，是一种把光信号转换成电信号的光电传感器件。光电二极管的图形符号、外形与结构如图 2-4-2 所示。

普通二极管在反向电压作用下处于截止状态，只能流过微弱的反向饱和电流。光电二极管在设计和制作时应尽量增大 PN 结的面积，以便接收入射光。光电二极管在反向电压作用下工作，当无光照时，反向电流极其微弱，称为暗电流；当有光照时，反向电流迅速增大（几十μA），称为光电流。光照强度越大，反向电流越大。光的变化引起光电二极管电流的变化，这样就可以把光信号转换成电信号了。光电二极管反向电压偏置电路如图 2-4-3 所示。

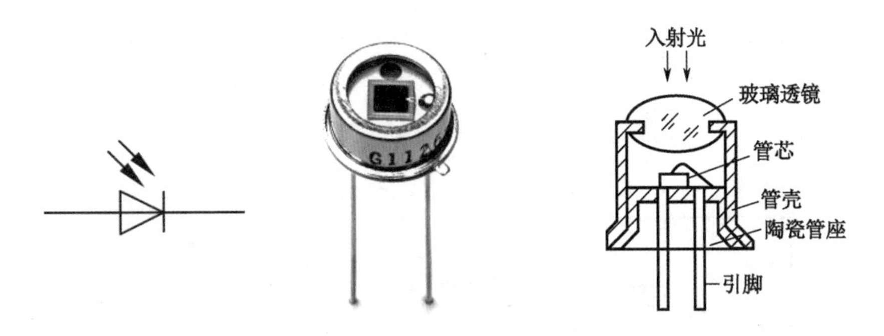

图 2-4-2　光电二极管的图形符号、外形与结构

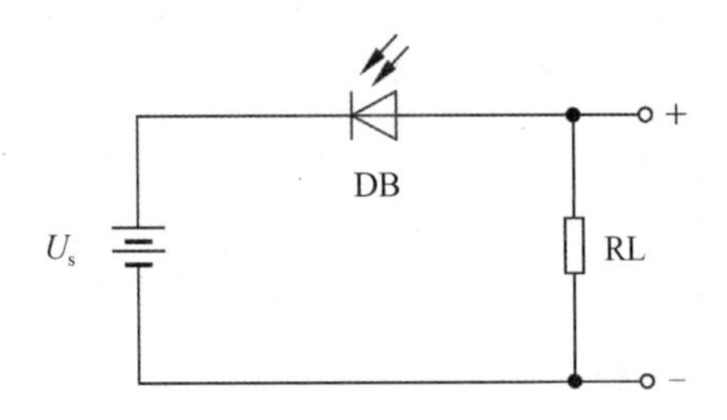

图 2-4-3　光电二极管反向电压偏置电路

光电二极管正向电阻值约为 10kΩ，在无光照时，若反向电阻值为∞，则表明该二极管是好的（若反向电阻值不为∞，则说明漏电流大，该二极管质量较差）；在有光照时，若反向电阻值随光照强度的提升而减小，阻值为几 kΩ或在 1kΩ 以下，则表明该二极管是好的（若反向电阻值为∞或零，则表明该二极管是坏的）。在太阳光或灯光照射下，用万用表电压挡测量光电二极管两端（红表笔接光电二极管的正极、黑表笔接负极）的电压，通常为 0.2～0.4V。

3．简易红外感应报警电路原理

红外感应报警器也称光电报警器，由红外感应电路、集成运放电路和放大电路组成。红外感应报警电路原理图如图 2-4-4 所示。红外感应电路主要由红外发射管 VD1 和红外接收管 DB1 组成，集成运放电路主要由 LM358 组成，放大电路主要由三极管 VTI 和 VT2 组成。

为电路接入 5V 电源，红外发射二极管 VD1 导通，发出红外光，如果无物体反射红外光到光电二极管 DB1，则光电二极管 DB1 处于截止状态。此时，光电二极管 DB1 负极为高电平（约为 5V），因此，LM358 的 3 号引脚为高电平。LM358 的 2 号引脚电压取决于可调电阻 RP。调节可调电阻 RP，使 LM358 的 2 号引脚电压约为 2.5V，此时，LM358

的 3 号引脚电压高于 LM358 的 2 号引脚电压。当同相输入端（IN1+）电压高于反相输入端（INI−）电压时，LM358 的 1 号引脚就会输出高电平，使三极管 VT1、VT2 截止，蜂鸣器 LS 不响，发光二极管 LED1 熄灭。

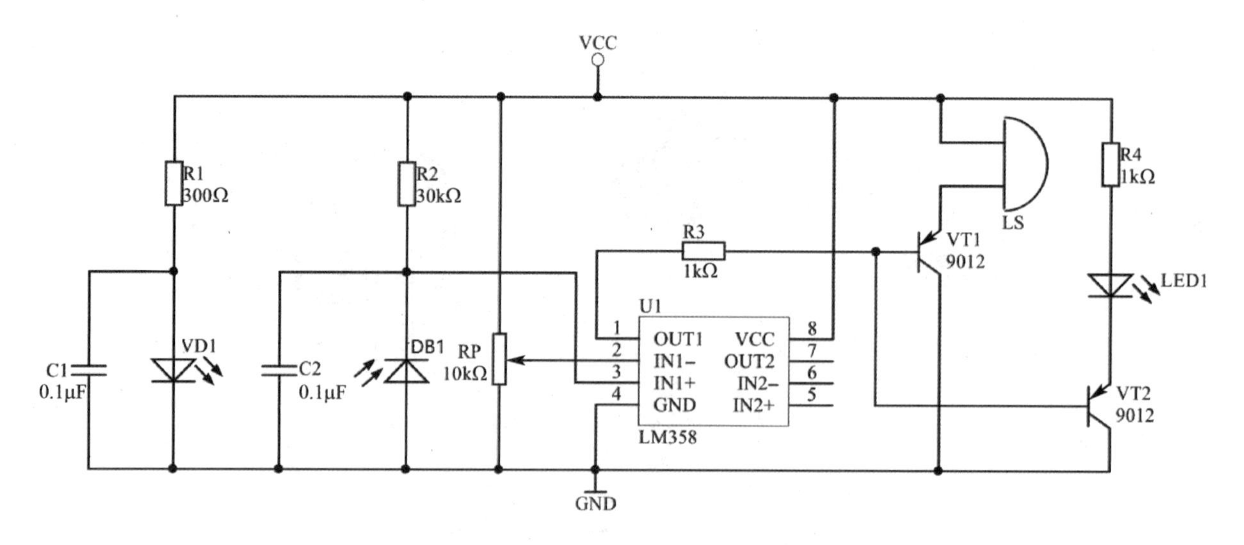

图 2-4-4　红外感应报警电路原理图

当有物体进入红外发射区域时，物体将红外光反射到光电二极管 DB1 上，DB1 导通，使其负极的电压降低，即 LM358 的 3 号引脚电压降低。若 LM358 的 3 号引脚电压低于 2 号引脚电压，则 LM358 的 1 号引脚就会输出低电平，使三极管 VTI 和 VT2 导通，蜂鸣器 LS 发声报警，发光二极管 LED1 点亮，从而实现声光报警。

实训

声光报警模块如图 2-4-5 所示。它包括信号采集模块、状态显示模块、电路电源输入端和报警器的电源输入端与输出端等部分。使用智能光电技术实训台的+12V 电源给声光报警模块供电，按下复位键 S302 5s 后，显示屏显示“Test:No voice”，表示蜂鸣器没有发声报警。此时调节可调电阻 RD302，用手指轻敲几下 MIC 键，显示“Test:voice”，表示蜂鸣器发声报警。

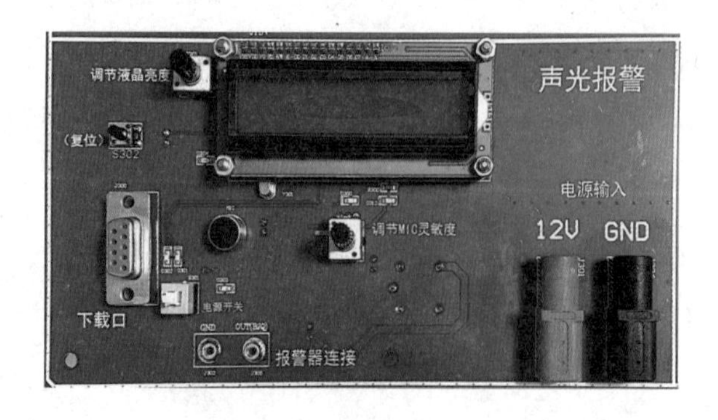

图 2-4-5　声光报警模块

1. 声光报警器的连接

将红色香蕉插线的一头插在智能光电技术实训台的+12V 插孔中，将另一头插在声光报警模块的 12V 插孔中；将黑色香蕉插线的一头插在智能光电技术实训台的 GND 插孔中，将另一头插在声光报警模块的 GND 插孔中。接通电源后，按下复位键后，显示屏显示“Test:No voice”，表示蜂鸣器没有发声报警，用手指轻敲几下 MIC 键，显示“Test:voice”，表示蜂鸣器发声报警。通过调节可调电阻 RD302 能调节麦克风的灵敏度。接线时，要认真仔细，多次检查，养成精益求精的工作作风。

2. 声光报警器的测试与记录

打开万用表，把万用表的挡位调到直流电压 20V 处，将黑表笔插到 COM 孔中，将红表笔插到 VΩ孔中，将黑表笔笔尖插到声光报警模块的 GND 孔中，将红表笔笔尖插到声光报警模块的 OUT(BJQ)孔中，按下复位键 S302，经过 5s，显示屏显示“Test:No voice”，记下电压值并填入表 2-4-1 中；调节可调电阻 RD302，用手指轻敲几下 MIC 键，使显示屏显示“Test: voice”，记下电压值并填入表 2-4-1 中。

注意：报警器模块为选配模块。

表 2-4-1　测量数据

显示屏显示	OUT(BJQ)的电压/V
Test:voice（有声音）	
Test:No voice（无声音）	

3. 红外感应报警电路的制作与调试

（1）实训准备。

焊接工具有电烙铁、吸锡器、烙铁架、松香、焊锡丝和智能光电技术实训台等，测量器材有万用表、稳压电源、示波器等，辅助工具有导线、螺丝刀等。

红外感应报警电路所需材料清单如表 2-4-2 所示。

表 2-4-2　红外感应报警电路所需材料清单

序　号	材料名称	数　量	位置标识	规　格
1	电阻	1	R1	300Ω
2	电阻	1	R2	30kΩ
3	电阻	2	R3，R4	1kΩ
4	电容	2	C1，C2	0.1μF
5	可调电阻	1	RP	10kΩ
6	红外发射管	1	VD1	5mm
7	红外接收管	1	DB1	5mm

续表

序　　号	材料名称	数　　量	位置标识	规　　格
8	发光二极管	1	LED1	5mm
9	蜂鸣器	1	LS	—
10	三极管	2	VT1，VT2	9012
11	LM358	1	IC1	DIP8P
12	IC 座	1	—	玻纤 7cm×9cm
13	万能板	1	—	1×4PIN2.54mm
14	单排针	3	—	—

（2）电路组装与调试。

在焊接安装红外感应报警电路前，要了解其组成，掌握其工作原理，以便正确安装。按图 2-4-4 进行装配，元器件布局参考如图 2-4-6 所示的红外感应报警电路实物图。

在确保所有元器件工作正常并正确安装，且没有漏焊、假焊、脱焊的情况下，即可运行调试。

图 2-4-6　红外感应报警电路实物图

首先用黑色电工胶布把红外发射二极管和红外接收二极管包好，只留出顶端，然后接入 5V 直流电压，调节 RP 的阻值，使 LM358 的 2 号引脚电压低于 LM358 的 3 号引脚电压。

当感应到物体时，电路工作，用万用表测量 LM358 的 1、2、3 号引脚电压；当没有感应到物体时，电路不工作，再次用万用表测量 LM358 的 1、2、3 号引脚电压，将测量结果填入表 2-4-3 中。

表 2-4-3　LM358 的 1、2、3 号引脚电压测量结果

状　　态	1 号引脚电压/V	2 号引脚电压/V	3 号引脚电压/V
感应到物体			
没感应到物体			

思考：调节 RP 的阻值，蜂鸣器一直不报警，请说明原因。

考核

将考核结果填入表 2-4-4 中。

表 2-4-4　考核表

任务考核内容		标准分值	自我评分分值×50%	教师评分分值×50%
专业知识与技能	任务计划阶段			
	实训任务要求	5		
	任务执行阶段			
	熟悉电路连接	5		
	实训效果展示	15		
	理解电路原理	15		
	实训设备使用	10		
	任务完成阶段			
	元器件检测及装配	5		
	实训数据及波形测试	15		
	实训结果	10		
职业素养	规范操作（安全、文明）	5		
	学习态度	5		
	合作精神及组织协调能力	5		
	交流总结	5		
合计		100		
学生心得体会与收获：				
教师总体评价与建议： 教师签名：　　　　日期：				

项目三

LED 驱动电源的装配与检测

2019 年 10 月中华人民共和国国家发展和改革委员会发布《产业结构调整指导目录（2019 年本）》，将“半导体照明设备”“城市照明智能化、绿色照明产品及系统技术开发与应用”列入鼓励类产业。半导体照明产业展现出全新的成长力和更好的前景，智能照明已经成为 LED 行业发展的新动力。LED 驱动电源作为照明灯具的核心驱动部件，在持续研发和迭代创新中，保障了 LED 光源发挥其寿命长等各种优良特性，同时实现了智能 LED 的调光、调色、无线控制、语音控制、互动及不断电等功能。本项目针对目前比较流行的 LED 驱动电源进行装配调试、电气参数检测及典型故障分析与检修等实训，让读者更好地了解 LED 驱动电源的应用领域、电路结构及基本原理，掌握电路制作流程、调试方法及电气参数的检测方法，为今后从事 LED 驱动电源研发与设计、LED 产品质量检测、LED 照明工程与施工、LED 照明产品安装与维修打下良好的基础。

任务一　LED 内置 MOS 管恒流驱动电源的装配与检测

内置 MOS 管即 MOS 管集成于驱动芯片中，线路设计简化，体积小，设计综合成本低。本任务的 LED 内置 MOS 管恒流驱动电源采用 BP3125 芯片，其内部集成了 600V 功率开关管（内置 MOS 管）和多种保护电路，并采用初级反馈模式，不需要次级反馈电路，被广泛应用于 LED 球泡灯、射灯等 LED 照明灯具中。

任务目标

知识目标

1. 认识驱动芯片 BP3125。
2. 了解内置 MOS 管恒流驱动电源电路的结构及工作原理。
3. 掌握内置 MOS 管恒流驱动电源电路的工作特性及装配方法。
4. 掌握内置 MOS 管恒流驱动电源的相关电气参数的测量方法。

技能目标

1. 学会用万用表检测元器件与电路。
2. 完成元器件的安装、焊接与电路的调试。
3. 学会使用直流电子负载仪测量内置 MOS 管恒流驱动电源的主要电气参数。

任务内容

1. 内置 MOS 管恒流驱动电源的装配与调试。
2. 内置 MOS 管恒流驱动电源相关电气参数的测量。

知识

1. BP3125 驱动芯片简介

前面提到，BP3125 驱动芯片内部集成了 600V 功率开关管（内置 MOS 管）和多种保护电路，使外围电路更加简单；采用初级反馈模式，不需要次级反馈电路，即无光耦及 TL431 反馈，也不需要补偿电路，只需极少的外围元器件即可实现恒流驱动。它适用于全输入电压范围（交流 85～265V）、功率在 12W 以下的反激隔离式 LED 恒流驱动电源，可极大地降低系统的成本和减小系统的体积。该芯片内部带有高精度的电流取样电路，输出电流精度可达到±3%。

该芯片具有多重保护功能，包括 LED 开路保护、LED 短路保护、芯片过温保护、过压保护、欠压保护和 FB 短路保护等。该芯片的缺点是驱动电流不够大。BP3125 内部结构框图如图 3-1-1 所示。

BP3125 采用 DIP8 封装（双列直插式 8 引脚塑封），其引脚封装图如图 3-1-2 所示，其 BP3125 外形图如图 3-1-3 所示，其引脚功能如表 3-1-1 所示。

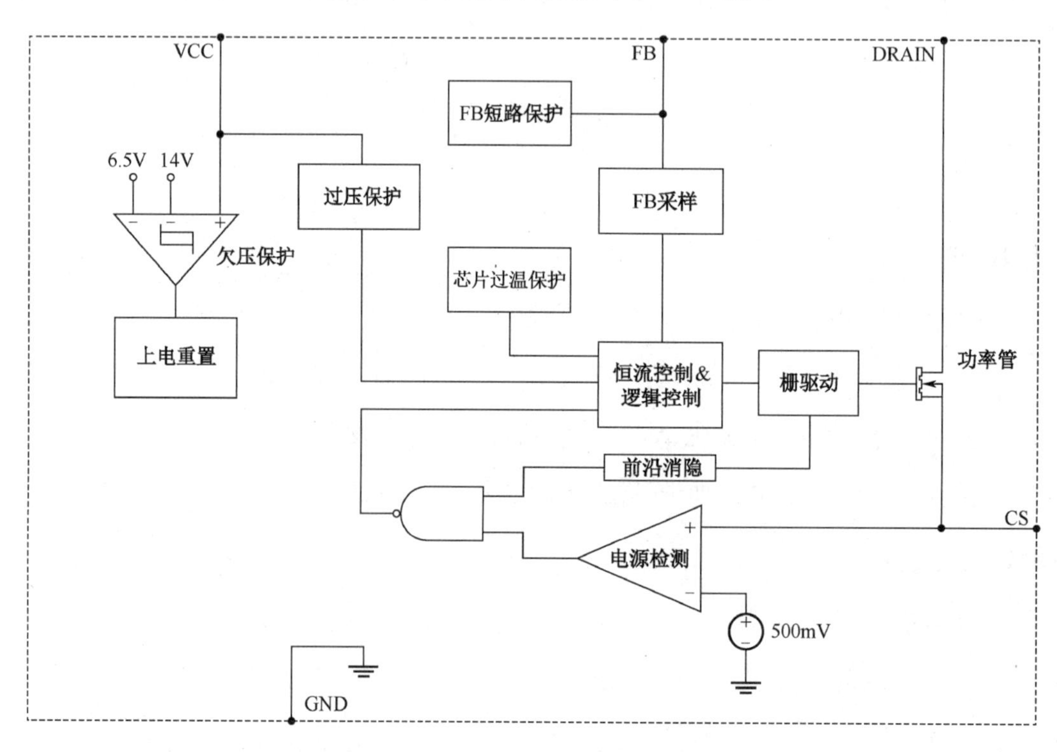

图 3-1-1　BP3125 内部结构框图

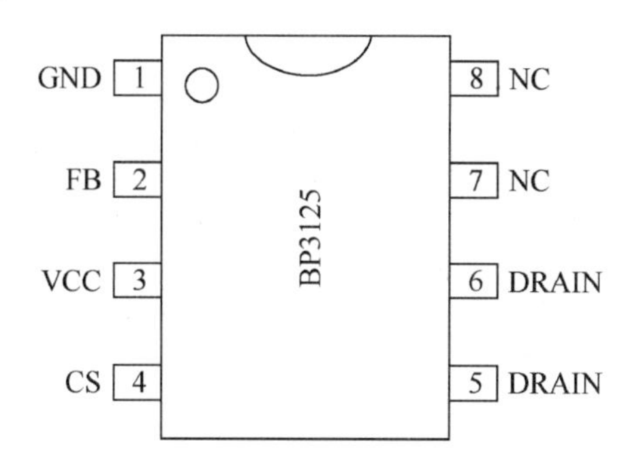

图 3-1-2　BP3125 的引脚封装图

图 3-1-3　BP3125 外形图

表 3-1-1　BP3125 引脚功能

引脚号	引脚名称	功能描述
1	GND	信号和功率地
2	FB	辅助绕组信号采样端
3	VCC	电源端
4	CS	电流采样端，采样电阻接在 CS 和地之间
5、6	DRAIN（D）	内部功率开关管漏端
7、8	NC	无连接，必须悬空，空引脚

2. 驱动电源基本原理

由 BP3125 构成的内置 MOS 管恒流驱动电源电路由输入整流滤波电路、开关振荡及能量转换与保护电路、输出整流滤波电路等部分组成，如图 3-1-4 所示。

接通电源时，220V 交流（AC）电压经由熔丝管 F1、整流桥 D1～D4、滤波电容 C1 组成的输入整流滤波电路输出约 310V 直流（DC）高压。该电压一路经高频变压器（也称开关变压器）T1 的初级绕组送至恒流驱动芯片 U1（BP3125）的 5、6 号引脚，提供内置 MOS 管的漏极电压；另一路通过由 R5、R6、测试开关 S1 组成的启动电路为 U1 的 3 号引脚（VCC 端）提供开启电压，使内置 MOS 管导通，开关振荡器起振，电路开始工作。若电路启动前将测试开关 S1 拨到“OFF”位置，则电路将无法启动。R1、R3、C4、D5 组成尖峰吸收电路，作用是保护 U1 内置 MOS 管在截止时不会因尖峰电压过高而击穿损坏。电路正常启动后，U1 的 3 号引脚将由辅助电源供电，即由 T1 的辅助绕组的感应电压经 D6 整流、R8 限流、C2 滤波输出的约 12V 直流电压来提供芯片 U1 的工作电压，电路进入正常工作状态。电路启动并正常工作后断开测试开关 S1 将不影响电路工作。

T1 的辅助绕组的感应电压同时经由 R9、R10 组成的辅助绕组信号采样电路，为 U1 的 2 号引脚提供能反映输出电压高低的反馈信号，以控制开关振荡频率，从而使输出保持恒定。R2、R4、R7 组成 CS 电流采样电路，可调节输出电流的大小。当将测试开关 S2 拨到“OFF”位置时，CS 电流采样电路的采样电阻值将增大，使输出电流减小；反之，当将 S2 拨到“ON”位置时，输出电流增大。

T1 的次级绕组的感应电压经由快恢复整流二极管 D7、滤波电容 C5 及 R11（假负载）组成的输出整流滤波电路，输出恒定的电流及电压。

当出现负载开路或短路、芯片过热等异常情况时，电路将进入自动保护状态，只有在排除异常情况后，电路才会自动恢复工作，或者重启后恢复工作。

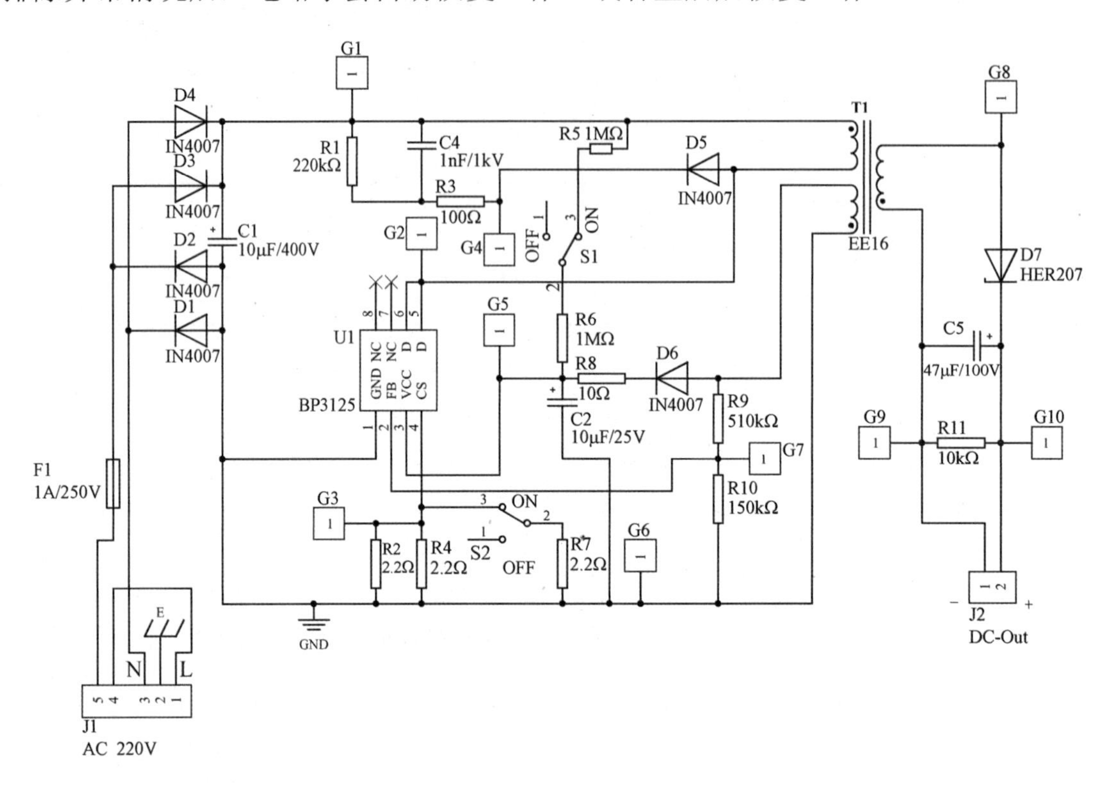

图 3-1-4　由 BP3125 构成的内置 MOS 管恒流驱动电源电路

 实训

本任务驱动电源为隔离式恒流驱动电源。所谓隔离，就是指负载端与 220V 相线之间采用变压器实现了隔离，这样，在连接 LED 灯板时不会有触电危险，安全可靠。但 220V 交流电输入端至高频变压器 T1 的初级绕组之间的电路（又称初级侧）仍带有高电压，在检测及维修时应注意安全，谨防触电。在模块上标有高压危险警示标记“⚠”的地方都是带电的，检测时要特别小心。恒流驱动电源输出的电流是恒定的，但输出的直流电压随着负载阻值的不同在一定范围内变化，即输出的电压是自适应的，实际输出的电压取决于连接负载的阻抗，与 LED 灯珠的正向工作电压 U_F、LED 灯珠的连接方式及数量有关。

1．驱动电源的装配

（1）实训器材。

内置 MOS 管恒流驱动电源模块及其套件、LED 灯板（可自行设计）、直流电子负载仪、智能电量测试仪、万用表、电烙铁（含烙铁架、松香、焊锡丝）、连接导线，以及斜嘴钳、镊子、螺丝刀等常用电工工具。

（2）材料清单。

内置 MOS 管恒流驱动电源套件材料清单如表 3-1-2 所示。

表 3-1-2　内置 MOS 管恒流驱动电源套件材料清单

序　号	材料名称	型号或规格	数　量	位置标识
1	插件电阻	金属膜电阻/2.2Ω/1/4W/1%精度	3	R2，R4，R7
2	插件电阻	金属膜电阻/10Ω/1/4W/1%精度	1	R8
3	插件电阻	金属膜电阻/100Ω/1/4W/1%精度	1	R3
4	插件电阻	金属膜电阻/10kΩ/1/4W/1%精度	1	R11
5	插件电阻	金属膜电阻/150kΩ/1/4W/1%精度	1	R10
6	插件电阻	金属膜电阻/220kΩ/1/4W/1%精度	1	R1
7	插件电阻	金属膜电阻/510kΩ/1/4W/1%精度	1	R9
8	插件电阻	金属膜电阻/1MΩ/1/4W/1%精度	2	R5，R6
9	插件电容	高压瓷片电容/102/1kV/5mm	1	C4
10	插件电容	电解电容/10μF/25V/ϕ5mm×11mm	1	C2
11	插件电容	电解电容/10μF/400V/ϕ10mm×20mm	1	C1
12	插件电容	电解电容/47μF/100V/ϕ8mm×16mm	1	C5
13	插件二极管	IN4007/DO-41	6	D1～D6
14	插件二极管	HER207/DO-15	1	D7
15	插件芯片	BP3125/DIP8	1	U1
16	熔丝管	1A/250V/5mm×20mm	1	F1
17	带透明盖子熔丝管座	BLX-A/间距 22mm	1	F1
18	电路板测试针	铜镀金/陶瓷/黑	10	G1～G10
19	AC 电源插座带船型开关	公座/弯脚/焊接式/15A 250V/RF2001-PCB	1	J1
20	接线端子	螺钉式/间距 5.08mm 可拼接/kf128-2P/黑色	1	J2
21	三脚拨动开关	SS12D10G5（7mm×13mm×18.5mm）	2	S1，S2
22	高频变压器	EE16	1	T1
23	芯片底座	DIP-8	1	U1
24	香蕉插座	K2-A33/纯铜镀金/内径 2mm/开孔 3mm/整体长度 7mm	10	G1～G10
25	LED 内置 MOS 管恒流驱动电路板	212mm×148mm×1.6mm	1	—

（3）装配。

根据本任务提供的内置 MOS 管恒流驱动电源套件进行电路装配，操作步骤如下。

① 元器件识别与检测。

在内置 MOS 管恒流驱动电源电路中，主要的元器件有高频变压器、整流二极管、电阻、电容及 IC 芯片等，在安装之前，必须使用万用表对它们进行识别与检测，以确保元器件质量完好。

首先清点并核对套件中元器件的数量是否齐全，有无缺漏，规格与型号是否与材料清单所列出的一致，如电容的容量、耐压，整流二极管的型号等。

然后逐一对元器件进行质量检测，筛选出质量好的元器件。检测时如果发现元器件的引脚有氧化或锈蚀现象，则可用小刀轻轻刮掉氧化层，否则会影响元器件的检测与焊接效果。对于有极性的元器件，要判别引脚的极性，如整流二极管、MOS 管等。另外，对于驱动芯片，还要掌握引脚的排列规律，重点是找出 IC 芯片的第一个引脚，简单的方法是把标有型号“BP3125”的一面正对自己，缺口朝上，左上角为 1 号引脚（通常带有小圆点标记，这是引脚计数起始标记），按逆时针方向（或按英文字母“U”的书写方向）依次为 2～7 号引脚，右上角为最后一个引脚，即 8 号引脚。BP3125 的引脚排列可参照图 3-1-2。

② 元器件安装与焊接。

将筛选出的质量好的元器件按工艺要求正确安装并焊接在电路板上。

元器件的安装一般按照先小后大的原则进行。安装时要特别细心，不能装错，也不能漏装。例如，阻值为 510kΩ 与 150kΩ 的两个电阻就很容易装错位置。小功率元器件要尽量压低安装，以防引脚过长引起分布参数而影响电路性能指标。对于电解电容、整流二极管等有极性的元器件，要注意其极性的正确接法，不得接反。

在焊接元器件时，应把握好电烙铁的温度和焊接时间，在保证焊点牢固、圆润及光亮的前提下，焊接要迅速，一般控制在 2～3s 为宜，焊接时间过长或温度过高易损坏元器件，特别是 IC 芯片及晶体管元器件。元器件焊接完成后用斜口钳把引脚线剪掉。

③ 电路检查。

为了安全起见，通电前必须对制作好的电路板的有关焊点及连线再一次进行检查，着重检查相邻焊盘间的焊点有无短路，元器件引脚有无虚焊、假焊或脱焊，有极性的元器件有无接反。

④ 外壳装配。

LED 内置 MOS 管恒流驱动电源外壳是透明亚克力材质，包含底座和盖子。使用螺钉将焊接好的电路板固定在底座上，盖上盖子，调整好位置，使盖子孔位与电路板测试点对齐，锁好盖子，外壳装配完成。LED 内置 MOS 管恒流驱动电源模块如图 3-1-5 所示。

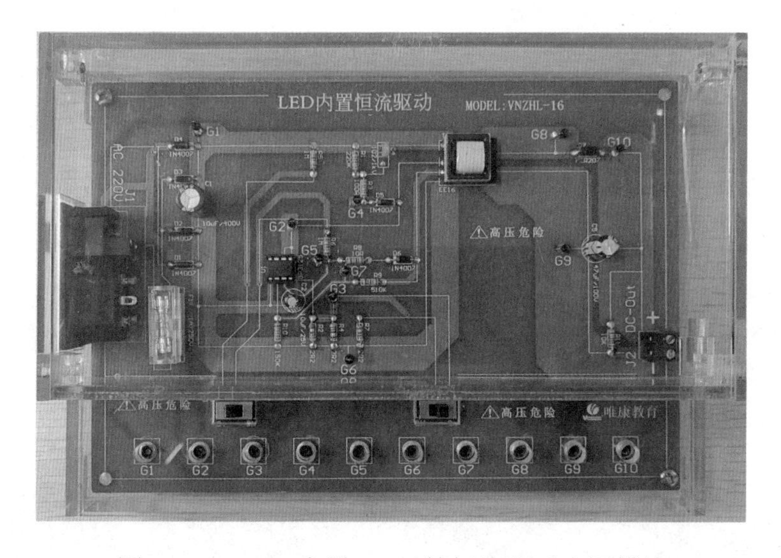

图 3-1-5　LED 内置 MOS 管恒流驱动电源模块

2．驱动电源的连接与调试

该模块有一个带开关的交流输入电源插座 J1，电源线直接插在电源插座上；一个直流输出端子 J2，LED 灯板（负载）连接在输出端子“+”和“-”上，注意正负极的正确接法，不能接反。

该驱动电源的驱动方式为恒流驱动，对于这类驱动电源，一般应采用 LED 串联负载，这里所接的负载就是串联形式的 LED 灯珠，如图 3-1-6 所示。

需要特别注意的是，交流输入端与直流输出端绝不允许反接，如果把电源线接在直流输出端，那么在通入 220V 交流电后，将会损坏驱动电源。

LED 内置 MOS 管恒流驱动电源模块的正确连接图如图 3-1-7 所示。

在确认接线正确且将测试开关 S1、S2 均拨到“ON”位置后，接入 220V 交流电，观察 LED 灯板的发光情况。

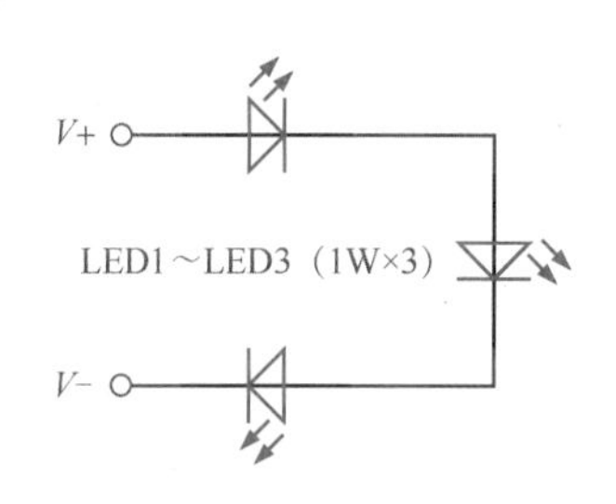

图 3-1-6　LED 灯珠连接电路图

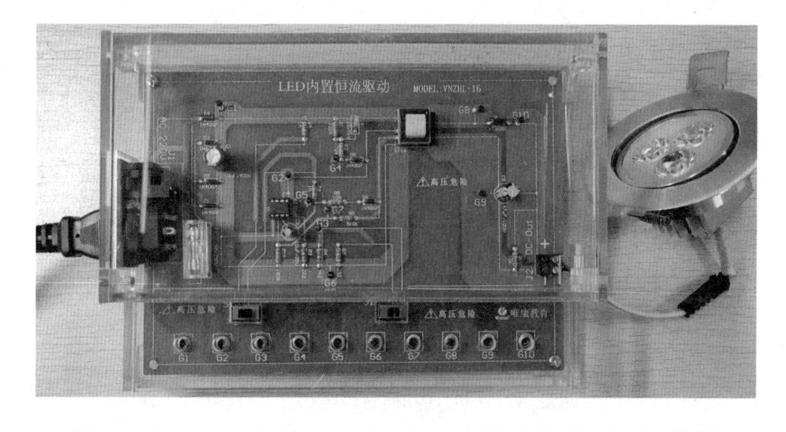

图 3-1-7　LED 内置 MOS 管驱动电源模块的正确连接图

（1）若正常发光，则说明驱动电源工作正常，线路连接正确，发光效果如图 3-1-8 所示。

（2）若 LED 灯板出现严重的“频闪”现象，则可能是由所连接的 LED 灯板与该驱动电源功率不匹配引起的驱动电源保护电路动作所致的，即误认为输出端存在过载或短路，导致电流增大，进而反映到初级侧，使 BP3125 芯片内置的保护电路启动保护机制；也可能是误认为输出端存在轻载或开路情况而实现保护功能。当出现这种“频闪”现象时，可以换一个功率较为合适的 LED 灯板试一试。

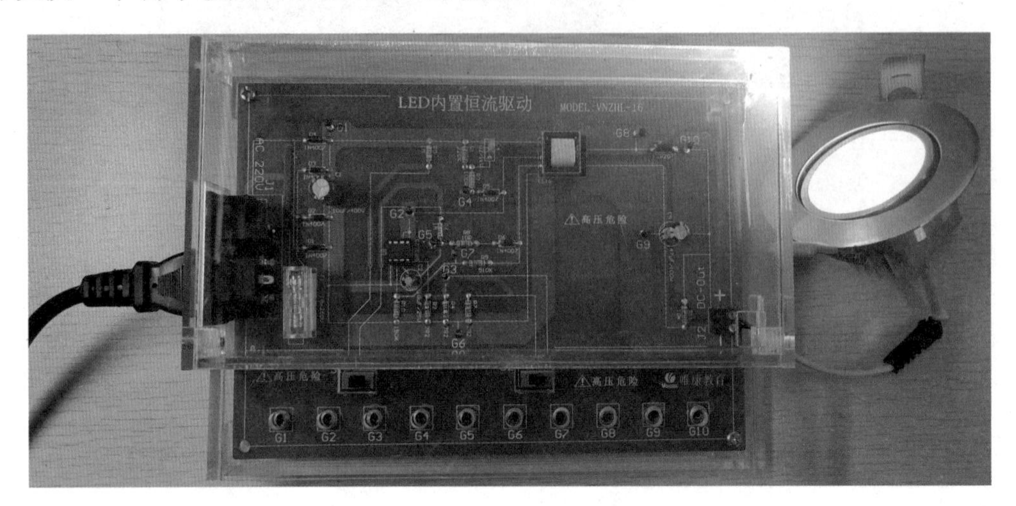

图 3-1-8　发光效果

恒压电源（稳压电源）空载时能正常工作，而恒流驱动电源则不一样，它有一定的输出功率范围，负载功率太小（轻载或空载）或太大（过载）都不能使其正常工作。

调试的目的是检验电路装配过程是否合理、焊接质量是否可靠、元器件是否符合电路的特殊要求、电路保护功能能否实现，以及电气参数是否达到设计要求等。

在确认安装无误后，连接 LED 灯板，接上 220V 交流电，运行几分钟，待工作稳定后进行检测。

首先，检测驱动电源的关键点电压是否正常。

- 初级侧滤波电容 C1 两端的电压 U_{C1}：正常工作时约为 310V。
- 次级侧输出滤波电容 C5 两端的电压，即输出电压 U_O（U_{C5}）：实际工作电压取决于负载所接 LED 灯珠的 U_F 及数量。

检测驱动电源的关键点电压至关重要，它能直观地表示电路工作正常与否，有利于人们掌握电路的工作状态。例如，若测得滤波电容 C1 两端的电压在 310V 左右，则表明滤波电容 C1 前面连接的输入整流电路工作正常，而 C1 后面连接的以芯片为核心的开关振荡电路也不存在过流或短路的现象。

然后，检测驱动电源的输出电流大小是否正常，或者电流稳定性是否达到设计要求。

在直流输出端分别接入 3W 和 11W 的 LED 灯板（可参考图 3-1-6 自行设计），测量输出电流值和电压值，并观察输出电流是否基本稳定在某一数值上，输出电压是否随负载的变化而变化，将测量数据记录在表 3-1-3 中。

表 3-1-3　驱动电源相关测量结果

测试条件	测试项目		
	U_{C1}/V	U_O/V	I_O/A
3W 的 LED 灯板			
11W 的 LED 灯板			

根据测量数据，通过分析完成如下问题。

- 驱动电源输出的电流基本稳定在________________。
- 该驱动电源是否具有恒流特性？____________。
- 当连接不同的负载时，输出电压 U_O 变化的原因：___________________。

最后，分别将开关 S2 置于“ON”位置和“OFF”位置，测量输出电流的大小，并观察电流的变化情况，将结果记录在表 3-1-4 中。

表 3-1-4　开关 S2 处于通、断状态时的电流测量结果

开关 S2 的状态	接　通	断　开
输出电流 I_O/mA		

根据测量数据进行分析，回答如下问题。

引起输出电流 I_O 变化的原因：__________________________________。

3．驱动电源的功能测试及参数测量

（1）保护功能测试。

LED 驱动电源的保护功能前面已给出，下面简单介绍 LED 短路保护功能的测试。

LED 短路保护功能的测试方法：驱动电源连接好 LED 灯板，通电启动运行后，用导线直接短接直流输出端子的“+”和“−”两端，这时保护电路应能立即起保护作用，并切断输出电压，使 LED 灯板熄灭；在去掉短路线或排除异常条件后，驱动电源应自动恢复工作，或者重启后恢复工作，LED 灯板被重新点亮，表明 LED 短路保护功能可靠，短路保护可自恢复。

对于其他保护功能，如 LED 开路保护（可直接断开负载）、芯片过温保护（可用高温电烙铁紧贴芯片表面，让其升温）和过载保护（接入额定输出功率在 130%以上的 LED 灯板）等，操作者可自行测试以验证多重保护功能的可靠性。

（2）电气参数测试。

电气参数主要有输入/输出电压、电流与功率、功率因数、整机效率、恒流精度（恒流源时）、待机功耗（驱动电源空载时）、负载调整率、电流和电压纹波等。

输出参数的测量方法：将待测的 LED 驱动电源输入端接上交流电源，输出端接上 LED 灯板或电子负载，接通电源，用电流表和电压表或用直流电子负载仪进行测量，并记录数据。

可用直流电子负载仪（也称模拟负载仪）测量 LED 驱动电源的输出参数，如输出电流、输出电压和输出功率及其负载范围。对于直流电子负载仪，在接线时一定要注意输入端子的正负极性（左“+”右“−”），要正确连接，否则会烧坏设备。驱动电源的直流输出端与直流电子负载仪的输入端子连接，正确连接示意图如图 3-1-9 所示。

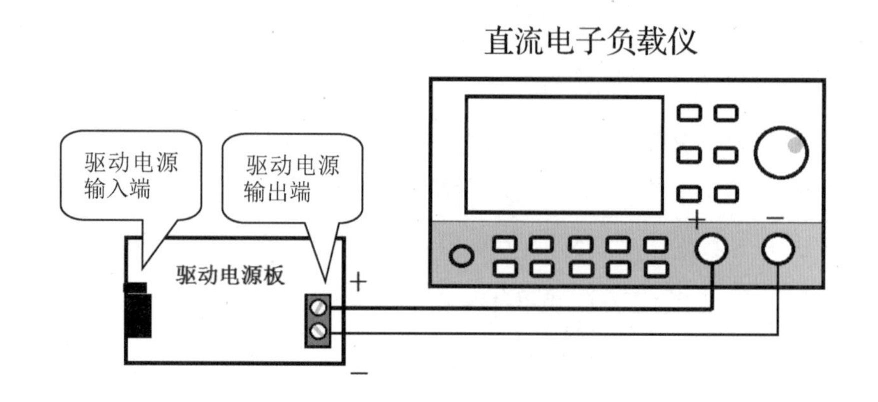

图 3-1-9　驱动电源与直流电子负载仪的正确连接示意图

直流电子负载仪有定电流（CC）、定电压（CV）、定功率（CW）和定电阻（CR）这 4 种工作模式，测量时要选择好工作模式。一般情况下，恒流驱动电源应选择定电压（CV）模式，因为该模式下负载的电压是恒定的，输出电压纹波对负载的影响相对较小。当然，也可用定电阻（CR）模式进行测试。

正确连接好直流电子负载仪后上电，就可测出内置 MOS 管恒流驱动电源的输出参数，如图 3-1-10 所示。由直流电子负载仪的 LCD 显示屏显示的结果可知，当设置的定电压为 40V（V_{set}=40.00V）时，测得该驱动电源的输出电压 U_O=40.00V、输出电流 I_O=0.284A、输出功率 P_O=11.4W。

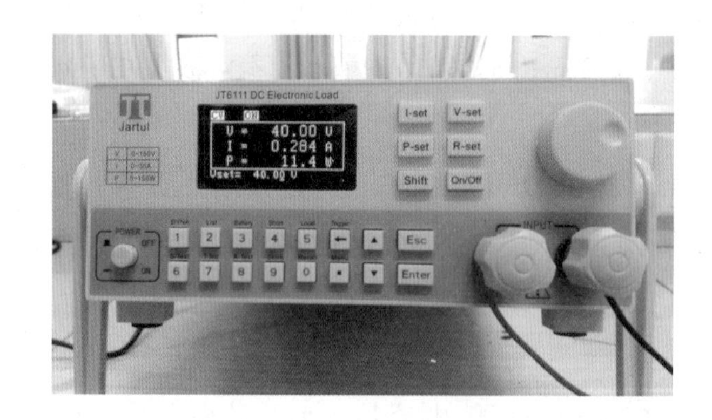

图 3-1-10　测量内置 MOS 管恒流驱动电源的输出参数

这里需要指出的是，在定电压（CV）模式下，直流电子负载仪将消耗足够的电流来使输入电压维持在所设置的数值上。设置不同的定电压相当于给驱动电源接上了不同的负载阻抗，但这个定电压必须满足驱动电源的输出要求，否则驱动电源将产生自动保护而无法正常工作。例如，当设置的定电压超出驱动电源输出的允许工作电压范围时，驱动电源将自动进入保护状态，出现“打嗝”现象，直流电子负载仪显示的输出电压将不停地跳变，无法进行输出参数的检测与读取。

请按照上述操作方法设置不同的定电压来测量驱动电源的输出参数，并把测量结果记录在表 3-1-5 中。

表 3-1-5　驱动电源输出参数测量结果

测试条件	测试项目		
	输出电压 U_O/V	输出电流 I_O/A	输出功率 P_O/W
$V_{set}<20.00V$			
$V_{set}=24.00V$			
$V_{set}=30.00V$			
$V_{set}=36.00V$			
$V_{set}=40.00V$			
$V_{set}>45.00V$			

综合以上测量数据，通过分析回答如下问题。

- 该驱动电源输出电流是否恒定？________________。
- 输出电流大小为________________。
- 驱动电源输出电压范围（最小～最大电压值）：________________。
- 驱动电源输出功率范围（最小～最大功率值）：________________。

考核

将考核结果填入表 3-1-6 中。

表 3-1-6　考核表

任务考核内容		标准分值	自我评分分值×50%	教师评分分值×50%
专业知识与技能	任务计划阶段			
	实训任务要求	10		
	任务执行阶段			
	熟悉电路连接	5		
	实训效果展示	5		
	理解电路原理	5		
	实训设备使用	5		
	任务完成阶段			
	元器件检测	5		
	元器件装配与焊接	10		

续表

任务考核内容		标准分值	自我评分分值×50%	教师评分分值×50%
专业知识与技能	运行与调试	10		
	电气参数测量（含关键点电压测量）	25		
职业素养	规范操作（安全、文明）	5		
	学习态度	5		
	合作精神及组织协调能力	5		
	交流总结	5		
合计		100		
学生心得体会与收获：				
教师总体评价与建议： 教师签名：　　　　　　日期：				

任务二　LED 外置 MOS 管恒流驱动电源的装配与检测

外置 MOS 管恒流驱动电源驱动芯片内无 MOS 管，MOS 管独立于芯片之外，芯片可以做得更小，也无须考虑散热问题。本任务中的外置 MOS 管恒流驱动电源采用 CL1100 驱动芯片，该驱动电源主要应用于低功率 AC/DC 电池充电器和电源适配器的高性能隔离式 PWM 控制器中。

任务目标

知识目标

1. 了解外置 MOS 管恒流驱动电源的基本结构。
2. 熟悉驱动电路中各模块的作用。
3. 掌握外置 MOS 管恒流驱动电源电路的工作原理及制作方法。

技能目标

1. 掌握驱动电源外接 LED 模组的方法。
2. 掌握外置 MOS 管恒流驱动电源的制作及调试方法。
3. 掌握外置 MOS 管恒流驱动电源电气参数的测量方法。
4. 掌握 LED 驱动电源典型故障分析与检修方法。

任务内容

1. 外置 MOS 管恒流驱动电源的制作与调试。
2. 外置 MOS 管恒流驱动电源主要电气参数的测量。
3. LED 驱动电源典型故障分析与检修。

知识

1. 驱动芯片 CL1100 简介

CL1100 引脚排列和外形图如图 3-2-1 所示，采用贴片式 SOT23-6 封装。它利用初级反馈工作原理，在恒流控制当中，电流和输出功率设置可以通过 CS 引脚的感应电阻进行外部检测。CL1100 提供电源的软启动控制和保护范围内的自动修复功能，包括逐周期电流限制、VDD 过压保护功能、VDD 电压钳位功能和欠压保护功能等。CL1100 专用的频率抖动技术可以确保良好的 EMI 性能得以实现。CL1100 可以实现高精度的恒压和恒流。CL1100 引脚功能描述如表 3-2-1 所示。

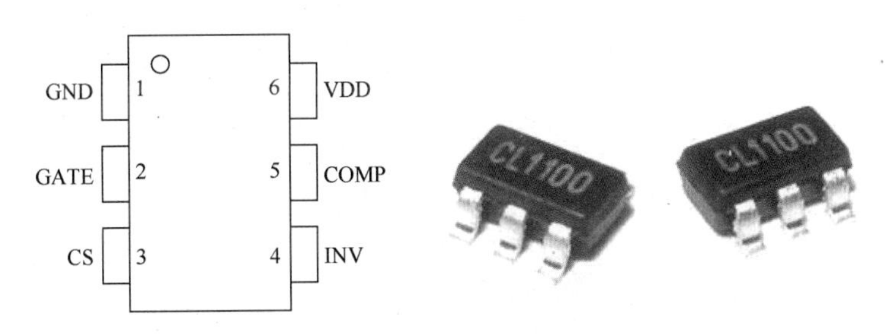

图 3-2-1　CL1100 引脚排列和外形图

表 3-2-1　CL1100 引脚功能描述

引脚号	引脚名称	功能描述
1	GND	接地
2	GATE	外置功率 MOSFET 驱动端
3	CS	电流采样输入端，连接 MOSFET 的电流检测的电阻节点
4	INV	输出电压反馈输入端（辅助绕组进行电压反馈，连接电阻分压器和辅助绕组反映输出电压）
5	COMP	环路补偿，提高恒压稳定性
6	VDD	接电源

2. 电路工作原理

外置 MOS 管恒流驱动电源原理图如图 3-2-2 所示，其基本组成结构框图如图 3-2-3 所示。

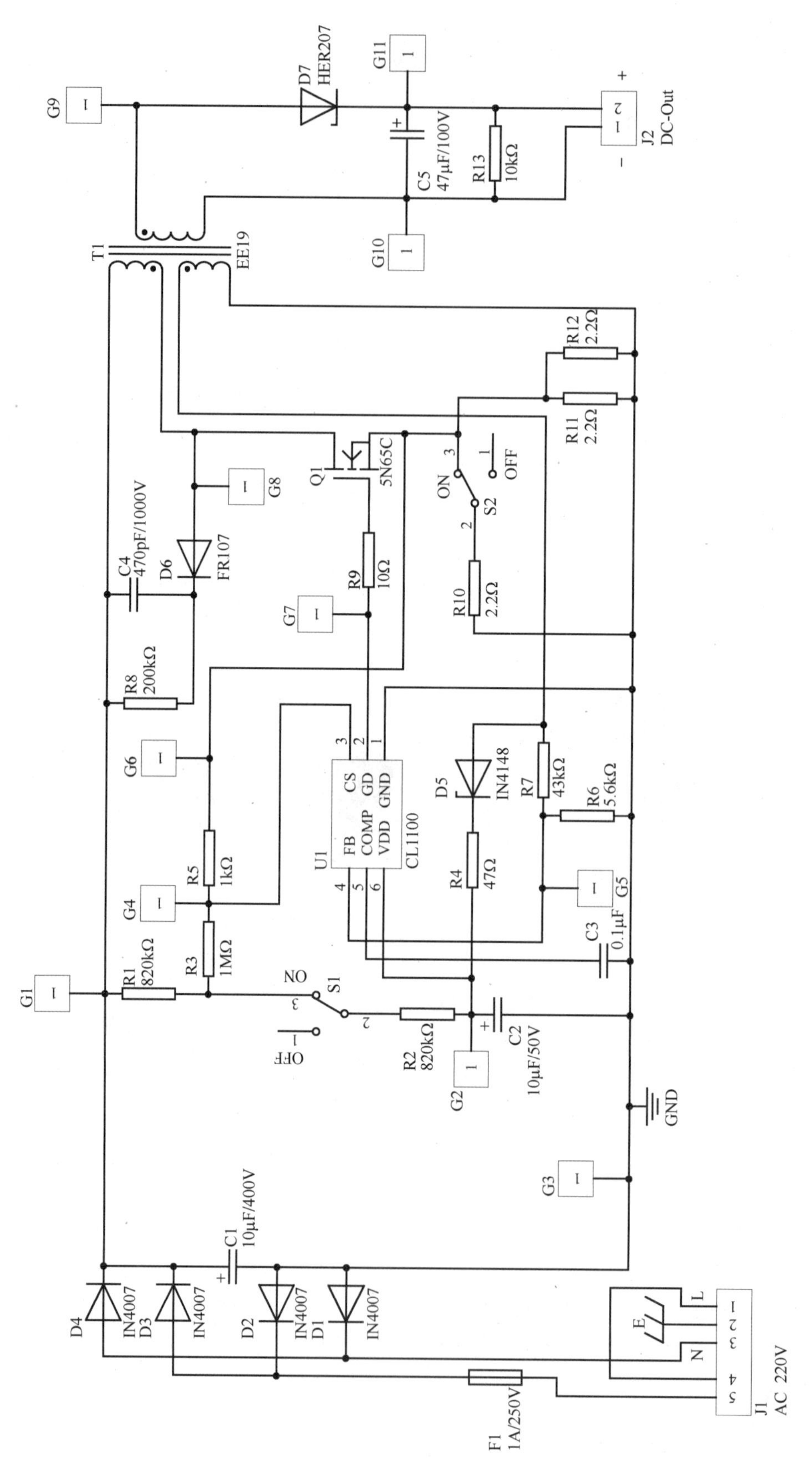

图 3-2-2　外置 MOS 管恒流驱动电源原理图

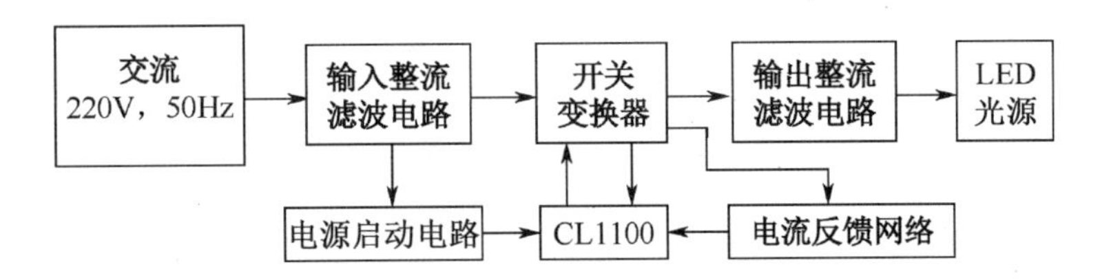

图 3-2-3　外置 MOS 管恒流驱动电源基本组成结构框图

下面简要介绍电路功能。

（1）整流桥 D1～D4 和滤波电容 C1 组成输入整流滤波电路，将 220V 交流输入电压变换为约 300V 的直流电压。

（2）电阻 R1、R2 和开关 S1 组成电源启动电路，在电路接通瞬间为 CL1100 提供正常启动工作电压，确保其进入正常工作状态。在电路接通前，若开关 S1 断开，则电路将无法正常工作；若开关 S1 闭合，则电路将正常工作。在电路进入正常工作状态后，断开 S1，电路仍能继续正常工作。

（3）电容 C2、电阻 R4、整流二极管 D5 和开关变压器 T1 的辅助绕组组成供电电路，为芯片 CL1100 的 6 号引脚（VDD）提供正常工作电压。

（4）辅助绕组输出电压经电阻 R7 和 R6 分压后反馈到芯片 CL1100 的 4 号引脚，起到自动稳定输出电压的作用。调节这两个电阻的比值可以适当改变输出电压的高低。当由于某种原因导致输出电压升高时，辅助绕组电压升高，R6 两端的电压升高，反馈到芯片 CL1100 的 4 号引脚的电压升高，从而使输出电压降低，达到稳定输出电压的目的。

（5）电阻 R10、R11、R12 和开关 S2 组成输出电流调节电路，断开开关 S2，R11、R12 并联的电阻值增大，使输出电流减小。

（6）电阻 R8、电容 C4 和二极管 D6 组成尖峰吸收电路，防止外置 MOS 管被反向击穿。

（7）整流二极管 D7 和电容 C5、R13（假负载）组成输出整流滤波电路，为 LED 光源提供恒定的电流。

实训

1．驱动电源的装配

（1）实训器材。

LED 外置 MOS 管恒流驱动电源模块及其套件、常用电工工具（尖嘴钳、镊子、螺丝刀等）、检测仪器（万用表、直流电子负载仪、智能电量测试仪等）、电烙铁（含烙铁架、松香、焊锡丝）及导线等。

（2）材料清单。

外置 MOS 管恒流驱动电源套件材料清单如表 3-2-2 所示。

表 3-2-2　外置 MOS 管恒流驱动电源套件材料清单

序　号	材料名称	型号或规格	数　量	位置标识
1	插件电阻	金属膜电阻/2.2Ω/1/4W/1%精度	3	R10，R11，R12
2	插件电阻	金属膜电阻/10Ω/1/4W/1%精度	1	R9
3	插件电阻	金属膜电阻/47Ω/1/4W/1%精度	1	R4
4	插件电阻	金属膜电阻/1kΩ/1/4W/1%精度	1	R5
5	插件电阻	金属膜电阻/5.6kΩ/1/4W/1%精度	1	R6
6	插件电阻	金属膜电阻/43kΩ/1/4W/1%精度	1	R7
7	插件电阻	金属膜电阻/10kΩ/1/4W/1%精度	1	R13
8	插件电阻	金属膜电阻/200kΩ/1/4W/1%精度	1	R8
9	插件电阻	金属膜电阻/820kΩ/1/4W/1%精度	2	R1，R2
10	插件电阻	金属膜电阻/1MΩ/1/4W/1%精度	1	R3
11	插件电容	瓷片电容/104/0.1μF/50V	1	C3
12	插件电容	高压瓷片电容/471/1000V/5mm	1	C4
13	贴片芯片	CL1100/SOT23-6	1	U1
14	插件电容	电容/10μF/50V/ϕ5×11	1	C2
15	插件电容	电解电容/10μF/400V/ϕ10×20	1	C1
16	插件电容	电解电容/47μF/100V/ϕ8×16	1	C5
17	场效应管	FQPF5N65C/ TO-220F	1	Q1
18	插件二极管	IN4007/DO-41	4	D1～D4
19	插件二极管	IN4148/DO-35/玻璃封装	1	D5
20	插件二极管	FR107/DO-41	1	D6
21	插件二极管	HER207/DO-15	1	D7
22	变压器	EE19	1	T1
23	熔丝管	5mm×20mm/1A/250V	1	F1
24	带透明盖子熔丝管座	BLX-A/间距 22mm	1	F1
25	电路板测试针	铜镀金/陶瓷/黑	11	G1～G11
26	AC 电源插座带船型开关	公座/弯脚/焊接式/15A 250VRF2001-PCB	1	J1
27	接线端子	螺钉式/间距 5.08mm 可拼接/kf128-2P/黑色	1	J2
28	三脚拨动开关	SS12D10G5（7mm×13mm×18.5mm）	2	S1，S2
29	香蕉插座	K2-A33/纯铜镀金/内径 2mm/开孔 3mm/整体长度 7mm	11	G1～G11
30	LED 外置 MOS 管恒流驱动电路板	212mm×148mm×1.6mm	1	—

（3）电源装配。

① 检测元器件：首先清点套件中元器件的数量是否齐全、有无缺漏，检查元器件的

规格及型号与清单是否相符（如电容的容量及耐压，整流二极管、IC 芯片的型号等）；然后用万用表逐一检测元器件的质量，检查其参数是否符合规定。

② 电路安装与焊接：按照图 3-2-2 进行元器件的正确安装。安装时要对号入座，元器件要尽量压低安装，以防分布参数影响电路性能指标。对于有极性的元器件，要注意其极性的正确接法（如电解电容、二极管等），不能接反。焊接时要求焊点光亮、牢固，不得有虚焊及焊点间短路现象。

③ 电路检查：元器件安装完成后，为了安全起见，通电前必须再次检查电路板是否有元器件接错或虚焊、假焊等情况。如果没有发现问题，就可接上电源线及 LED 负载。

（4）外壳装配。

LED 外置 MOS 管恒流驱动电源外壳使用的是透明亚克力板，外壳包含底座和盖子。使用螺钉将焊接好的电路板固定在底座上，盖上盖子，调整好位置，使盖子孔位与电路板测试点对齐，锁好盖子，外壳装配完成。外置 MOS 管恒流驱动电源模块如图 3-2-4 所示。

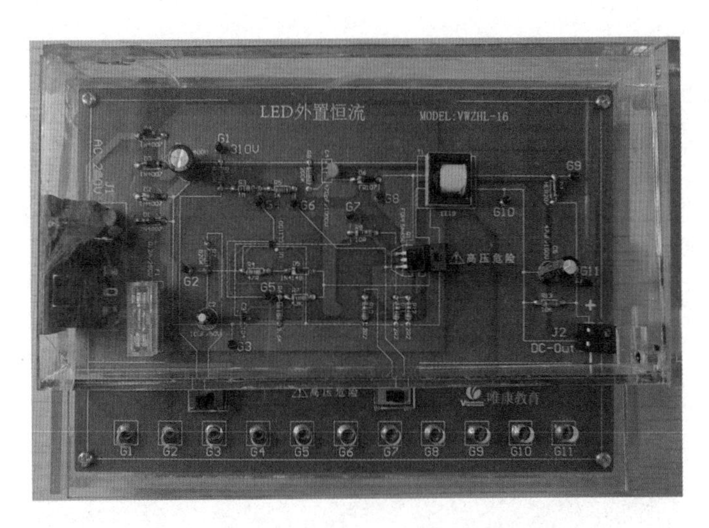

图 3-2-4　外置 MOS 管恒流驱动电源模块

2．驱动电源的连接与调试

驱动电源装配检查无误后，将 LED 负载接入驱动电源输出口 J2（DC-Out），输出端有正负之分，不能接反，“+”端子连接 LED 负载正极引出的红色线，“-”端子连接 LED 负载负极引出的黑色线。使用电源线连接驱动电源的输入端电源插座 J1，把测试开关拨到“ON”位置，接入 AC 220V 电源进行试验。观察驱动电源能否可靠、稳定地工作，如果发现异常，则应及时切断交流电源进行处理，待问题解决再进行测试。

本任务使用的负载为驱动电流在 600mA 左右的高亮度绿光 LED 灯带（长度约为 1m），灯带内部的 LED 灯珠连接电路如图 3-2-5 所示。

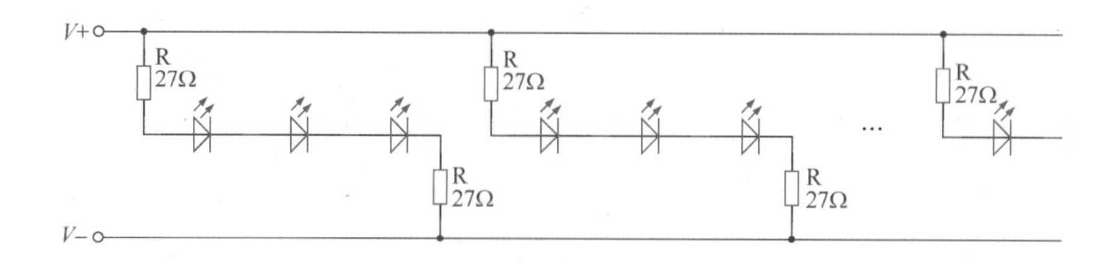

图 3-2-5 灯带内部的 LED 灯珠连接电路

外置 MOS 管恒流驱动电源连接示意图如图 3-2-6 所示。

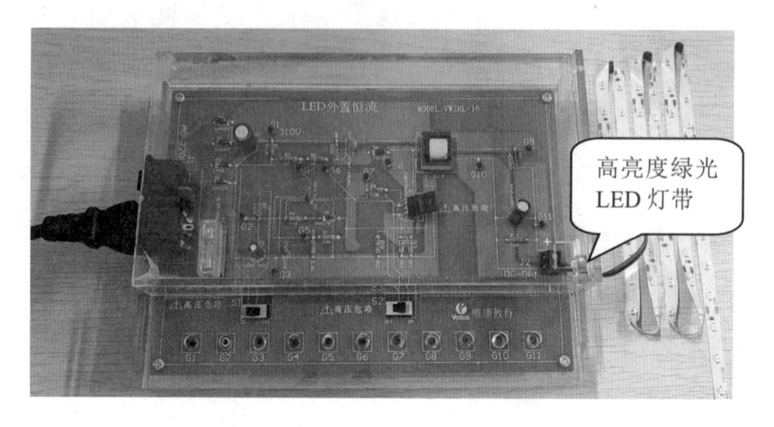

图 3-2-6 外置 MOS 管恒流驱动电源连接示意图

经检查连接无误并确认两个测试开关 S1、S2 均拨到“ON”位置后，接入 220V 交流电，打开驱动电源的开关，观察驱动电源工作是否正常。如果线路连接正确且驱动电源工作基本正常，那么 LED 灯带应能正常发光。图 3-2-7 所示为 LED 灯带正常发光效果图。

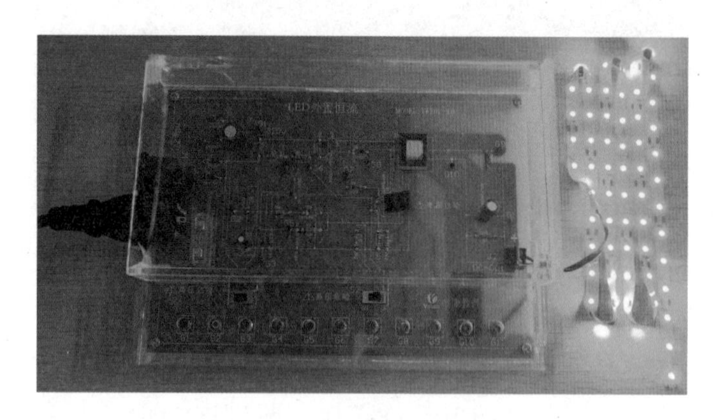

图 3-2-7 LED 灯带正常发光效果图

3. 关键点电压及主要电气参数的测量

（1）芯片电压的测量。

用万用表测量芯片 CL1100 引脚电压，注意万用表电压挡位的正确选择及参考零电位的选取，初级侧的接地端为 G3，而次级侧（输出端）的接地端则为 G10，将测量结果填入表 3-2-3 中。

表 3-2-3　芯片 CL1100 引脚电压测量结果

CL1100 引脚号	选择电压挡位	电压/V	CL1100 引脚号	选择电压挡位	电压/V
1（G3）			4（G5）		
2（G7）			5		
3（G4）			6（G2）		

（2）电路关键点电压的测量。

用万用表测量电路中各关键点的电压，并将测量结果填入表 3-2-4 中。

表 3-2-4　电路关键点电压测量结果

关　键　点	电 压 挡 位	电压/V	关　键　点	电 压 挡 位	电压/V
G1			G8		
G4			G9		
G6			G11		

（3）主要电气参数的测量。

利用直流电子负载仪测量驱动电源的电气参数。外置 MOS 管恒流驱动电源与直流电子负载仪的正确连接如图 3-2-8 所示。

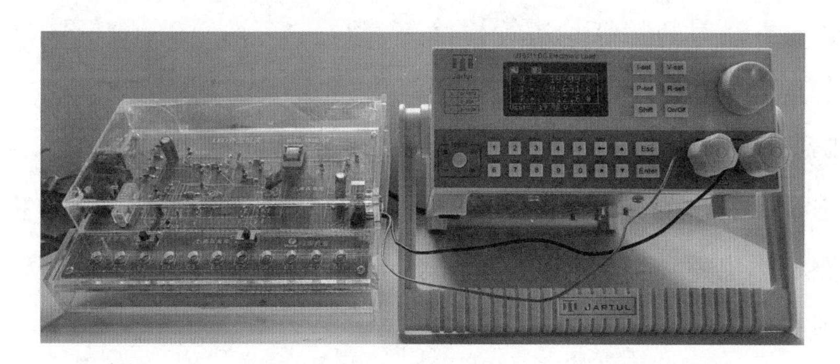

图 3-2-8　外置 MOS 管恒流驱动电源与直流电子负载仪的正确连接

将直流电子负载仪设定在定电压 CV 模式下进行测试。给电路板接入 220V 交流电源，改变直流电子负载仪的定电压值进行测量，并将结果填入表 3-2-5 中。

表 3-2-5　主要电气参数测量结果

设定负载电压/V	输出电压/V	输出电流/A	输出功率/W
<5			
10			
20			
30			
>35			

观察表 3-2-5 中的测量值，回答如下问题。

- 为什么当负载电压被设定为 5V 左右时，负载显示值处于不稳定状态？__________。

- 外置 MOS 管恒流驱动电源的输出电压范围为________________________。
- 外置 MOS 管恒流驱动电源的输出电流基本稳定在______________________。
- 外置 MOS 管恒流驱动电源的输出功率范围为________________________。

4. LED 恒流驱动电源典型故障分析与检修

虽然 LED 灯具的使用寿命长，可工作 5 万～10 万小时，被誉为“长寿灯”，但是 LED 驱动电源的使用寿命就远没有那么长了，其长期在高电压、大电流的环境下工作，而且散热条件有限，因此故障率很高。当发现 LED 灯具不亮时，有人会把整个灯具都更换掉，其实这样做损失太大，特别是一些价格比较昂贵的品牌灯具，因为 LED 灯具不亮大多是由驱动电源损坏引起的，而其他部分可能完好无损。下面简单介绍 LED 恒流驱动电源典型故障的检修方法。

LED 灯具损坏时首先要观察故障现象。例如，要弄清 LED 灯珠只有部分亮还是全部不亮，或者出现闪烁（频闪）等故障情况。然后根据故障现象确定故障范围，判断故障发生在驱动电源（驱动器）上还是 LED 灯带上，并认真分析故障原因。最后寻找故障根源及解决故障的方法。假设有一 LED 灯具，使用几年后出现 LED 灯珠全部不亮的故障，现可采用如下方法对故障灯具进行检修。

- 观察故障现象：LED 灯具不亮。
- 判断故障范围：LED 驱动电源或 LED 灯带。
- 分析故障原因：LED 驱动电源（输入整流滤波电路、开关能量转换与恒流控制及保护电路、输出整流滤波电路等）工作异常或电路损坏、LED 灯带损坏（LED 灯珠开路或短路）。
- 故障分析与检修：闭合电源开关，为 LED 驱动电源接入交流 220V 市电，发现 LED 灯具不亮。此类故障一般是由 LED 驱动电源自身工作异常或电路损坏引起的。当然，也可能是 LED 灯带损坏（烧掉），或者 LED 驱动电源与 LED 灯带均损坏，但是两者同时损坏的可能性比较小，应着重考虑 LED 驱动电源。检测 LED 驱动电源的直流输出端有无电压即可判断故障范围。

若 LED 驱动电源的直流输出端有直流电压输出，则可能是由 LED 灯带损坏引发的故障，可通过检测 LED 灯珠的好坏来确定故障的具体部位，也可用同一类型的正常 LED 灯带替换原灯带来确定故障部位。

若 LED 驱动电源的直流输出端无输出电压或电压很低，则可能是由 LED 驱动电源自身损坏引起的故障。LED 驱动电源发生故障后，可通过检测其相关的关键点电压是否正常来判断故障究竟发生在哪部分电路上。

首先测量输入滤波电容（关键点）两端的电压，若该电压异常（为 0V 或很低），则表明故障发生在输入整流滤波电路（包括抗电磁干扰电路）中，这时可检查与该电路有关的元器件，如熔丝管或保险电阻、整流二极管或整流桥等有无损坏。如果发现整流二极管或整流桥被击穿短路、熔丝管严重爆烧使管内发黄或发黑等情况，那么还要考虑功率开关 MOS 管是否也被击穿短路了。遇到这种情况切勿贸然行事，在未找到原因之前切不可随意更换元器件，否则将会再次击穿元器件。

若滤波电容两端的电压正常（约 300V），那么故障可能发生在开关能量转换与恒流控制及保护电路、输出整流滤波电路中。本着先易后难的原则，应先检测输出整流滤波电路，可重点检查快恢复整流二极管、滤波电容及限流电阻等元器件是否有开路或短路现象。如果没有发现问题，则故障可能发生在开关能量转换与恒流控制及保护电路这个核心电路中，此时要着重检查驱动芯片的启动电路、VCC 供电电路、外围元器件及芯片本身是否正常，芯片可用替换法来检测，即用一块同型号的芯片替换怀疑损坏的芯片。经检测发现有元器件损坏或变值，应更换同规格、同型号的元器件。

考核

将考核结果填入表 3-2-6 中。

表 3-2-6　考核表

任务考核内容		标准分值	自我评分分值×50%	教师评分分值×50%
专业知识与技能	任务计划阶段			
	实训任务要求	10		
	任务执行阶段			
	熟悉电路连接	5		
	实训效果展示	5		
	理解电路原理	5		
	实训设备使用	5		
	任务完成阶段			
	元器件检测	5		
	元器件装配与焊接	10		
	运行与调试	10		
	电气参数测量（含关键点电压测量及故障分析与检修）	25		
职业素养	规范操作（安全、文明）	5		
	学习态度	5		
	合作精神及组织协调能力	5		
	交流总结	5		

续表

任务考核内容	标准分值	自我评分分值×50%	教师评分分值×50%
合计	100		
学生心得体会与收获：			
教师总体评价与建议： 教师签名：　　　　　　　　　日期：			

任务三　LED PT4115 恒流电源模组的装配与调试

LED 驱动电源具有高集成度、高性价比、最简外围电路、最佳性能指标等特点，正朝着单片集成化、智能化、高效节能、绿色环保的方向发展。以芯片 PT4115 构建的恒流驱动电路只需极少的外部元器件，即可实现 LED 开关、模拟调光、PWM 调光及输出可调的恒流控制，其被广泛应用在低压 LED 灯具、车载 LED、信号灯等方面。

任务目标

知识目标

1. 了解 PT4115 恒流驱动电源驱动芯片的基本功能及应用。
2. 掌握 PT4115 恒流电源模组的组成结构及基本原理。
3. 掌握用万用表检测电子元器件的方法。

技能目标

1. 掌握 PT4115 恒流电源模组电路的制作与调试方法。
2. 掌握 PT4115 恒流电源模组主要电气参数的测量方法。

任务内容

1. PT4115 恒流电源模组的制作与调试。
2. PT4115 恒流电源模组主要电气参数的测量。

知识

1. 驱动芯片 PT4115 简介

PT4115 是一款连续电感电流导通模式的降压恒流源芯片，用于驱动一颗或多颗串联

LED 灯珠。PT4115 输入电压范围为 8～30V，输出电流可调，最大可达 1.2A。根据不同的输入电压和外部器件，PT4115 可以驱动高达数十瓦特的 LED。PT4115 内置功率开关管，采用电流采样设置 LED 平均电流，通过 DIM 引脚可以实现模拟调光和很宽范围内的 PWM 调光。当 DIM 的电压低于 0.3V 时，功率开关管关断，PT4115 进入极低功耗的待机状态。

PT4115 采用 SOT89-5 封装和 ESOP8 封装两种封装形式，如图 3-3-1 所示，其外形图如图 3-3-2 所示，SOT89-5 封装的芯片引脚功能如表 3-3-1 所示，ESOP8 封装芯片的 4、5 号引脚为空引脚，接地或悬空。

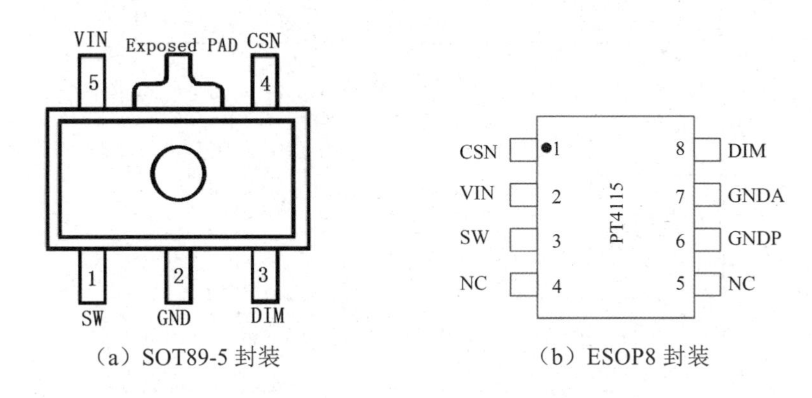

（a）SOT89-5 封装　　（b）ESOP8 封装

图 3-3-1　PT4115 引脚封装

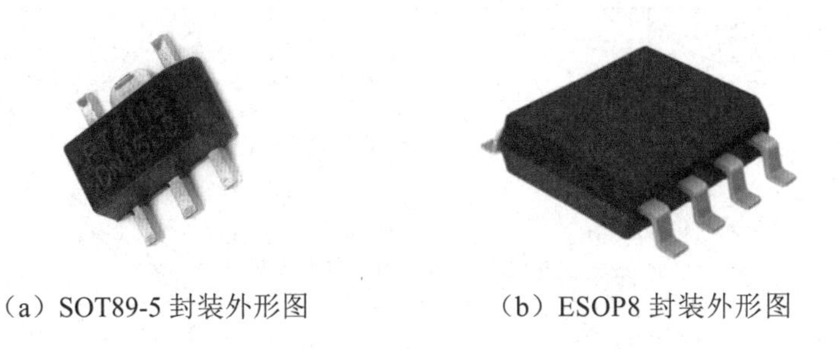

（a）SOT89-5 封装外形图　　（b）ESOP8 封装外形图

图 3-3-2　PT4115 外形图

表 3-3-1　SOT89-5 封装的芯片引脚功能

引脚号	引脚名称	功能描述
1	SW	功率开关管的漏端
2	GND	信号和功率地
3	DIM	开关使能、模拟和 PWM 调光端
4	CSN	电流采样端，采样电阻接在 CSN 和 VIN 两端之间
5	VIN	电源输入端，必须就近连接旁路电容
—	Exposed PAD	散热端，内部接地，贴在电路板上减小热阻

2．电路原理简述

PT4115 的内部结构如图 3-3-3 所示，恒流电源模组电路如图 3-3-4 所示，驱动芯片和电感 L1、电流采样电阻 R1 形成一个自振荡的连续电感电流模式的降压型恒流 LED 控制器。

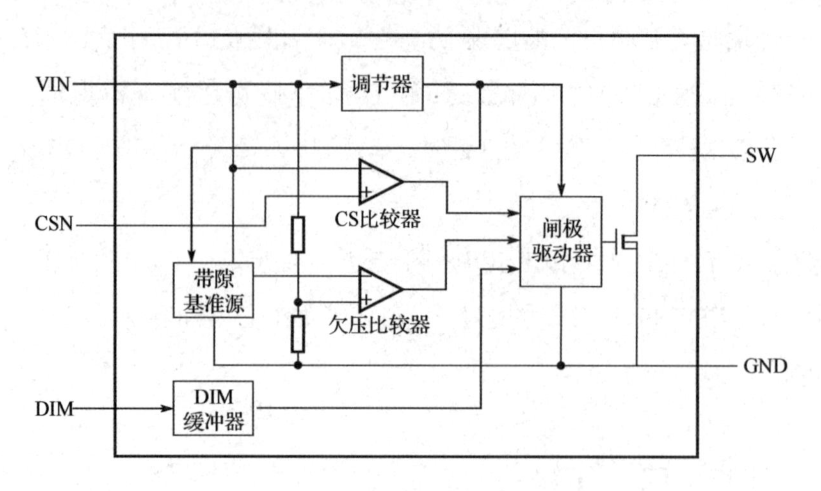

图 3-3-3　PT4115 的内部结构

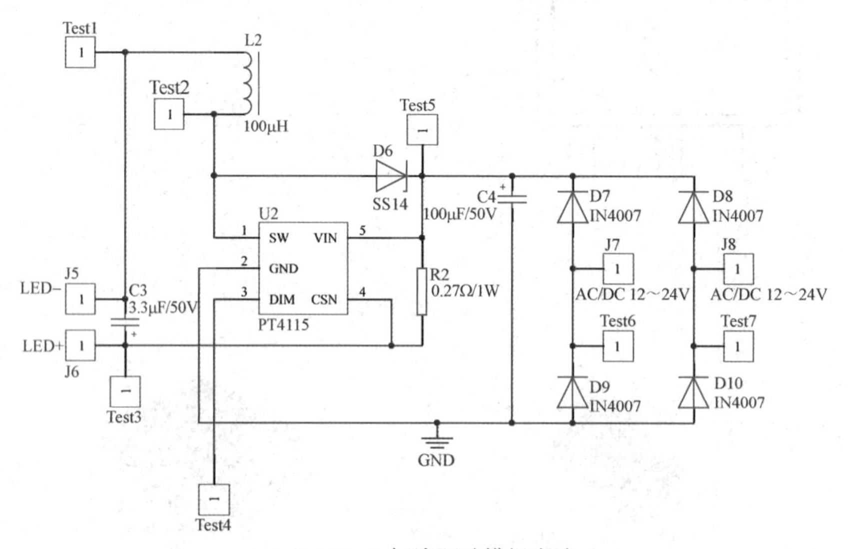

（a）350mA 恒流驱动模组电路

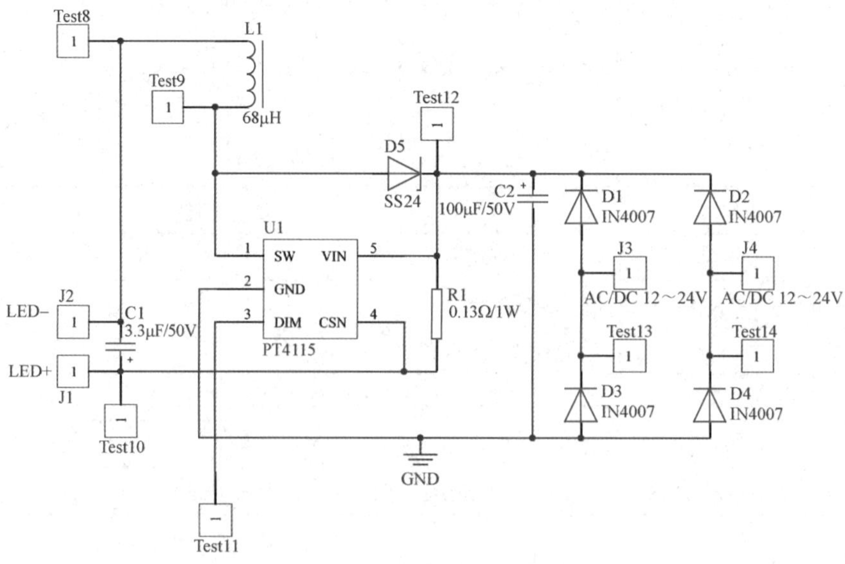

（b）700mA 恒流驱动模组电路

图 3-3-4　恒流电源模组电路

J3、J4 为模组电源输入端，输入可为直流或交流电，电压为 12～24V；D1～D4 为整流二极管，在输入为交流电的情况下能将交流电转换成直流电。

当 VIN 端上电时，电感 L1 和电流采样电阻 R1 的初始电流为零，LED 输出电流为零。此时，芯片内部的 CS 比较器（电流取样比较器）输出高电平，内部功率开关管导通，SW 端的电位被拉低。电流通过电流采样电阻 R1、LED、电感 L1 和芯片内部功率开关管，从 VIN 端到 GND 端形成回路。电流增大的斜率由 VIN 端、电感 L1 和 LED 的压降决定，在电流采样电阻 R1 上产生一个电压差 V_{CSN}，当$(V_{IN}-V_{CSN})$>115mV 时，CS 比较器输出低电平，内部功率开关管关断，电流以另外一个斜率从电感 L1 流过肖特基二极管 D5、电流采样电阻 R1 和 LED。当$(V_{IN}-V_{CSN})$<85mV 时，芯片内部功率开关管重新打开（导通），使得电流保持比较稳定的输出。电流大小为 $I_{OUT}=[(0.085+0.115)/2]/R=0.1/R$，其中 R 代表电流采样电阻 R1 的阻值。

PT4115 芯片内部包含过热保护功能，该功能在芯片过热（160℃）时保护芯片和电路系统，能够安全地输出较大的电流。芯片有散热 PAD 封装，具备良好的导热效果。

调光功能的实现步骤如下。

（1）在 PT4115 的 DIM 引脚上增加 PWM 信号，该引脚电压低于 0.3V 时关断 LED 电流，高于 2.5V 时打开 LED 电流，PWM 调光频率范围为 100Hz～20kHz。

（2）为 DIM 引脚外加直流电压（VDIM），以调节 LED 电流（模拟调光）。最大 LED 电流由采样电阻决定，外加直流电压（VDIM）的有效调光范围为 0.5～2.5V，当电压高于 2.5V 时，输出 LED 电流保持恒定，恒定电流由 0.1/R 决定。

（3）DIM 引脚通过外加电阻来调节 LED 电流。在引脚与地之间直接连接电阻，芯片内部有一个上拉电阻（200kΩ），接在内部稳压电压 5V 上，DIM 引脚的电压由内部和外部电阻分压决定。

实训

1．恒流电源模组电路装配

（1）实训器材。

PT4115 恒流电源模组及其套件、常用电工工具（尖嘴钳、镊子、螺丝刀等）、检测仪器（万用表、直流电子负载仪、智能电量测试仪等）、电烙铁（含烙铁架、松香、焊锡丝）、导线等。

（2）材料清单。

LED PT4115 恒流电源模组套件材料清单如表 3-3-2 所示。

表 3-3-2　LED PT4115 恒流电源模组套件材料清单

序　号	材料名称	型号或规格	数　量	位置标识
1	贴片芯片	PT4115/SOT89-5	2	U1，U2
2	贴片二极管	SS14/SMA/DO-214AC/肖特基二极管	1	D6
3	贴片二极管	SS24/SMA/DO-214AC/肖特基二极管	1	D5
4	贴片电阻	2512 封装/0.27Ω	1	R2
5	贴片电阻	2512 封装/0.13Ω	1	R1
6	绕线电感（贴片屏蔽功率电感）	铜芯/2.1A 电流/68μH(680)/CDRH127	1	L1
7	绕线电感（贴片屏蔽功率电感）	铜芯/1.7A 电流/100μH(101)/CDRH127	1	L2
8	插件电容	电解电容/100μF/50V/ϕ8mm×12mm	2	C2，C4
9	插件电容	电解电容/3.3μF/50V/ ϕ5mm×11mm	2	C1，C3
10	插件二极管	IN4007/DO-41	8	D1～D4，D7～D10
11	香蕉插座	K2-A33/纯铜镀金/内径 2mm/开孔 3mm/整体长度 7mm	22	J1～J8，Test1～Test14
12	LED PT4115 恒流电源模组电路板	VCOM-PCB-00175/212mm×148mm×1.6mm	1	—

（3）电路装配。

① 元器件的识别与检测。

安装前清点套件中元器件的数量是否齐全、有无缺漏，识读元器件，检查关键元器件的规格和型号是否与材料清单相符（如 IC 芯片的型号等）。

实训使用电感为贴片屏蔽功率电感，其外形如图 3-3-5 所示，电感上使用 3 位数字表示电感量，前面两位为有效数字，最后一位表示有效数字后面加“0”的个数，单位为μH。例如，丝印信息为“101”，即电感量为 100μH；丝印信息为“680”，即电感量为 68μH。

贴片电阻的外形如图 3-3-6 所示，在电阻上标有丝印信息，为数字或数字与字母“R”的组合，读法与电感一致，而“R”则代表小数点。例如，贴片电阻的丝印信息为“R130”，即阻值为 0.13Ω。

图 3-3-5　贴片屏蔽功率电感的外形

图 3-3-6　贴片电阻的外形

使用万用表逐一检测元器件的质量，筛选出优质元器件。

② 元器件的安装与焊接。

将质量好的元器件正确安装在电路板上。安装时要注意不得错装、漏装；小功率的元器件应尽量压低安装；有极性的元器件要注意其极性的正确接法，如肖特基二极管，引脚不能接反。在焊接元器件时，应把握好电烙铁的温度和焊接时间，否则会影响焊接质量或容易损坏元器件，特别是 IC 芯片，还要保证焊点坚固且有光泽。在焊接贴片电阻、贴片电容等二端贴片元件时，先使用电烙铁给其中一个焊盘加锡，用镊子夹持元件放在安装位置并抵住电路板，用电烙铁固定，再焊接另外一端；在焊接 PT4115 芯片时，同样需要先为其中一个焊盘上锡，然后放置芯片，调整芯片位置，使芯片各个引脚与焊盘对齐，固定上锡焊盘对应的引脚后焊接其他引脚。

③ 电路检查。

电路板焊接完成后，检查各项性能指标是否符合设计要求，电路能否可靠工作；确认元器件是否安装无误及焊接是否牢固。

（4）外壳装配。

将制作好的 LED PT4115 恒流电源模组电路板放置在亚克力材质底座上，调整好位置，使电路板孔位与底座螺钉孔位对齐，并使用螺钉固定。LED PT4115 恒流电源模组电路板实物图如图 3-3-7 所示。

图 3-3-7　LED PT4115 恒流电源模组电路板实物图

2．模组的连接及效果展示

如图 3-3-8 所示，该模组分为两部分，第一部分为输出 350mA 电流的恒流电源模组，第二部分为输出 700mA 电流的恒流电源模组。在连接输入电源及 LED 负载时，要注意“输入”与“直流输出”是不能反接的，输入不分正负，电压为 12～24V，350mA 恒流电源模组的输入电源连接线接在输入端子 J7、J8 上，700mA 恒流电源模组的输入电源连接线接在输入端子 J3、J4 上，而 LED 负载接在直流输出端子的“+”和“−”上，正负极不能接反。LED 负载可自行设计，工作电流必须在承受范围内，否则电流过大会损坏 LED

负载，工作电压需要低于模组的输入电压，否则无法正常运行。350mA 恒流电源模组正确连接图如图 3-3-9 所示，LED 灯带发光效果如图 3-3-10 所示。

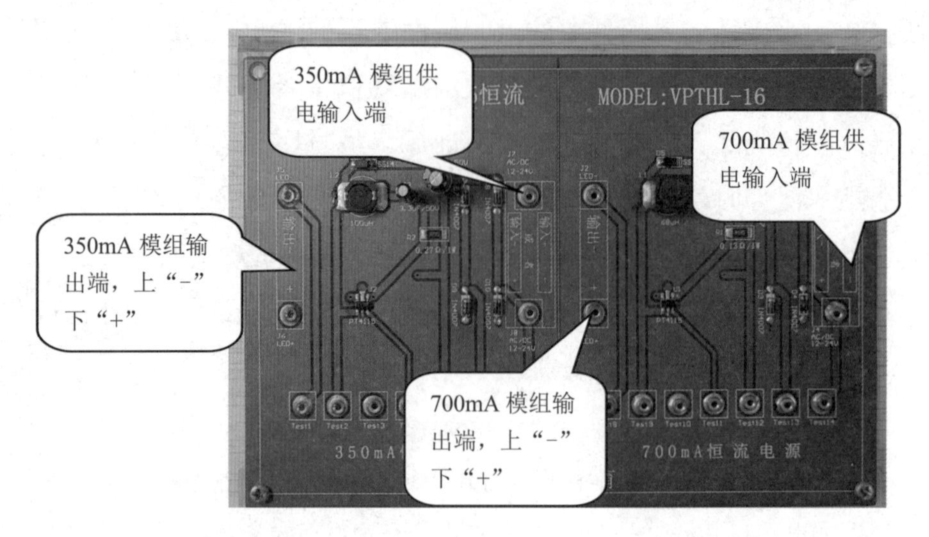

图 3-3-8　恒流电源模组图示

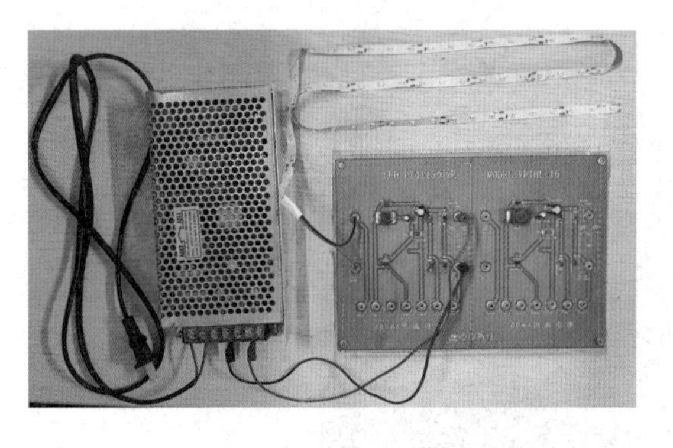

图 3-3-9　350mA 恒流电源模组正确连接图

图 3-3-10　LED 灯带发光效果

3. 电气参数的测量

（1）利用直流电子负载仪测量驱动电源的电气参数。

分别将 350mA 恒流电源模组、700mA 恒流电源模组的输出端接入直流电子负载仪中。将直流电子负载仪设定在定电压 CV 模式下进行测试。给电路板接入直流 12V 开关电源，改变直流电子负载仪的定电压值进行测量，并将结果填入表 3-3-3 中。

表 3-3-3　主要电气参数测量结果

	设定负载电压/V	输出电压/V	输出电流/A	输出功率/W
测量 350mA 恒流电源模组	5			
	10			
	20			
测量 700mA 恒流电源模组	5			
	10			
	20			

观察表 3-3-3 中的测量值，回答如下问题。

为什么将负载电压设定为 20V 左右时负载显示值处于不显示状态？________。

350mA 恒流电源模组的输出电流基本稳定在________________________________。

700mA 恒流电源模组的输出电流基本稳定在________________________________。

（2）恒流精度的测量。

恒流精度 r 是指输入电压在额定范围（12～24V）内变化时输出电流的变化率。恒流精度一般要求在±5%以内，高质量驱动电源的恒流精度可达到±1%以内。

测量方法：将待测模组的输入端接 12～24V 调压器，输出端接 LED 额定负载，在工作电压范围内调整输入电压并稳定工作几分钟后，用万用表测量输出电流，计算其与额定输出电流（350mA/700mA）的相对误差值，并根据以下公式计算恒流精度：

$$r=(\text{实际输出电流 } I_O'-\text{额定输出电流 } I_O)/\text{额定输出电流 } I_O\times100\%$$

图 3-3-11 所示为 350mA 恒流电源模组的恒流精度测量连接示意图，驱动电源输出端接直流电子负载仪，设置定电压为 V_{set}=9.00V。

测量输入电压为 12～24V 时的输出电流范围，测得电流变化范围为 337～351mA，如图 3-3-11 所示。

将测量数据代入公式可得

$$r_1=(I_O'-I_O)/I_O\times100\%=(0.337\text{A}-0.350\text{A})/0.350\text{A}\times100\%\approx-3.7\%$$

$$r_1=(I_O'-I_O)/I_O\times100\%=(0.351\text{A}-0.350\text{A})/0.350\text{A}\times100\%\approx0.3\%$$

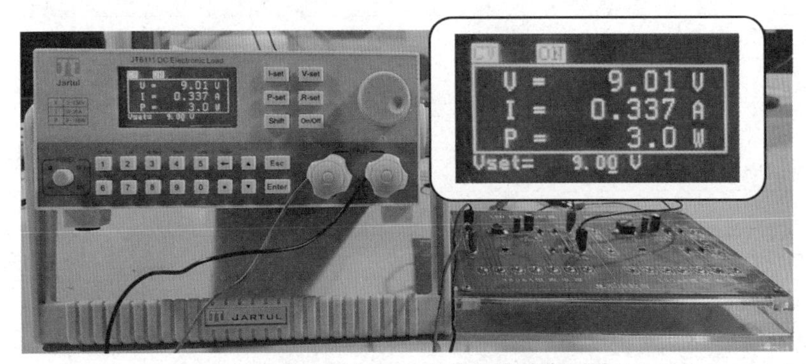

（a）输入电压为 12V 时的恒流精度测量

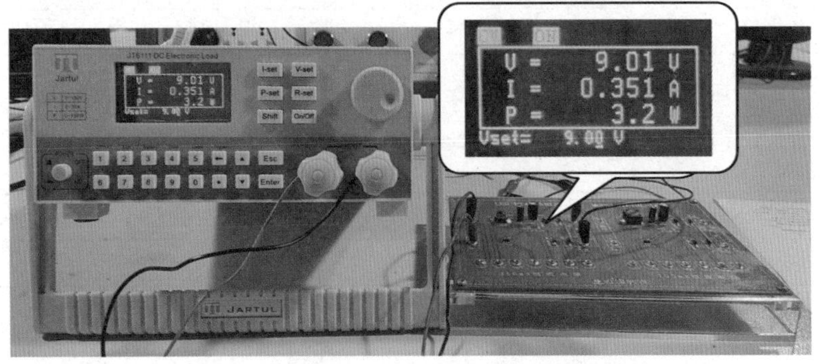

（b）输入电压为 24V 时的恒流精度测量

图 3-3-11　350mA 恒流电源模组的恒流精度测量连接示意图

由此可见，350mA 恒流电源模组的恒流精度在±4%以内，输出电流为(350±14)mA。

请按上述操作方法测量 700mA 恒流电源模组的恒流精度，并将测量结果记录在表 3-3-4 中。

表 3-3-4　恒流精度测量结果

测试条件	测试项目		
	实际输出电流 I_O'/A	额定输出电流 I_O/A	恒流精度/%（计算值）
输入电压为 12V		700mA	
输入电压为 15V			
输入电压为 20V			
输入电压为 24V			

考核

将考核结果填入表 3-3-5 中。

表 3-3-5　考核表

任务考核内容		标准分值	自我评分分值×50%	教师评分分值×50%
专业知识与技能	任务计划阶段			
	实训任务要求	10		
	任务执行阶段			
	熟悉电路连接	5		
	实训效果展示	5		
	理解电路原理	5		
	实训设备使用	5		
	任务完成阶段			
	元器件检测	5		
	元器件装配与焊接	10		
	运行与调试	10		
	电气参数测量	25		
职业素养	规范操作（安全、文明）	5		
	学习态度	5		
	合作精神及组织协调能力	5		
	交流总结	5		
合计		100		
学生心得体会与收获：				
教师总体评价与建议： 教师签名：　　　　日期：				

项目四

单色 LED 点阵屏的制作与应用

2019年12月，全国普法办印发《关于建设“法治融屏”项目的通知》，在司法部普法与依法治理局的指导下，法治日报社联合企业开发建设“法治融屏”项目，在全国县（市）级以上城市的法治文化广场、法治主题公园等人流密集场所建设法治宣传融媒体屏，打造智慧普法全媒体平台。2020年8月，首批“法治融屏”正式上线运行，目前，“法治融屏”户外大屏已在27个省份相继点亮，基本形成了覆盖局面。以显示屏为媒介，实现了普法内容“一键全国”播控。

本项目重点讲解显示屏中单色LED点阵屏的相关知识，包含对单色LED点阵屏的基本认识，以及单色LED点阵屏的制作与相关软件的使用、程序调试。

任务一　8×8单色LED点阵屏的认识与应用

单色LED点阵屏是第一代LED显示屏。它以单独一种颜色为基色，以显示文字及简单图案为主，主要用于通知、广告内容显示等方面，其内容可以通过相关控制软件来编辑。而在一些具有特殊要求的应用场合，如电梯运行中指示箭头的上下移动、某些智能仪表幅值的条形显示，则需要深入底层程序对点阵屏进行驱动。本任务以8×8单色LED点阵屏的电路结构、显示原理等多方面知识开启对显示屏的认知。

任务目标

知识目标

1. 了解8×8单色LED点阵屏的电路结构。
2. 熟悉8×8单色LED点阵屏的显示原理。

技能目标

1. 掌握8×8单色LED点阵取模软件的使用方法。
2. 掌握8×8单色LED点阵屏程序的修改方法。

任务内容

1. 8×8单色LED点阵模块的组成结构及引脚排列。
2. 8×8单色LED点阵取模软件的使用。
3. 8×8单色LED点阵屏程序的修改。

知识

1．8×8 单色 LED 点阵模块的结构

8×8 单色 LED 点阵模块是组成点阵屏的基本单元。它是由 64 个 LED 按照一定的规律排列在一起，引出 16 个引脚并封装而成的。常见的 8×8 单色 LED 点阵模块有 0788、1088、1588、2088 几种型号，它们在尺寸上有所不同。图 4-1-1 所示为不同尺寸的 8×8 单色 LED 点阵模块实物图，尺寸越小，点距越小。8×8 单色 LED 点阵有红色、绿色、黄色、蓝色及白色等不同的发光颜色。

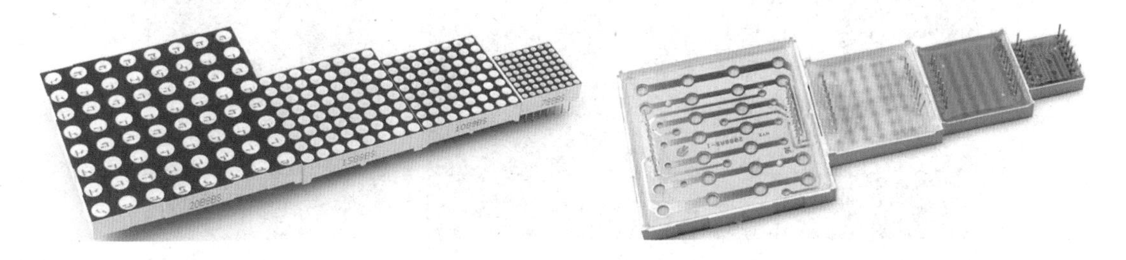

图 4-1-1　不同尺寸的 8×8 单色 LED 点阵模块实物图

8×8 单色 LED 点阵模块内部的 LED 有共阳和共阴两种接法。共阳接法是指 LED 的阳极（“+”）接在行线上，而 LED 的阴极（“−”）则接在列线上；反之，LED 的阴极接在行线上，而 LED 的阳极接在列线上则为共阴接法。图 4-1-2 所示为 8×8 单色 LED 点阵模块内部结构图，其中，2088AS 为共阴接法，2088BS 为共阳接法。

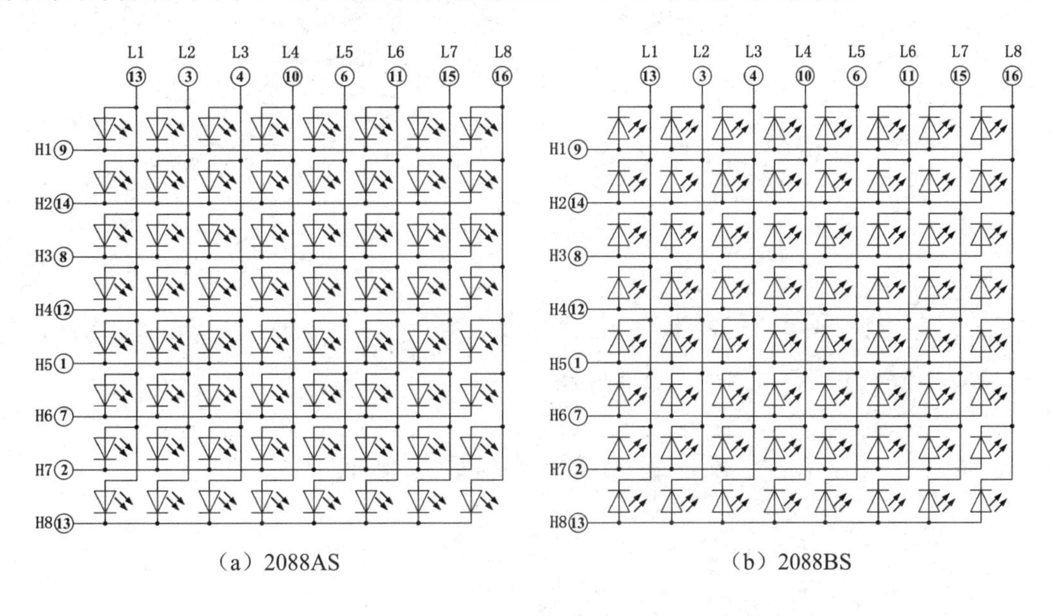

（a）2088AS　　（b）2088BS

图 4-1-2　8×8 单色 LED 点阵模块内部结构图

8×8 单色 LED 点阵模块内部的每个发光二极管都位于行线和列线的交叉点上。在共阳接法中，若将对应的某行置 1（高电平）、某列置 0（低电平），则相应的发光二极管点亮。例如，若要将模块中的第 1 个 LED（点阵屏面向自己，标有“2088BS”字样的那面

朝下，左上角即第 1 个 LED）点亮，则行 H1 的控制引脚（点阵⑨引脚）接高电平，其余行的控制引脚接低电平，列 L1 的控制引脚（点阵⑬引脚）接低电平，其余列的控制引脚接高电平；如果要将第 1 行点亮，则行 H1 的控制引脚接高电平，其余行的控制引脚接低电平，而列 L1～L8 的控制引脚接低电平；如果要将第 1 列点亮，则列 L1 的控制引脚接低电平，其余列的控制引脚接高电平，而行 H1～H8 的控制引脚接高电平；如果要将整个点阵屏点亮，则所有行，即行 H1～H8 的控制引脚接高电平，所有列，即例 L1～L8 的控制引脚接低电平。图 4-1-3 所示为 8×8 单色 LED 点阵模块点亮效果图。

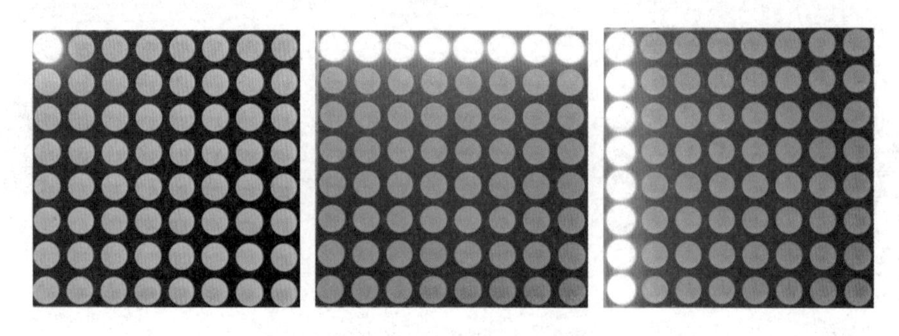

图 4-1-3　8×8 单色 LED 点阵模块点亮效果图

常用的 8×8 单色 LED 点阵模块共有 16 个引脚，如图 4-1-4 所示。

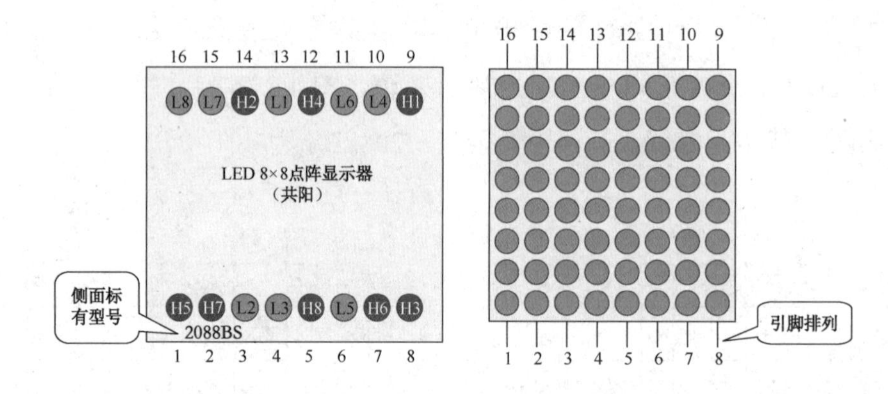

图 4-1-4　常用的 8×8 单色 LED 点阵模块的行、列与引脚排列图

另外，还有一种排列形式：上有 12 个引脚、下有 6 个引脚，共 18 个引脚（其中有 2 个引脚为空引脚，即 NC），如图 4-1-5 所示，其中，H 表示行，L 表示列。

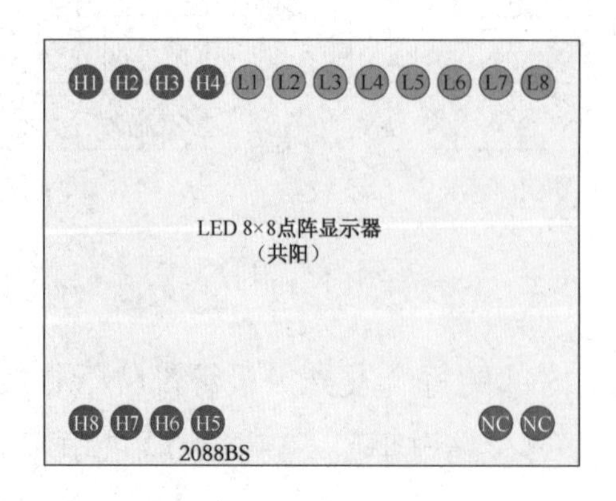

图 4-1-5　另外一种 8×8 单色 LED 点阵模块的引脚排列图

2. 8×8 单色 LED 点阵显示原理

由于 51 单片机驱动电流有限，直接驱动 8×8 单色 LED 点阵模块的显示亮度不够，因此一般必须外接上拉排阻、三极管或集成芯片以增大驱动电流。对于单个 8×8 单色 LED 点阵模块，只要行或列外接驱动电路就能正常显示，不需要行和列同时外接驱动电路。

点阵的显示方式有静态和动态两种，扫描方式一般有行扫描和列扫描两种。

下面简单介绍一下共阳接法的 8×8 单色 LED 点阵的编码原理。例如，要在共阳接法的 8×8 单色 LED 点阵屏上显示“0”，可以采用行扫描静态显示方式。如图 4-1-6 所示，需要形成的列代码为 0x1C、0x22、0x22、0x22、0x22、0x22、0x22、0x1C，只要把这些代码分别送到相应的列线上，即可显示数字“0”。如果采用列扫描，则要用相应的行代码，分别为 0xFF、0xFF、0x81、0x7E、0x7E、0x7E、0x81、0xFF。

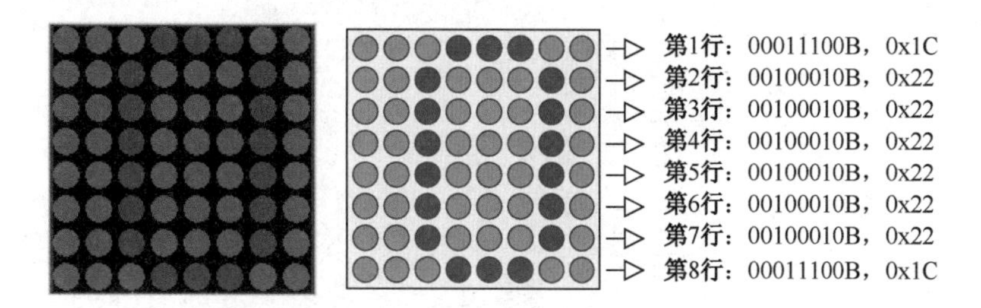

图 4-1-6　8×8 单色 LED 点阵显示编码

3. 8×8 单色 LED 点阵显示电路简介

单色点阵屏模块实物图如图 4-1-7 所示，其中，A 和 B 部分为 8×8 单色 LED 点阵模块；C 部分为 32×16 单色 LED 点阵模块，由 8 个 8×8 单色 LED 点阵模块组成。通过按键可以实现 A、B、C 部分显示的切换，同时对应 LED 指示灯点亮。

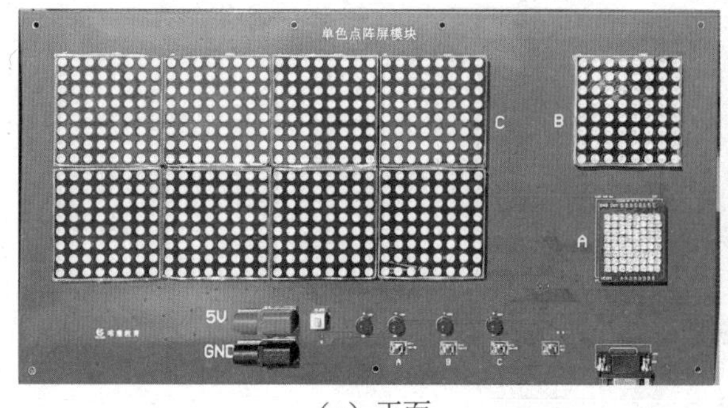

（a）正面

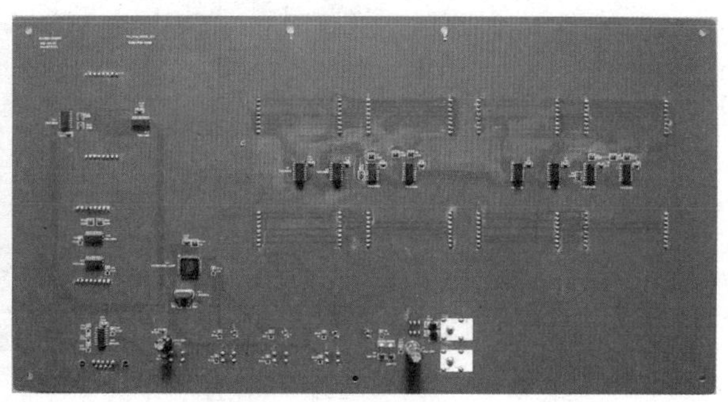

（b）反面

图 4-1-7　单色点阵模块实物图

8×8 单色 LED 点阵显示电路如图 4-1-8 所示。其中，STC89C52RC-LQFP 为主控芯片；74HC138D 为译码器芯片，连接 8×8 单色 LED 点阵模块的列；74HC595D 为行驱动芯片，连接 8×8 单色 LED 点阵模块的行，进行行驱动。

在主控芯片中，RST 为复位端，外接复位电路，用于给芯片复位。8×8 单色 LED 点阵模块（A 或 B）、32×16 单色 LED 点阵模块（C）的选取通过单片机 STC89C52RC-LQFP 的 P3.2、P3.3、P3.7 引脚实现。P2.0、P2.1、P2.2 引脚连接 74HC138D（D 为后缀，后缀不同代表封装类型不同）的译码输入端，实现 8×8 单色 LED 点阵模块（B）的列扫描，P1.0、P1.1、P1.2 引脚控制译码器芯片输入端的电平状态，实现单色 LED 点阵模块（A、C）的列扫描。而 74HC595D 是具有 8 位移位寄存器、存储器、三态输出功能的驱动器，将 STC89C52RC-LQFP 发送过来的 8 位串行数据转换成 8 位并行数据，用以驱动点阵行扫描。

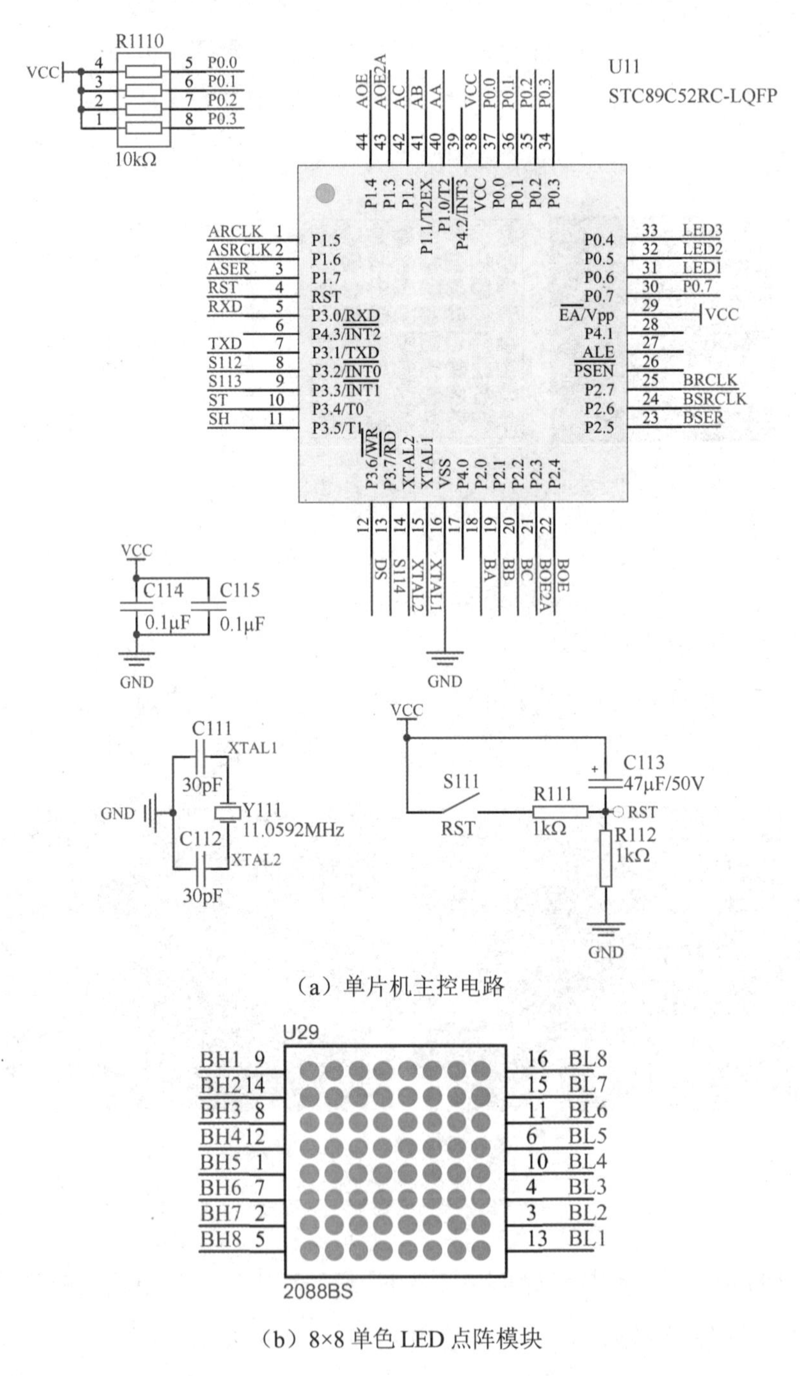

（a）单片机主控电路

（b）8×8 单色 LED 点阵模块

图 4-1-8　8×8 单色 LED 点阵显示电路

（c）74HC138D 与 74HC595D 芯片连接电路

图 4-1-8　8×8 单色 LED 点阵显示电路（续）

实训

1．8×8 单色 LED 点阵取模软件的认识与应用

8×8 单色 LED 点阵取模软件的作用是将一个数字、字母或一幅图像转换成一串十六进制的字模数据，并添加到单片机程序的数组中，把程序烧录进单片机，即可在 8×8 单色 LED 点阵模块中显示。

下面具体介绍本任务中使用的 8×8 单色 LED 点阵取模软件的应用。

打开点阵取模软件，如图 4-1-9 所示。

由于本任务使用的是共阳接法的点阵模块，即行控制高电平、列控制低电平有效，所以模块通过列扫描的方式来点亮。首先单击 共阴/共阳 按钮，将点阵设置成“H 高 L 低 有效”模式；然后通过鼠标在“点阵”区域中手动构造出想要显示的数字、字母或图形，单击 生成数组 按钮，得到相应的字模数据，如图 4-1-10 所示；最后在单片机程序中建立一个无符号字符数组，把字模数据（数组 TableL[ ]内的编码）复制到数组中即可。由于该软件采用手动方式构图，因此可以深入了解点阵的构图原理。

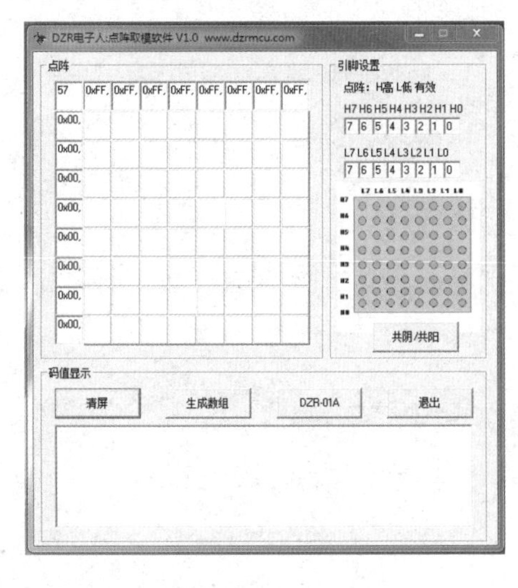

图 4-1-9　点阵取模软件界面

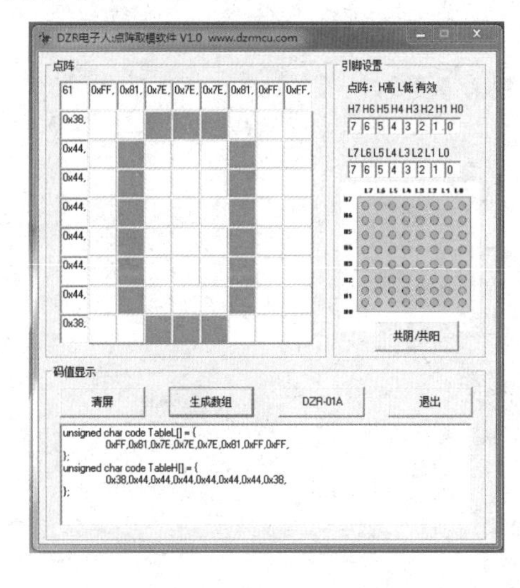

图 4-1-10　字模数据

2. 8×8 单色 LED 点阵屏程序的调试与修改

A、B 部分的控制程序如下：

```
#include<REG52.H>
#include<intrins.h>

typedef unsigned char    u8;
typedef unsigned int     u16;

#define FOSC     11059200UL       //设置系统频率，11.0592MHz
#define Frame    50               //点阵图片刷新帧率
//定时器初值(65536-晶振频率÷12÷16列÷图片帧率)
#define Loading  (65536-FOSC/12/16/Frame)
//#define Speed 1700              //移动一列的时间

//A部分
u8 code shuzi2[4][8]={
{0x60,0x1C,0x12,0x11,0x12,0x1C,0x60,0x00},  //A键
{0x00,0x00,0xFF,0x91,0x91,0x9A,0x6C,0x00},  //B键
{0x18,0x3E,0x42,0x81,0x81,0x42,0x24,0x00},  //C键
{0x00,0x7E,0x42,0x42,0x24,0x18,0x00,0x00},  //D键
};
//B部分
u8 code shuzi1[3][8]={
{0x00,0x00,0xFE,0x82,0x82,0xFE,0x00,0x00},  //0
{0x00,0x00,0x02,0x42,0xFE,0x02,0x00,0x00},  //1
{0x00,0x00,0x9E,0x92,0x92,0xF2,0x00,0x00},  //2
};
//A部分74HC138D、74HC595D芯片控制引脚定义
sbit ZOE2A=P1^3;      //A部分控制芯片74HC138D使能端
sbit ZOE=P1^4;        //A部分控制芯片74HC595D使能端，高电平时禁止输出数据
sbit ZRCLK=P1^5;      //74HC595D数据寄存器数据移位控制引脚，高电平移位
sbit ZSRCLK=P1^6;     //数据存入74HC595D数据寄存器控制引脚，高电平时存入数据
sbit ZSER=P1^7;       //串行数据存入端，74HC595D

//B部分74HC138D、74HC595D芯片控制引脚定义
sbit BOE2A=P2^3;      //B部分控制芯片74HC138D使能端
sbit BOE=P2^4;        //74HC595D
sbit BSER=P2^5;       //74HC595D
sbit BSRCLK=P2^6;     //74HC595D
sbit BRCLK=P2^7;      //74HC595D

sbit S1=P3^2;         //按键定义
sbit S2=P3^3;
sbit S3=P3^7;

sbit D1=P0^6;         //LED定义
sbit D2=P0^5;
sbit D3=P0^4;

u8 S1_flag=0;         //按键标志位定义
u8 S2_flag=0;
```

```
u8 S3_flag=0;
u8 S123_flag=0;
u8 S123_last_flag=0;
u8 C_WorkFlag=0;

void dianzhen1();          //调用标准8×8单色LED点阵屏子程序
void dianzhen2();          //调用自制8×8单色LED点阵屏子程序
void Timer0_Init()
{
 TMOD&=0Xf0;               //16位定时器模式，需要人工重装初值
 TMOD|=0X01;               //16位定时器模式，需要人工重装初值
 TL0=Loading;              //定时器初值，16位定时器低字节
 TH0=Loading>>8;           //定时器初值，16位定时器高字节
 ET0=1;                    //定时器0中断闭合导通
 TR0=1;                    //定时器0启动
 EA=1;                     //总中断闭合导通
}
//===================================
void delay1(u16 z);
void display1(u8 tt);
//B部分
void dianzhen1()
{
 u16 i,j,k;
 for(k=0;k<10;k++)
 {
  for(i=30;i>0;i--)
  {
      for(j=0;j<8;j++)
    {
     BOE2A=1;                       //使能端，74HC138D输出全部为高电平
     display1(shuzi1[k][j]);        //B部分
     P2=0XE8|j;                     //换行
     BOE2A=0;                       //打开使能端显示
     delay1(1);
    }
   }
  }
}

void display1(u8 tt)
{
 u8 n;
 for(n=0;n<8;n++)
 {
     BSRCLK=0;
     BSER=tt&0X01;                  //将数据低位送入74HC595D
     BSRCLK=1;                      //上升沿输入数据
     tt>>=1;                        //右移1位
 }
 BRCLK=0;
 BRCLK=1;                           //上升沿使数据并行输出
}
```

```
void delay1(u16 z)
{
 u16 x,y;
 for(x=z;x>0;x--)
     for(y=200;y>0;y--);
}
//A部分
void delay2(u16 z);
void display2(u8 tt);
void dianzhen2()                                    //自制8×8单色LED点阵屏子程序
{
 u16 i,k,j;
 for(k=0;k<4;k++)
 {
          for(i=30;i>0;i--)
          {
                 for(j=0;j<8;j++)
                  {
                     ZOE2A=1;
                     display2(shuzi2[k][j]);        //A部分
                     P1=0XE8|j;
                     ZOE2A=0;
                     delay2(1);
                  }
          }
   }
}

void display2(u8 tt)                                //显示子程序
{
 u8 n;
 for(n=0;n<8;n++)
 {
     ZSRCLK=0;
     ZSER=tt&0X01;
     ZSRCLK=1;
     tt>>=1;
 }
 ZRCLK=0;
 ZRCLK=1;
}

void delay2(u16 z)                                  //延时子程序
{
 u16 x,y;
 for(x=z;x>0;x--)
     for(y=250;y>0;y--);
}

void main()                                         //主函数
{
 S123_flag=0;
```

```
        S123_last_flag=0;
        Timer0_Init();                          //初始化定时器
        while(1)                                //大循环
        {
         if(S1==0){
                S1_flag=1;S2_flag=0;S3_flag=0;  //按键扫描，判断按键是否按下
                S123_flag=1;}
         if(S2==0){
                S1_flag=0;S2_flag=2;S3_flag=0;
                S123_flag=2; }
         if(S3==0){
                S1_flag=0;S2_flag=0;S3_flag=2;
                S123_flag=3;}

         if(S1_flag)                //判断C键是否按下，调用16×32单色LED点阵屏子程序
            {
                C_WorkFlag=2;
                if(S123_flag!=S123_last_flag)
                {
                    ET1 = 0;
                    TR1 = 0;
                    Timer0_Init();              //初始化定时器
                    S123_last_flag = S123_flag;
                }
                D1=0;
            }
         else
            {
                if(C_WorkFlag==2)
                {
                    C_WorkFlag=1;
                }
                if(C_WorkFlag){
                    C_WorkFlag=0;
                    D1=0;
                }
                else{
                    D1=1;
                    ET0 = 0;
                    TR0 = 0;
                }
            }
            if(S2_flag)             //判断B键是否按下，调用标准8×8单色LED点阵屏子程序
            {
                if(S123_flag!=S123_last_flag)
                {
                    S123_last_flag = S123_flag;
                }


                D2=0;
                dianzhen1();                    //B部分
            }
```

```
        else
            D2=1;
        if(S3_flag)                //判断A键是否按下，调用自制8×8单色LED点阵屏子程序
        {
            if(S123_flag!=S123_last_flag)
            {
                S123_last_flag = S123_flag;
            }
            D3=0;
            dianzhen2();           //A部分
        }
        else
            D3=1;
        }
}
```

如果要显示其他内容，则可以利用点阵取模软件生成字模库，修改程序中的二维数组 shuzi1[ ][ ]、shuzi2[ ][ ]的元素个数与数组内容。例如，要显示数字 0～5，可以修改为以下字模库：

```
uchar code shuzi1[6][8]={
{0x00,0x3C,0x42,0x81,0x81,0x42,0x3C,0x00},  //0
{0x00,0x02,0x42,0xFE,0x02,0x02,0x00,0x00},  //1
{0x00,0x4F,0x49,0x49,0x49,0x49,0x79,0x00},  //2
{0x00,0x49,0x49,0x49,0x49,0x49,0x7F,0x00},  //3
{0x00,0x18,0x28,0x48,0xFE,0x08,0x08,0x00},  //4
{0x00,0x79,0x49,0x49,0x49,0x4F,0x00,0x00},  //5
};
```


根据需要，应用所学知识在 8×8 单色 LED 点阵屏子程序中按照上述方法修改显示内容，以及显示字体和大小。

3. 8×8 单色 LED 点阵模块的显示效果展示

如图 4-1-11 所示，使用连接线将模块连接到实训台的 5V 电源插孔上，或者直接连接 5V 稳压电源，按下电源开关，指示灯亮，说明供电正常。

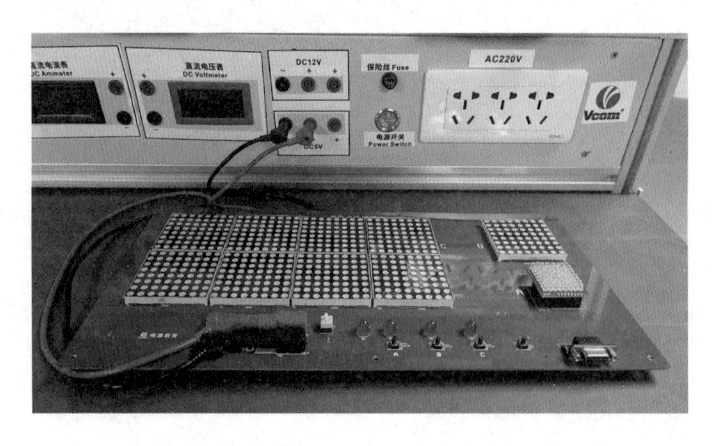

图 4-1-11　连接 5V 电源

下载编写或修改好的程序到下位机，复位后按下 B 按键即可循环显示数字 0～5。图 4-1-12 所示为显示数字 5 的效果图。

图 4-1-12　显示数字 5 的效果图

考核

将考核结果填入表 4-1-1 中。

表 4-1-1　考核表

任务考核内容		标准分值	自我评分分值×50%	教师评分分值×50%
专业知识与技能	任务计划阶段			
	实训任务要求	10		
	任务执行阶段			
	熟悉 8×8 单色 LED 点阵模块的内部结构	5		
	熟悉 8×8 单色 LED 点阵模块的显示原理	5		
	掌握 8×8 单色 LED 点阵取模软件的使用	5		
	实训设备使用	5		
	任务完成阶段			
	8×8 单色 LED 点阵模块的运行	20		
	程序调试与修改	15		
	8×8 单色 LED 点阵模块的显示效果	15		
职业素养	规范操作（安全、文明）	5		
	学习态度	5		
	合作精神及组织协调能力	5		
	交流总结	5		
合计		100		
学生心得体会与收获：				
教师总体评价与建议： 教师签名：　　　　日期：				

任务二 32×16 单色 LED 点阵屏的认识与应用

8×8 单色 LED 点阵屏只能显示阿拉伯数字、部分英文字母、简单的汉字，无法显示复杂的汉字，而 16×16 单色 LED 点阵屏则可以显示一个完整的复杂汉字，32×16 单色 LED 点阵屏可以显示两个完整的复杂汉字。

任务目标

知识目标

1. 了解 32×16 单色 LED 点阵屏的显示原理。
2. 熟悉 32×16 单色 LED 点阵屏的电路结构。

技能目标

1. 掌握 32×16 单色 LED 点阵屏的 C 语言编程方法。
2. 掌握点阵取模软件的使用方法。

任务内容

1. 32×16 单色点阵屏的程序设计与修改。
2. 单色 LED 点阵取模软件的使用。

知识

1. 32×16 单色 LED 点阵屏的结构

32×16 单色 LED 点阵屏由 8 块 8×8 单色 LED 点阵模块拼接而成(也可由两块 16×16 单色 LED 点阵模块构成)，如图 4-2-1 所示。

图 4-2-1　32×16 单色 LED 点阵屏

2. 32×16 单色 LED 点阵屏控制电路原理简介

32×16 单色 LED 点阵屏硬件电路主要由单片机主控电路、点阵模块、行列驱动电路等组成，显示屏的行与列是由 8 个 8 位串行输入、并行输出的移位寄存器 74HC595D 进行驱动显示控制的。

（1）单片机主控电路。

单片机作为数据的存储及传输的核心器件，将需要显示的信息通过点阵取模软件转换成代码并存在程序中。单片机在运行过程中将数据传输给移位寄存器，由移位寄存器驱动点阵模块显示。单片机主控电路如图 4-2-2 所示。

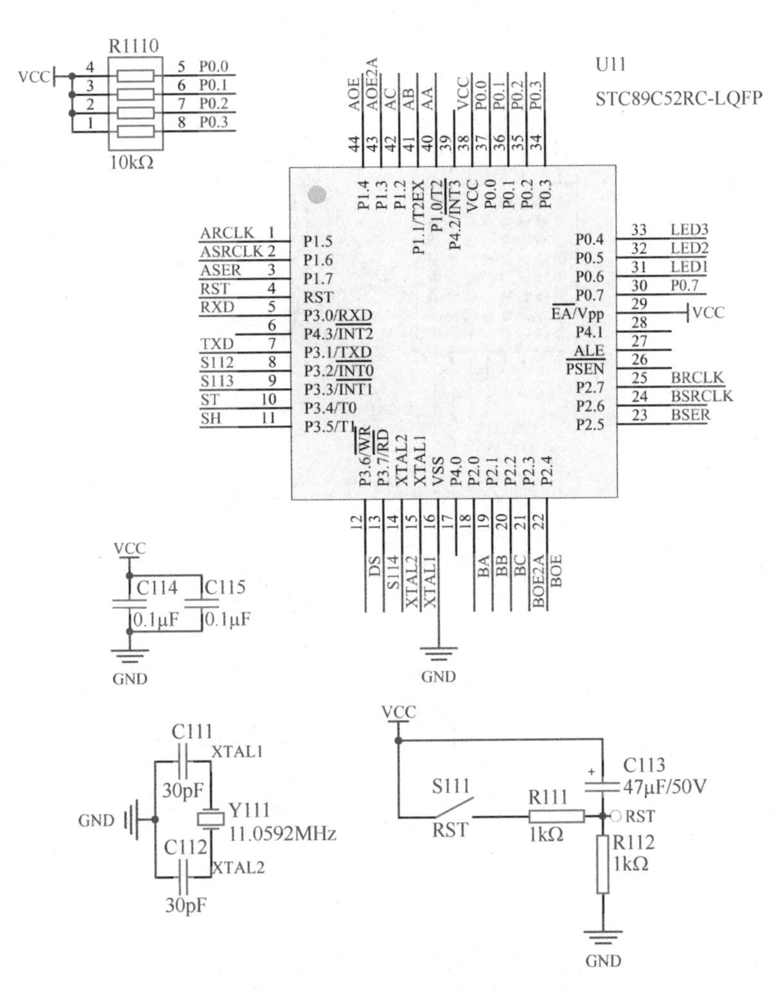

图 4-2-2　单片机主控电路

（2）点阵模块。

32×16 单色 LED 点阵屏的点阵模块由 8 个 8×8 单色 LED 点阵模块组成，其中以字母“AH”“BH”开头的为行控制引脚，以字母“AL”“BL”开头的为列控制引脚，如图 4-2-3 所示。

（3）行列驱动电路。

移位寄存器 74HC595 的外形与引脚功能图如图 4-2-4 所示。

Q0～Q7（15 号引脚、1～7 号引脚）：8 位并行输出端，可以直接控制数码管的 8 个段。

Q7′（9 号引脚）：串行数据输出端。

DS（14 号引脚）：串行数据输入端。

$\overline{\text{MR}}$（10 号引脚）：主复位（低电平）。在低电平时将移位寄存器的数据清零。

SH_CP（11 号引脚）：在上升沿时，移位寄存器的数据移位；在下降沿时，移位寄存器的数据不变。

ST_CP（12 号引脚）：在上升沿时，移位寄存器的数据进入数据存储寄存器，数据存储寄存器中的数据被更新；在下降沿时，数据存储寄存器的数据不变。

$\overline{\text{OE}}$（13 号引脚）：在高电平时禁止输出（高阻态）。

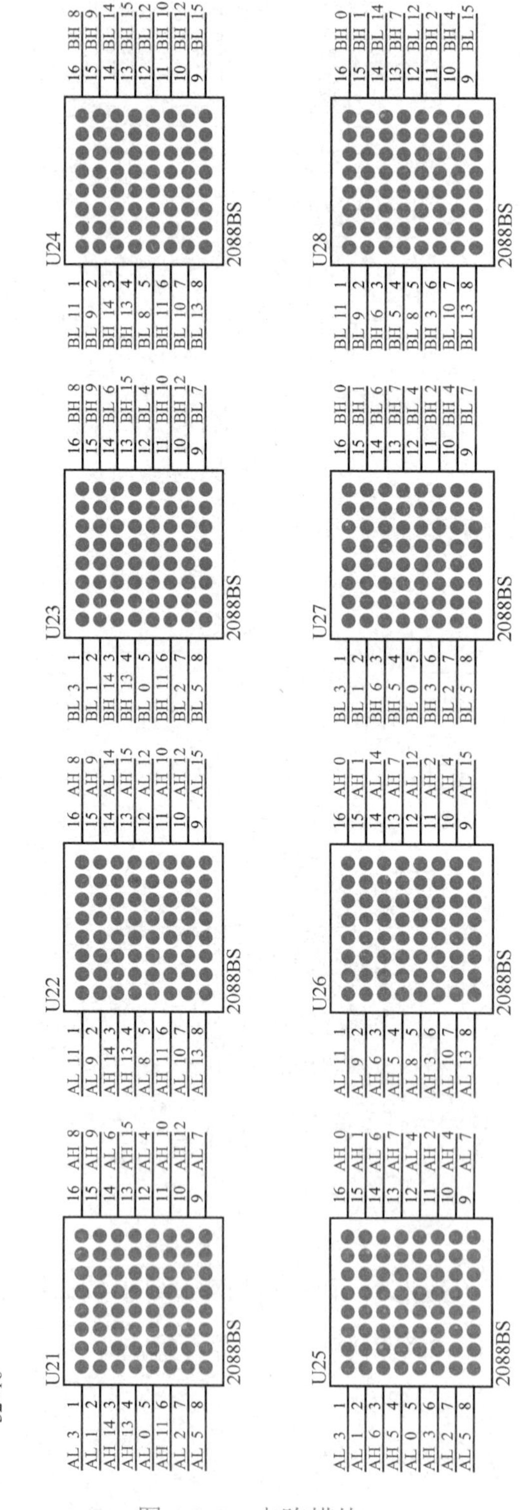

图 4-2-3　点阵模块

图 4-2-4　移位寄存器 74HC595 的外形及引脚功能图

图 4-2-5 所示为 32×16 单色 LED 点阵行列驱动电路。

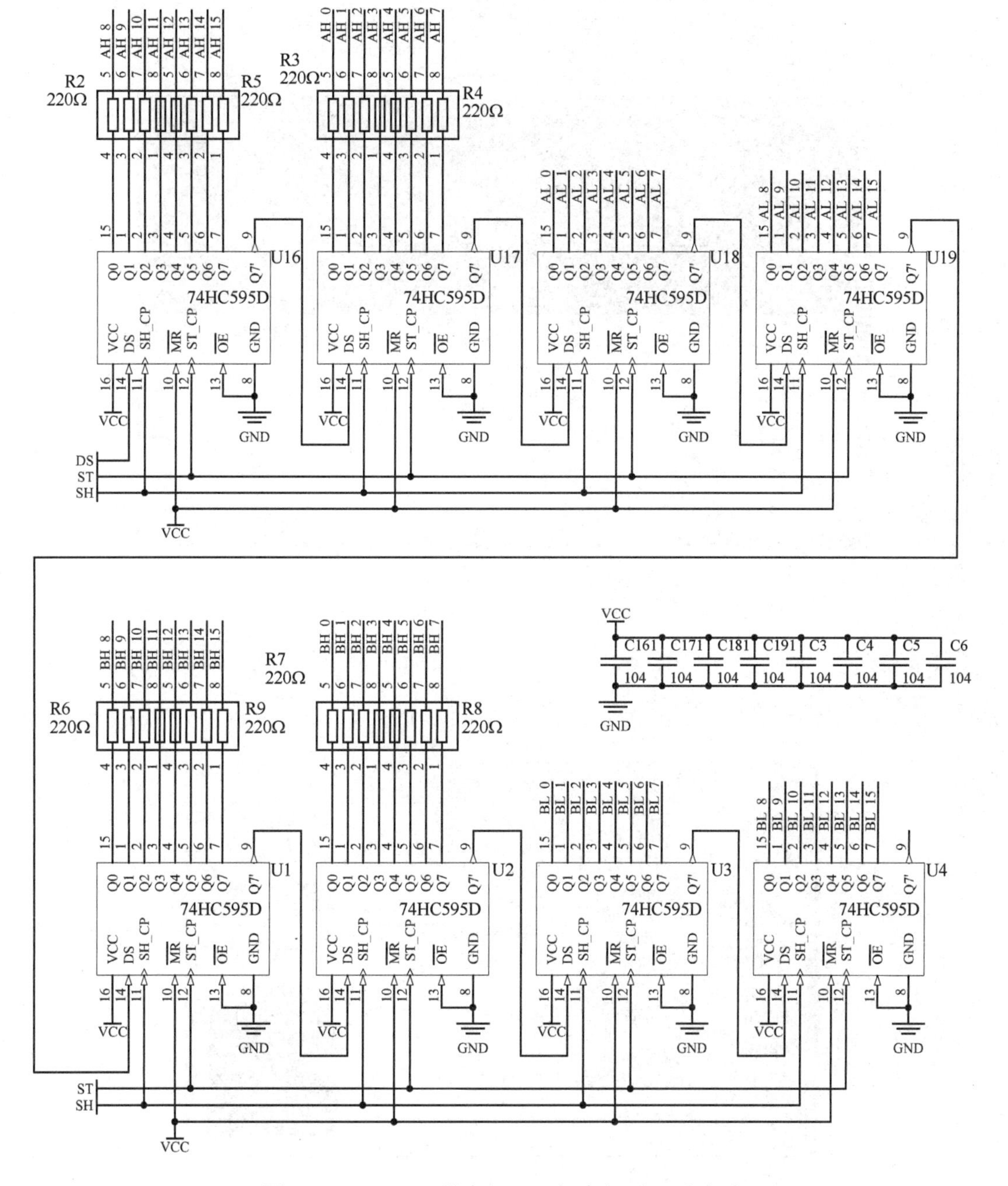

图 4-2-5　32×16 单色 LED 点阵行列驱动电路

实训

1. 点阵取模软件 PCtoLCD2002 的使用

LED 点阵取模软件有多种类型，其中 PCtoLCD2002 是比较常用的一种。PCtoLCD2002 与本项目任务一中介绍的 8×8 单色 LED 点阵取模软件大致相同，下面简单介绍其使用方法。

打开点阵取模软件 PCtoLCD2002，软件界面如图 4-2-6 所示。

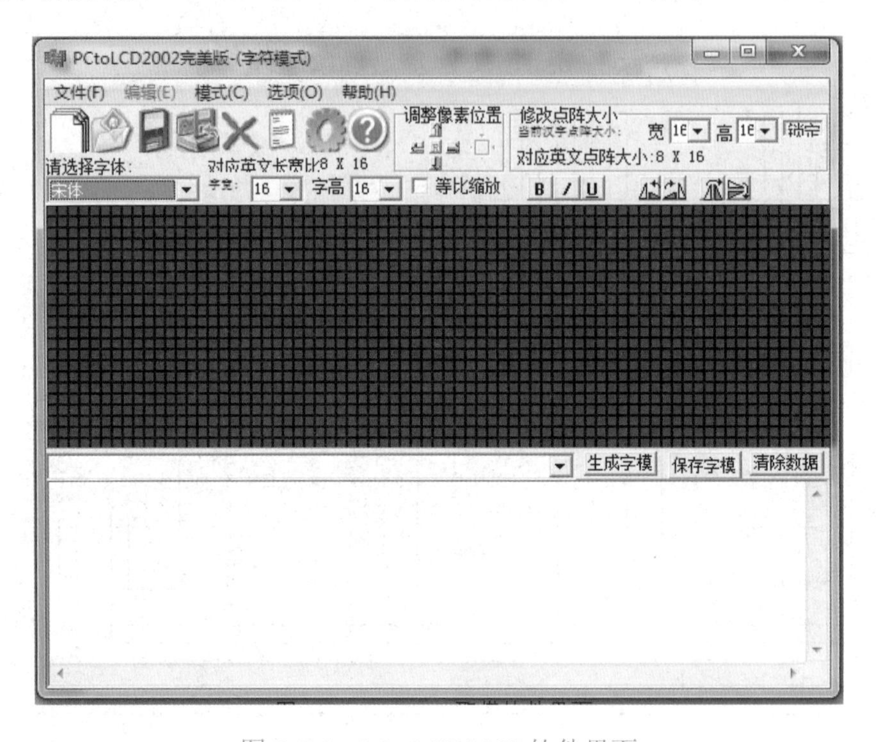

图 4-2-6 PCtoLCD2002 软件界面

执行菜单栏中的“选项”命令，进入“字模选项”对话框，如图 4-2-7 所示。在这里设置相关参数（点阵格式、取模方式、取模走向、输出数制、每行显示数据等）。

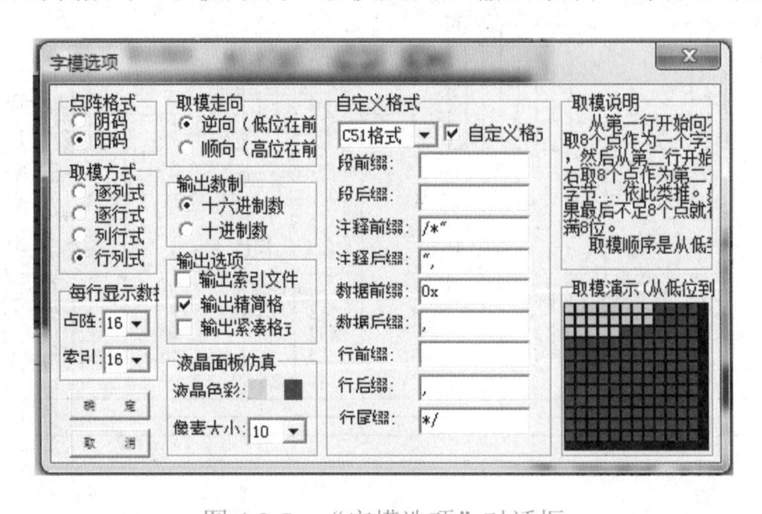

图 4-2-7 “字模选项”对话框

“点阵格式”选区中的阴码、阳码表示在扫描时数据以低电平还是高电平输出才会有效显示，如果以低电平进行行扫描，那么点亮列的为高电平，所送数据应为阳码；而若此时所送数据为阴码，则显示文字的 LED 不亮，显示背景的 LED 点亮。

取模方式有逐列式、逐行式、列行式和行列式，根据程序中的扫描方式选取，这里选择逐列式。在显示的文字长 16 像素、宽 16 像素的情况下，逐行式取模先取第 1 行前 8 位数据，再取第 1 行后 8 位数据，然后取第 2 行前 8 位数据，再取第 2 行后 8 位数据，以此类推；逐列式取模先取第 1 列前 8 位数据，再取第 1 列后 8 位数据，然后取第 2 列前 8 位数据，再取第 2 列后 8 位数据；行列式取模先取第 1 行前 8 位数据，再取第 2 行前 8 位数据，依次取到第 16 行，在第 16 行前 8 位数据取完后取第 1 行后 8 位数据，然后取第 2 行后 8 位数据，以此类推；列行式取模先取第 1 列前 8 位数据，再取第 2 列前 8 位数据，依次取到第 16 列，然后取第 1 列后 8 位数据，以此类推。

每行显示数据是指生成的字模的每行数据的个数，这里设置为 32。

取模走向依据程序读取数据的顺序决定，这里选择顺向，即先读取高位数据，后读取低位数据。

在软件界面的输入区域输入需要显示的字符或文字，如输入“技行天下，能创未来”字样，单击“生成字模”按钮，就会在点阵数据输出区域显示自动生成的相应代码，如图 4-2-8 所示。此时，把字模数据代码复制并替换到程序相应的数组中即可。

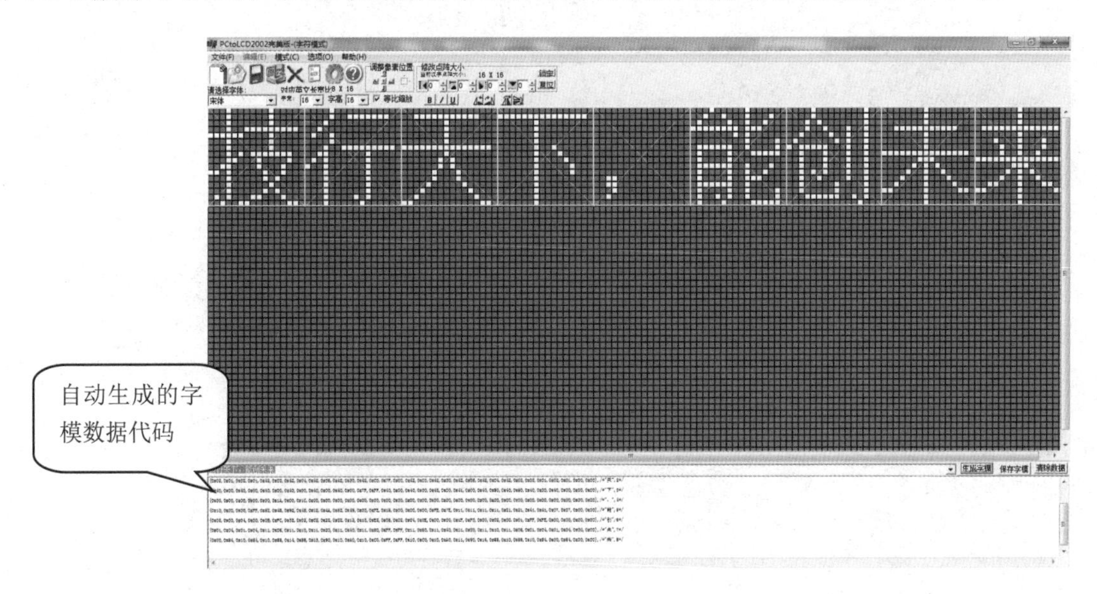

图 4-2-8　自动生成字模数据代码

将编制或修改好的程序下载到单色点阵屏模块中，并连接单色点阵屏模块电源，按下电源开关，指示灯亮，按下 C 键后，显示屏上移动显示“技行天下，能创未来”字样，如图 4-2-9 所示。

图 4-2-9　显示效果

2．32×16 单色 LED 点阵屏程序的设计与修改

32×16 单色 LED 点阵屏是通过 8 个 74HC595 移位寄存器芯片进行行列控制的。通过动态扫描的方式，单片机只要控制好行与列的选通，就能正常显示字符和图案。

单片机通过 P3.4、P3.5、P3.6 引脚与 74HC595 进行信息传输，数据传输指令如下。通过该段指令能够将变量 ByteData 的数据传输给 74HC595 移位寄存器：


```
sbit HC595_DS=P3^6;                          //74HC595的数据
sbit HC595_SH=P3^5;                          //74HC595的时钟
sbit HC595_ST=P3^4;                          //74HC595的锁存

u8 bdata ByteData;                           //开一个可位寻址变量
sbit ByteData7 = ByteData^7;                 //把这个变量的每个位定义出来
sbit ByteData6 = ByteData^6;
sbit ByteData5 = ByteData^5;
sbit ByteData4 = ByteData^4;
sbit ByteData3 = ByteData^3;
sbit ByteData2 = ByteData^2;
sbit ByteData1 = ByteData^1;
sbit ByteData0 = ByteData^0;

void HC595_Write_Bit()                       //向74HC595移位寄存器中写数据
{
 HC595_SH = 0; HC595_DS = ByteData7; HC595_SH = 1;//提取最高位并发送到I/O口
 HC595_SH = 0; HC595_DS = ByteData6; HC595_SH = 1;
 HC595_SH = 0; HC595_DS = ByteData5; HC595_SH = 1;
 HC595_SH = 0; HC595_DS = ByteData4; HC595_SH = 1;
 HC595_SH = 0; HC595_DS = ByteData3; HC595_SH = 1;
 HC595_SH = 0; HC595_DS = ByteData2; HC595_SH = 1;
 HC595_SH = 0; HC595_DS = ByteData1; HC595_SH = 1;
 HC595_SH = 0; HC595_DS = ByteData0; HC595_SH = 1;//提取最低位并发送到I/O口
 HC595_SH = 0;
}
```

32×16 单色 LED 点阵屏共有 2 个 16×16 模组，每个模组由 4 个由 4×4 点阵模块构成，同时由 4 片移位寄存器芯片控制，通过缓存在 Scann[ ]和 Mould[ ]中的数据，实现点阵屏的某列的显示。编码如下：

```
#define Word   2                 //32×16单色LED点阵屏16×16模组的个数

u8 idata Mould[Word*2];          //控制该列的取模值，低电平亮灯，每个模组16行，占2字节
//控制某列，高电平亮灯，每个模组16列，占2字节，所有模组可以同时控制相同的列
u8 idata Scann[2];

void HC595_Write_Data_Drive()    //74HC595发送数据
{
 u8 j;
 for(j=Word;j>0;j--)             //点阵模组数量有Word块，每个模组有4片74HC595芯片
 {
     ByteData=Scann[1];
     HC595_Write_Bit();          //发送给每个模组的U4，高电平整列可以亮，低电平整列灭
     ByteData=Scann[0];
     HC595_Write_Bit();          //发送给每个模组的U3，高电平整列可以亮，低电平整列灭
     ByteData=Mould[j*2-1];
     HC595_Write_Bit();          //发送给每个模组的U2，低电平整行可以亮，高电平整行灭
     ByteData=Mould[j*2-2];
     HC595_Write_Bit();//发送给每个模组的U1，低电平整行可以亮，高电平整行灭
}
 HC595_ST=1;                             //锁存脉冲信号，上升沿
 HC595_DS=1;                             //延时
 HC595_ST=0;                             //锁存脉冲信号复位
 HC595_SH=0;                             //时钟脉冲信号复位
}
```

控制点阵屏熄灭的指令如下：

```
void HC595_Write_ClrData()   //74HC595发送数据
{
 u8 j;
 for(j=Word;j>0;j--)             //点阵模组数量有Word块，每个模组有4片74HC595芯片
 {
     ByteData=0x00;
     HC595_Write_Bit();          //发送给每个模组的U4，高电平整列可以亮，低电平整列灭

     ByteData=0x00;
     HC595_Write_Bit();          //发送给每个模组的U3，高电平整列可以亮，低电平整列灭

     ByteData=0xFF;
     HC595_Write_Bit();          //发送给每个模组的U2，低电平整行可以亮，高电平整行灭

     ByteData=0xFF;
     HC595_Write_Bit();          //发送给每个模组的U1，低电平整行可以亮，高电平整行灭
}
 HC595_ST=1;                     //锁存脉冲信号，上升沿
 HC595_DS=1;                     //延时
 HC595_ST=0;                     //锁存脉冲信号复位
```

```
    HC595_SH=0;                    //时钟脉冲信号复位
  }
```

点阵屏是动态扫描显示的，单片机通过定时器中断的方式控制移位寄存器间隔1.25ms显示1列，以帧率为50帧的形式显示完整画面，指令如下：

```
//开辟缓存空间，每列2字节，每个模组32字节，多加2字节用于移位操作
u8 xdata LED2X64[Word*32+2];

void Timer0_Routnie (void) interrupt 1
{
 u16 idata ge;                    //用于循环控制，代表模组数量
 static u8 idata SEG;             //用于32字节控制
 static u16 idata GRID=0x0001;           //用于16列轮流控制
 TL0=Loading;//初值(65536-晶振频率÷12÷16列÷图片帧率)，16位定时器低字节
 TH0=Loading>>8; //初值(65536-晶振频率÷12÷16列÷图片帧率)，16位定时器高字节
 for(ge=0;ge<Word;ge++) //点阵模组数量有Word块，每个模组有4片74HC595芯片
 {
     //把第i个模组的第SEG列的下字节放到74HC595缓存空间中，准备写入74HC595
     Mould[ge*2+1]=~LED2X64[ge*32+SEG+1];
     //把第i个模组的第SEG列的上字节放到74HC595缓存空间中，准备写入74HC595
     Mould[ge*2]=~LED2X64[ge*32+SEG+0];
 }
 SEG++;SEG++;                     //SEG加2次，每列2字节
 SEG=SEG%32;                      //LED点阵16×16模块只有16列（只有0～15列），每列2字节

 Scann[1]=GRID/256;               //16位变量GRID，取高8位。控制每个模组的0～7列
 Scann[0]=GRID%256;               //16位变量GRID，取低8位。控制每个模组的8～15列
 GRID=_irol_(GRID,1);             //循环控制0～16列
 //74HC595的缓存空间Mould[]、Scann[]，得到数据后，立刻发送到芯片中
 HC595_Write_Data_Drive();
}

#define FOSC     11059200UL  //设置系统频率，11.0592MHz
#define Frame    50          //点阵图片刷新帧率
//定时器初值(65536-晶振频率÷12÷16列÷图片帧率)
#define Loading  (65536-FOSC/12/16/Frame)

void Timer0_Init()
{
 TMOD&=0Xf0;                      //16位定时器模式，需要人工重装初值
 TMOD|=0X01;                      //16位定时器模式，需要人工重装初值
 TL0=Loading;     //定时器初值(65536-晶振频率÷12÷16列÷图片帧率)，16位定时器低字节
 TH0=Loading>>8; //定时器初值(65536-晶振频率÷12÷16列÷图片帧率)，16位定时器高字节
 ET0=1;                           //定时器0中断闭合导通
 TR0=1;                           //定时器0启动
 EA=1;                            //总中断闭合导通
}
```

通过以下指令实现数组 Chines[ ][32]的内容向左移动显示，通过改变 Speed 的值来改变移动的速度：

```
#define Speed 1700
u16 xdata Move_Timer=Speed;           //点阵流动显示每流动一列的时间间隔

static u8 SEG=0,ge=0;                 //SEG为列选，ge为第几个模块
void Chinese_Display_Left_Move()
{
 u16 k=0;
 Move_Timer--;                        //主函数循环1次，Move_Timer减少1
 if(Move_Timer==0)                    //如果Move_Timer等于0
 {
     Move_Timer=Speed;                //那么Move_Timer会被重新赋值
     if(S123_flag==1)
     {
LED2X64[Word*32]=Chines[ge][SEG];     //把要显示的内容放到数组的最右边，上8位
SEG++;
LED2X64[Word*32+1]=Chines[ge][SEG];   //把要显示的内容放到数组的最右边，下8位
     SEG++;
     if(SEG>=32)                      //每个汉字需要32字节（0～31）
         {
         SEG=0;
         ge++;                        //指向数组中某个汉字的代码
         if(ge>=WORD_LEN)//21)        //数组Chines[]总共有21个汉字
         {
             ge=0;                    //重新开始
             }
             }
             //先把数组2字节的内容复制给0字节，再把4字节的内容复制给2字节，以此类推
             for(k=0;k<Word*32;k++)
             {   //先把数组3字节的内容复制给1字节，再把5字节的内容复制给3字节，以此类推
                 LED2X64[k]=LED2X64[k+2];
             }
     }
     else
     {
             LED2X64[Word*32]=0;      //把要显示的内容放到数组的最右边，上8位
             SEG++;
             LED2X64[Word*32+1]=0;    //把要显示的内容放到数组的最右边，下8位
             SEG++;
             if(SEG>=32)
             {
                 SEG=0;
                 C_WorkFlag=0;        //不再移位
             }
             //先把数组2字节的内容复制给0字节，再把4字节的内容复制给2字节，以此类推
             for(k=0;k<Word*32;k++)
             {//先把数组3字节的内容复制给1字节，再把5字节的内容复制给3字节，以此类推
                 LED2X64[k]=LED2X64[k+2];
             }


     }
 }
}
```

只需将要显示的文字通过取模软件生成代码存入数组 Chines[WORD_LEN][32]中即可，WORD_LEN 表示所显示文字的数量。例如，“技行天下，能创未来”，包括符号共 9 个字。生成的代码如下：

```
#define WORD_LEN  9
u8 code Chines[WORD_LEN][32]=
{
{0x08,0x20,0x08,0x22,0x08,0x41,0xFF,0xFE,0x08,0x80,0x09,0x01,
0x10,0x01,0x11,0x02,0x11,0xC2,0x11,0x34,0xFF,0x08,0x11,0x14,
0x11,0x62,0x11,0x81,0x10,0x01,0x00,0x00},/*"技",0*/

{0x00,0x40,0x08,0x80,0x11,0x00,0x23,0xFF,0xCC,0x00,0x00,0x00,
0x02,0x00,0x42,0x00,0x42,0x02,0x42,0x01,0x43,0xFE,0x42,0x00,
0x42,0x00,0x42,0x00,0x02,0x00,0x00,0x00},/*"行",1*/

{0x02,0x01,0x02,0x01,0x42,0x02,0x42,0x04,0x42,0x08,0x42,0x30,
0x42,0xC0,0x7F,0x00,0x42,0xC0,0x42,0x30,0x42,0x08,0x42,0x04,
0x42,0x02,0x02,0x01,0x02,0x01,0x00,0x00},/*"天",2*/

{0x40,0x00,0x40,0x00,0x40,0x00,0x40,0x00,0x40,0x00,0x40,0x00,
0x7F,0xFF,0x40,0x00,0x40,0x00,0x42,0x00,0x41,0x00,0x40,0x80,
0x40,0x60,0x40,0x00,0x40,0x00,0x00,0x00},/*"下",3*/

{0x00,0x00,0x00,0x00,0x00,0x1A,0x00,0x1C,0x00,0x00,0x00,0x00,
0x00,0x00,0x00,0x00,0x00,0x00,0x00,0x00,0x00,0x00,0x00,0x00,
0x00,0x00,0x00,0x00,0x00,0x00,0x00,0x00},/*"，",4*/

{0x10,0x00,0x33,0xFF,0x52,0x48,0x92,0x48,0x12,0x4A,0x52,0x49,
0x33,0xFE,0x18,0x00,0x00,0x00,0xFE,0x7E,0x11,0x11,0x11,0x11,
0x21,0x21,0x41,0x41,0x07,0x07,0x00,0x00},/*"能",5*/

{0x02,0x00,0x04,0x00,0x0B,0xFC,0x32,0x02,0xC2,0x22,0x22,0x12,
0x13,0xE2,0x08,0x02,0x04,0x0E,0x00,0x00,0x1F,0xF0,0x00,0x02,
0x00,0x01,0xFF,0xFE,0x00,0x00,0x00,0x00},/*"创",6*/

{0x01,0x04,0x01,0x04,0x11,0x08,0x11,0x10,0x11,0x20,0x11,0x40,
0x11,0x80,0xFF,0xFF,0x11,0x80,0x11,0x40,0x11,0x20,0x11,0x10,
0x11,0x08,0x01,0x04,0x01,0x04,0x00,0x00},/*"未",7*/

{0x00,0x84,0x10,0x84,0x10,0x88,0x14,0x88,0x13,0x90,0x10,0xA0,
0x10,0xC0,0xFF,0xFF,0x10,0xC0,0x10,0xA0,0x11,0x90,0x16,0x88,
0x10,0x88,0x10,0x84,0x00,0x84,0x00,0x00},/*"来",8*/
}
```

考核

将考核结果填入表 4-2-1 中。

表 4-2-1　考核表

任务考核内容		标准分值	自我评分分值×50%	教师评分分值×50%
专业知识与技能	任务计划阶段			
	实训任务要求	10		
	任务执行阶段			
	熟悉 32×16 单色 LED 点阵模块的组成结构	5		
	熟悉 32×16 单色 LED 点阵模块的电路原理	5		
	掌握取模软件 PCtoLCD2002 的使用方法	5		
	实训设备使用	5		
	任务完成阶段			
	32×16 单色 LED 点阵屏程序的修改	15		
	32×16 单色 LED 点阵模块的运行与调试	15		
	32×16 单色 LED 点阵模块的显示效果	20		
职业素养	规范操作（安全、文明）	5		
	学习态度	5		
	合作精神及组织协调能力	5		
	交流总结	5		
合计		100		
学生心得体会与收获：				
教师总体评价与建议： 教师签名：　　　　日期：				

任务三　8×8 单色 LED 点阵屏的设计与制作

8×8 单色 LED 点阵屏具有体积小、硬件少、电路结构简单、容易实现等优点。它能帮助广大电子爱好者了解点阵显示原理，认识单片机的基本结构、工作原理与应用方法，并提高单片机技术的运用能力。利用单片机设计系统既能实现系统所需的功能，又能满足计数的准确性、迅速性，并且电路简单、操作简便、通用性强。

任务目标

知识目标

1. 了解单片机 AT89S51 的基本功能及引脚排列。
2. 熟悉驱动芯片 74HC245 的功能及引脚排列。

3. 了解 8×8 单色 LED 点阵系统的电路组成。

技能目标

1. 掌握 8×8 单色 LED 点阵屏的设计原理。
2. 学会使用万能板制作 8×8 单色 LED 点阵屏。
3. 掌握单色点阵取模软件的使用方法与显示程序的编写方法。

任务内容

1. 8×8 单色 LED 点阵屏的电路设计与制作。
2. 单色点阵取模软件的使用与显示程序的编写。

知识

1. 单片机 AT89S51 简介

单片机 AT89S51 的外形及引脚排列如图 4-3-1 所示。

VCC：供电电压（+5V）。

GND：接地。

P0：漏极开路的 8 位双向 I/O 口，每位的引脚都可接收 8TTL 门电流。

P1：内部提供上拉电阻的 8 位双向 I/O 口，内部缓冲器可接收及输出 4TTL 门电流。

P2：带内部上拉电阻的 8 位双向 I/O 口，内部缓冲器可接收及输出 4TTL 门电流。

P3：带内部上拉电阻的 8 位双向 I/O 口，内部缓冲器可接收及输出 4TTL 门电流。

RST：复位输入。当该引脚连续出现两个机器周期以上的高电平时，单片机复位。

$\mathrm{ALE}/\overline{\mathrm{PROG}}$：地址锁存控制/片内 ROM 编程脉冲输入信号。当访问外部存储器时，P0 口作为地址/数据复用口，用于锁存低 8 位的地址。

$\overline{\mathrm{PSEN}}$：外部程序存储器的选通信号。在访问外部程序存储器时，只有该引脚为低电平才为有效信号，才能对片外 ROM 进行读操作。

$\overline{\mathrm{EA}}/\mathrm{VPP}$：当$\overline{\mathrm{EA}}$保持低电平时，访问外部程序存储器；当处于加密方式 1 状态时，$\overline{\mathrm{EA}}$将内部锁定为 RESET；当$\overline{\mathrm{EA}}$保持高电平时，访问内部程序存储器。在 Flash 编程期间，此引脚也用于施加 12V 编程电源（VPP）。

XTAL1：反向振荡器的输入及内部时钟工作电路的输入。

XTAL2：反向振荡器的输出。

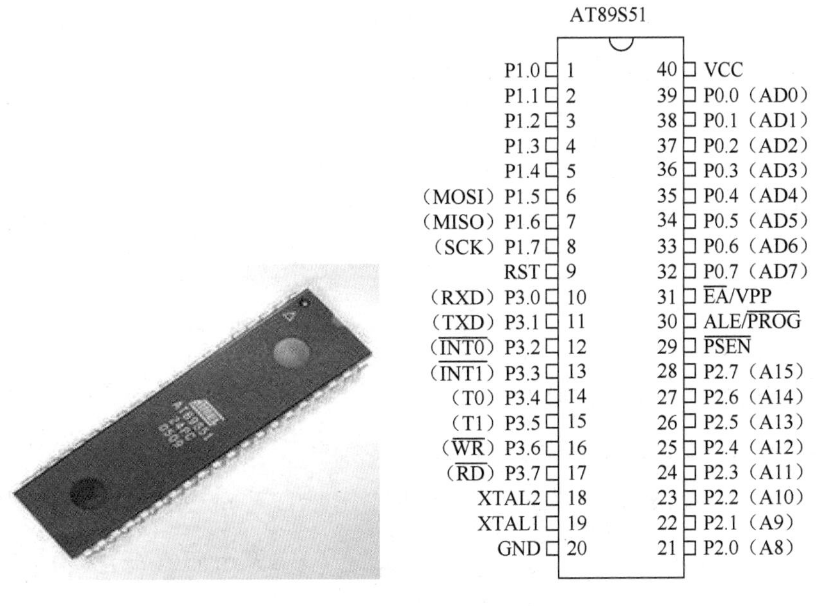

图 4-3-1　单片机 AT89S51 的外形及引脚排列

2. 驱动芯片 74HC245 简介

单片机或 CPU 的数据、地址、控制总线端口都有一定的负载能力，当实际负载超过其负载能力时，一般应加驱动芯片。驱动芯片主要应用于大屏显示及其他消费类电子产品显示器电路中。

为了保护脆弱的主控芯片，通常在主控芯片的并行接口与外部受控设备的并行接口间添加缓冲器。当主控芯片与外部受控设备之间需要实现双向异步通信时，必须选用双向 8 路缓冲器。74HC245 是方向可控的 8 路缓冲器，主要用于实现数据总线的双向异步通信。图 4-3-2 所示为 74HC245 的引脚排列图及逻辑框图。

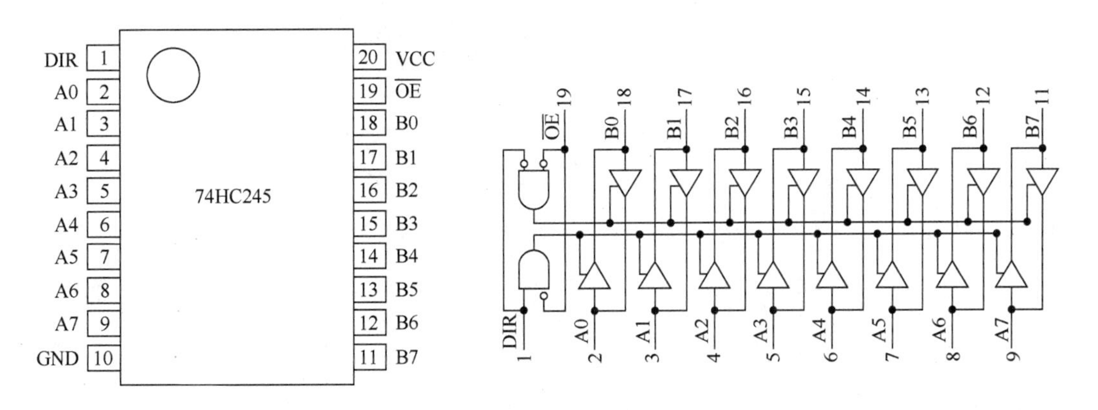

图 4-3-2　74HC245 的引脚排列图及逻辑框图

该芯片的 1 号引脚为 DIR，用于转换输入与输出端口。当 DIR 为“1”，即高电平时，信号由 A 端输入、B 端输出；当 DIR 为“0”，即低电平时，信号由 B 端输入、A 端输出。74HC245 真值表如表 4-3-1 所示。

表 4-3-1　74HC245 真值表

控 制 输 入	运行（DIR）	输　出
L	L	B 数据到 A 总线
L	H	A 数据到 B 总线
H	X	隔开

注：H 表示高电平，L 表示低电平，X 表示状态不定。

该芯片的 20 号引脚为电源 VCC，10 号引脚为电源地 GND。

该芯片的 19 号引脚为使能端$\overline{\text{OE}}$，低电平有效，当其为“1”时，A/B 端的信号被禁止传输，只有当其为“0”时，A/B 端才被启用，即起到开关的作用。

该芯片的 2～9 号引脚为 A 端信号输入或输出端口，11～18 号引脚为 B 端信号输出或输入端口。如果 DIR 为“1”，$\overline{\text{OE}}$为“0”，则 A0～A7 为输入端，B0～B7 为输出端。如果 DIR 为“0”，$\overline{\text{OE}}$为“0”，则 B0～B7 为输入端，而 A0～A7 为输出端。

3．8×8 单色 LED 点阵系统电路组成

图 4-3-3 所示为 8×8 单色 LED 点阵系统电路的组成框图。该点阵系统电路由按键电路、复位电路、时钟电路、电源电路、点阵显示驱动电路（点阵显示器阳极/阴极电路）、点阵显示器等部分组成。8×8 单色 LED 点阵系统总电路如图 4-3-4 所示。

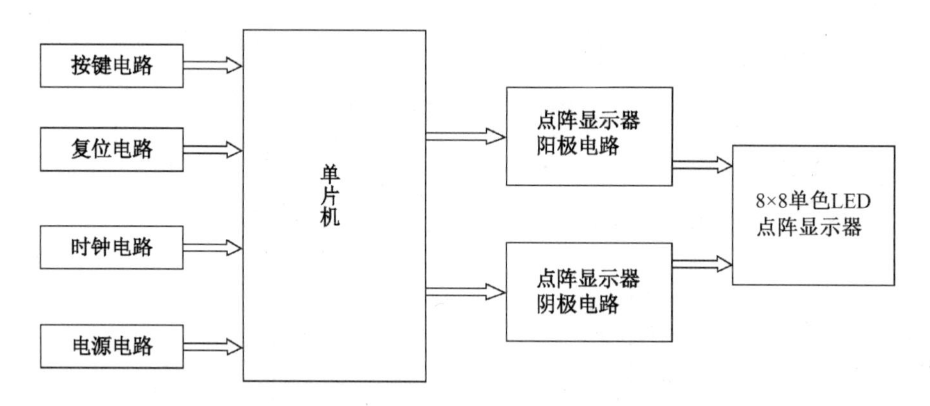

图 4-3-3　8×8 单色 LED 点阵系统电路的组成框图

（1）电源电路。

8×8 单色 LED 点阵系统电路由 5V 电源供电，按下自锁开关 S1，指示灯亮，并为主电路供电，如图 4-3-5 所示。

（2）复位电路。

复位电路如图 4-3-6 所示，其在单片机启动运行时自动复位，使单片机进入初始状态并从该状态开始运行；若在单片机工作过程中按下复位按键 K3，则单片机进入初始化处理过程，单片机会从初始状态开始按预定程序运行。

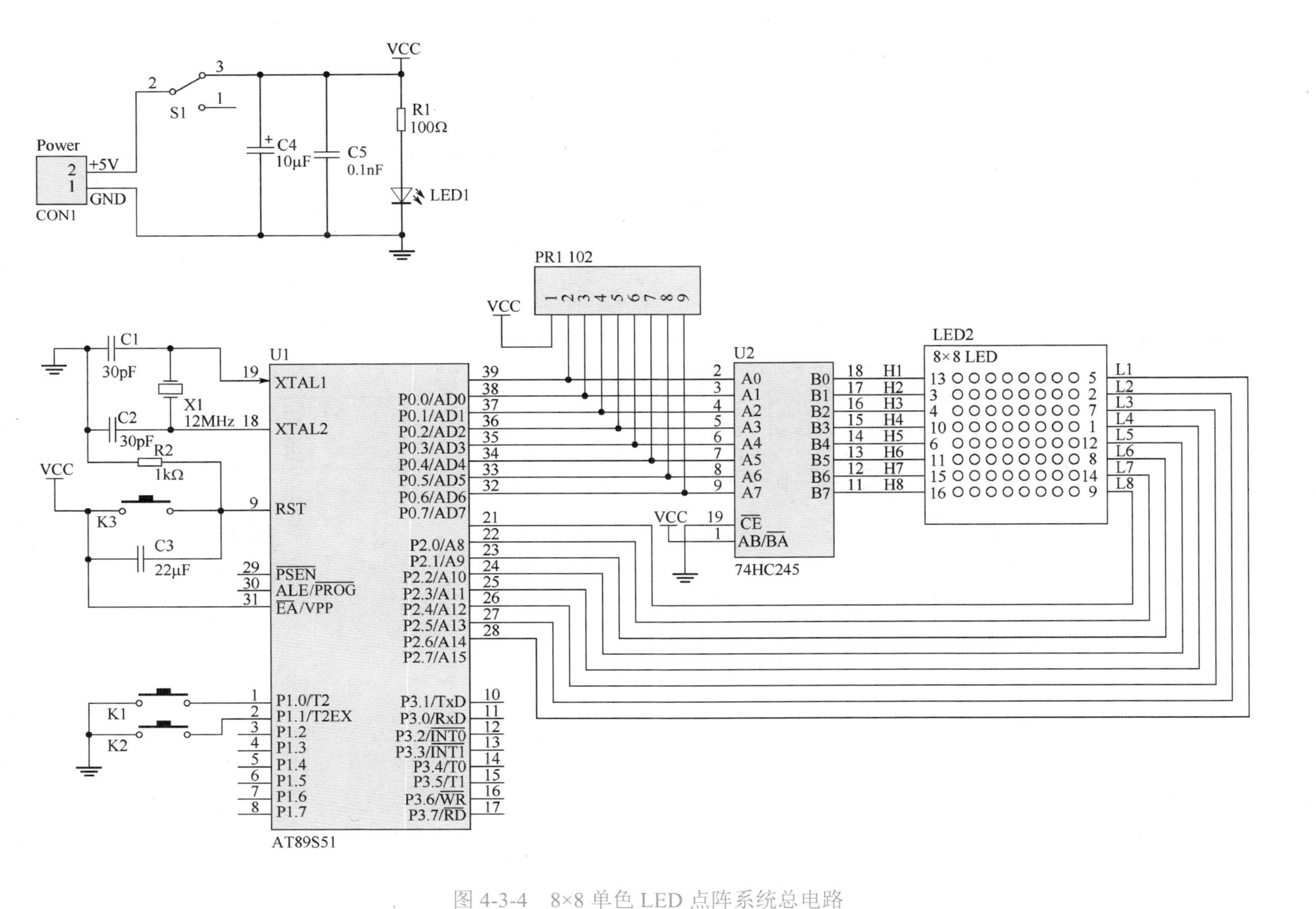

图 4-3-4　8×8 单色 LED 点阵系统总电路

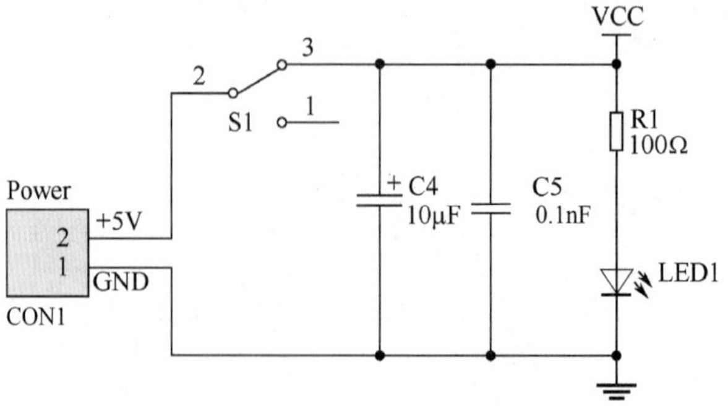

图 4-3-5　电源电路

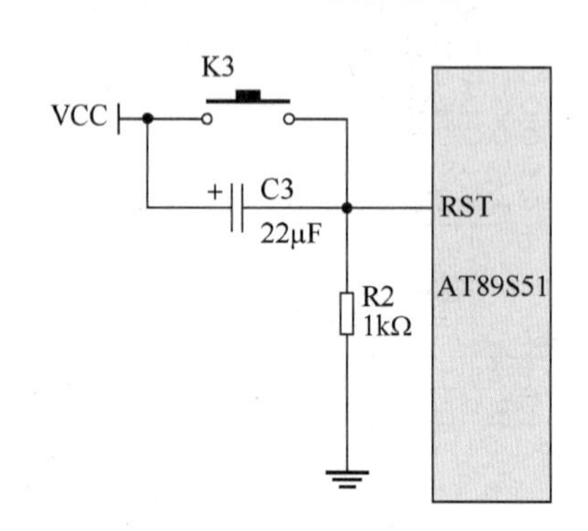

图 4-3-6　复位电路

（3）按键电路。

在由单片机组成的系统中，有时需要提供人机交互功能，其中按键是最常见的输入方式之一。常见的按键电路有一对一的直接连接和动态扫描的矩阵式连接两种。直接连接的按键电路相对简单，一个按键独占一个端口，在按键数量较少时可以直接使用。如图 4-3-7 所示，当按下按键 K1 时，P1.0 为低电平，文字显示的滞留时间延长（显示速度变慢）；当按下按键 K2 时，P1.1 为低电平，文字显示的滞留时间缩短（显示速度变快）。

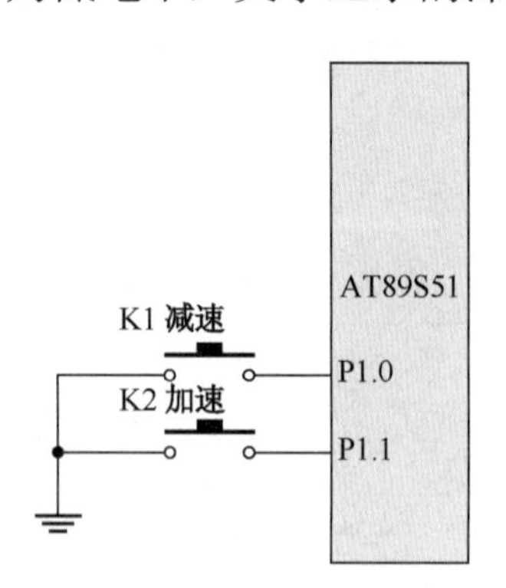

图 4-3-7　按键电路

（4）点阵显示驱动电路。

AT89S51 单片机的 P0 口通过上拉电阻（102 排阻）后连接驱动芯片 74HC245 的 A0～A7 端，B0～B7 端连接 8×8 共阳点阵模块（1588BS）的行控制引脚，P2 口连接 8×8 共阳点阵模块的列控制引脚。点阵显示驱动电路如图 4-3-8 所示。

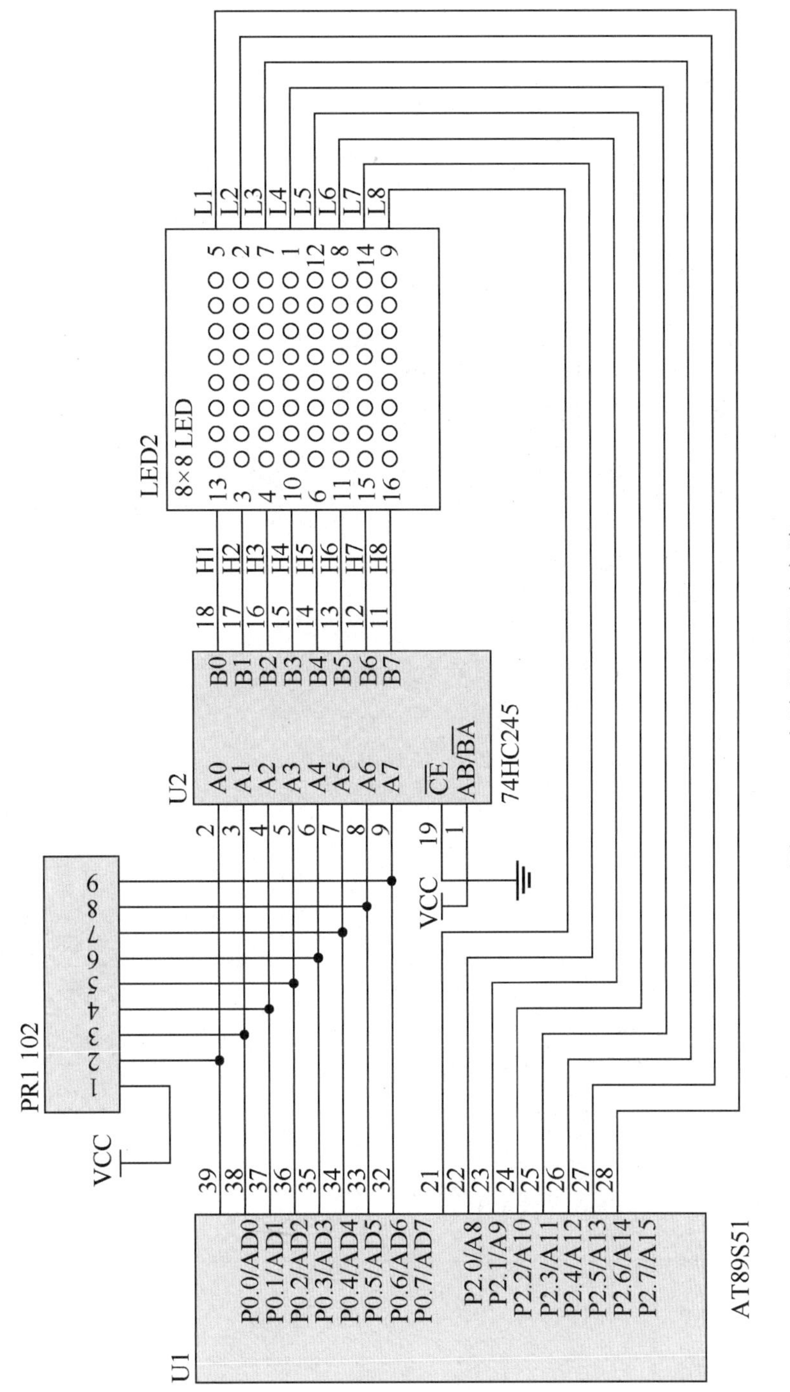

图 4-3-8　点阵显示驱动电路

实训

1. 8×8 单色 LED 点阵系统电路的设计与制作

（1）实训器材。

8×8 单色 LED 点阵系统电路套件、程序烧录器、万用表、尖嘴钳、镊子、螺丝刀、电烙铁（含烙铁架、松香、焊锡丝）及导线等。

（2）元器件清单。

8×8 单色 LED 点阵系统电路元器件清单如表 4-3-2 所示。

表 4-3-2　8×8 单色 LED 点阵系统电路元器件清单

序　　号	名　　称	数　　量	位置标识	型号或规格
1	单片机 AT89S51	1	U1	DIP40
2	IC 锁紧座	1	U1	DIP40
3	74HC245	1	U2	DIP20
4	IC 锁紧座	1	U2	DIP20
5	DC 电源接口	1	CON1	5.5mm×2.1mm
6	DC 电源线	1	—	5.5mm×2.1mm，带 USB 口
7	自锁开关	1	S1	7mm×7mm
8	碳膜电阻	1	R1	100Ω
9	电解电容	1	C3	CAP，22μF
10	轻触开关	3	K1，K2，K3	6mm×6mm
11	瓷片电容	2	C1，C2	CAP，30pF
12	晶振	1	X1	DIP 12MHz
13	点阵	1	LED2	8×8 LED，1588BS
14	LED	1	LED1	蓝色，ϕ5mm
15	电阻	1	R2	1kΩ
16	排阻	1	PR1	1kΩ
17	万能板	1	—	150mm×90mm，绿油纤维玻纤

（3）电路制作。

制作前先对所需元器件进行逐一检测，确保元器件质量完好，并识别元器件引脚排列；然后根据图 4-3-4 将元器件正确安装在万能板上并焊接，要求元器件布局合理，连线整齐规范，跳线尽量少，焊点光亮、饱满。8×8 单色 LED 点阵系统电路装配效果图如图 4-3-9 所示。

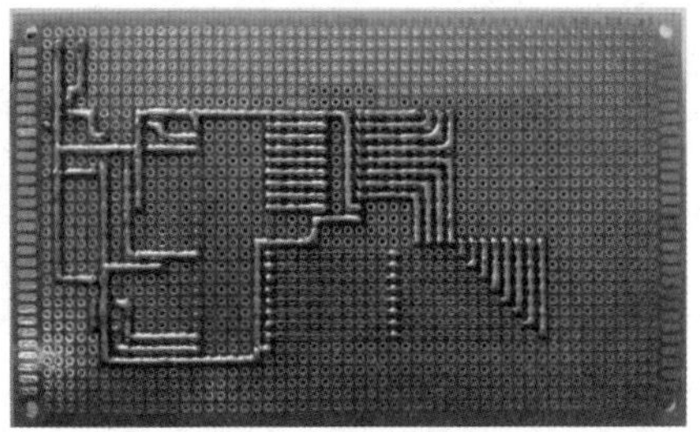

图 4-3-9　8×8 单色 LED 点阵系统电路装配效果图

2. 8×8 单色 LED 点阵屏程序的修改与运行

焊接完成后，对单片机进行程序烧录。可以根据想要显示的内容修改程序。例如，显示“❤中 1949”，要求显示的内容从右至左连续移动，相应程序如下：

```
#include<reg52.h>
void delay(unsigned int T);
sbit key1=P1^0;
sbit key2=P1^1;
unsigned char i=1,z=40,x=0,j=0,tcount=0;
unsigned int ledroll[8];
unsigned char code digittab [56]={ //行选通
0x00,0x00,0x00,0x00,            //缓冲，0从右端出来
0x8,0x18,0x28,0x48,0x48,0x28,0x18,0x8,/* ❤*/
0x38,0x28,0x28,0xFF,0x28,0x28,0x38,0x0,/* 中*/
0x0,0x0,0x0,0x41,0xFF,0x1,0x0,0x0,/*1*/
0x0,0x0,0x64,0x92,0x92,0x92,0x7C,0x0,/*9*/
0x0,0x18,0x28,0x48,0xFE,0x8,0x8,0x0,/*4*/
0x0,0x0,0x64,0x92,0x92,0x92,0x7C,0x0,/*9*/
0x00,0x00,0x00,0x00             //让❤继续移动完
};
unsigned char code tab[]={0x7f,0xbf,0xdf,0xef,0xf7,0xfb,0xfd,0xfe}; //列选通
void main()
{
TMOD=0x10;
 TH1=0x00;
 TL1=0x00;                      //给定时器赋初值
 EA =1;
 ET0 =1;
 ET1 =1;
 TR0=1;
 TR1=1;
for(j=0;j<8;j++)
ledroll[j]=digittab[j];
while(1)
  {
    for(x=0;x<8;x++)            //扫描显示出当前字样
    {
      P2=tab[x];
      P0=ledroll[x];
      delay(z);                 //滞留一下
    }
    /*将行选通后移一个*/
```

```
        if(++tcount>30)                    //扫描30次
        {
        tcount=0;
        for(j=0;j<8;j++)
        ledroll[j]=digittab[j+i];          //此处是重点
        if(++i>=48)                        //56减8等于48
        i=0;
        }
      }
    }
    void delay(unsigned int T)             //制造视觉滞留效果
    {
      unsigned int x,y;
      for(x=2;x>0;x--)
      for(y=T;y>0;y--);
    }
    void Timer0_isr(void) interrupt 1 using 1
    {
      TH1=0x00;
      TL1=0x00;
      if(key1==0)
      {
        delay(300);
        if(key1==0)
        z++;
      }
      if(key2==0)
      {
        delay(300);
        if(key2==0)
        z--;
      }
    }
```


上面是显示内容“❤中 1949”的程序，显示 1 个字符或图案需要 8 个数据，移动显示 5 个字符和 1 个图案，就有 48（6×8=48）个数据，再加上 8 个缓冲数据，共有 56 个数据，这些数据存放在数组“digittab[56]”中，其中 56 为数据的个数。另外，“if(++i>=48)”语句中的 48 为显示内容数据的个数。如果需要显示其他内容，则可通过修改程序来实现。例如，要显示 18 个数字，需要 144 个数据，加上 8 个缓冲数据，共有 152 个数据，将相应数据替换到数组中，数组修改为“digittab[152]”，判断语句修改为“if(++i>=144)”，同时将显示内容的数据代码（可通过 8×8 单色 LED 点阵取模软件来获取相应的数据代码）替换到程序中的相应位置即可。

3．8×8 单色 LED 点阵显示效果

将修改完成的程序烧录到单片机中，连接好电源线并接通电源进行调试，观察显示效果，检测各个按键的功能实现情况，看按下 K3 复位按键后系统能否复位，按下 K1 或 K2 功能按键后显示内容的移动速度是否有变化。8×8 单色 LED 点阵显示效果

如图 4-3-10 所示。

（a）显示汉字“中”

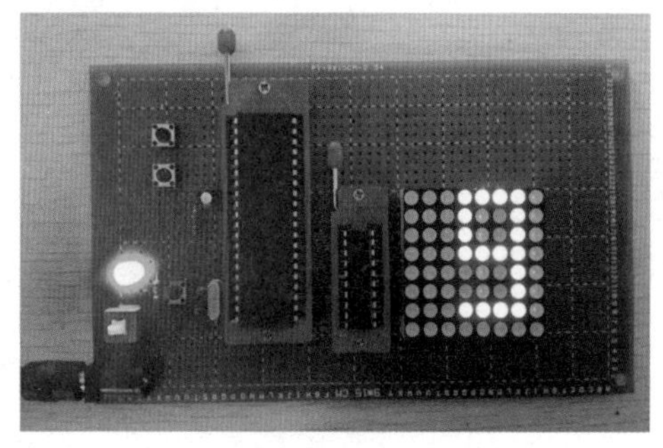

（b）显示数字“9”

图 4-3-10　8×8 单色 LED 点阵显示效果

考核

将考核结果填入表 4-3-3 中。

表 4-3-3　考核表

任务考核内容		标准分值	自我评分分值×50%	教师评分分值×50%
专业知识与技能	任务计划阶段			
	实训任务要求	10		
	任务执行阶段			
	掌握 8×8 单色 LED 点阵模块的引脚排列规律	5		
	熟悉 8×8 单色 LED 点阵系统电路的组成框图	5		
	理解 8×8 单色 LED 点阵系统电路原理及驱动芯片引脚功能	10		
	实训设备使用	5		
	任务完成阶段			
	元器件的检测与识别	5		
	8×8 单色 LED 点阵系统电路的焊接与调试	15		
	8×8 单色 LED 点阵屏程序的修改与运行	15		
	显示效果展示	10		
职业素养	规范操作（安全、文明）	5		
	学习态度	5		
	合作精神及组织协调能力	5		
	交流总结	5		
合计		100		
学生心得体会与收获：				
教师总体评价与建议： 教师签名：　　　　　　日期：				

项目五

LED全彩显示屏的综合应用

2022 年 2 月 20 日，北京冬季奥运会落下帷幕。中国通过这场科技冰雪之约，向全世界展示了一个开放、先进、美丽、文明的国家形象，让世界进一步了解腾飞中的中国。在此次冬季奥运会上，共有 200 多项科技冬奥专项技术应用，为实现北京冬季奥运会的“简约、安全、精彩”提供了强有力的支撑，其中就包括 LED 屏的应用，开幕式上的面积高达上万平方米的发光舞台正是使用了 LED 屏。本项目针对 LED 全彩显示屏的综合应用进行介绍。

任务一　LED 全彩显示屏设置

本任务主要通过显示屏操作软件设置 LED 全彩显示屏的屏幕大小、屏幕亮度等基本参数，配置接收卡的参数，并通过屏幕测试检查显示屏的设置情况。

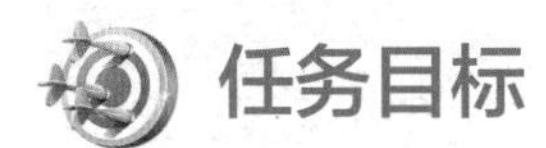

任务目标

知识目标

1. 了解 LED 显示屏的分类及其特点。
2. 熟悉 LED 全彩显示屏操作软件。

技能目标

1. 掌握 LED 全彩显示屏参数的设置方法。
2. 掌握 LED 全彩显示屏接收卡参数的设置方法。
3. 掌握 LED 全彩显示屏屏幕的测试方法。

任务内容

1. 屏幕大小、屏幕亮度等基本参数的设置及接收卡参数设置。
2. LED 全彩显示屏屏幕测试。

知识

LED 显示屏可按使用环境、颜色、控制或使用方式、显示功能、显示方式等进行分类。

1. 按使用环境分为室内屏、户外屏及半户外屏

显示屏像素点密度一般以“P+数字”来衡量，P 代表的意思是两发光点之间的距离，

后面的数字是具体的距离，单位为 mm，如 P4 显示屏指的是显示屏像素点距为 4mm，P2.5 显示屏指的是显示屏像素点距为 2.5mm。在同等面积下，点距越小，分辨率越高，造价越高。

室内屏的面积一般从不足一平方米到十几平方米，像素点密度较高，在户内或灯光照明环境中使用，屏体一般没有密封防水功能。根据发光点距的不同，常用的有 P2.5、P3、P4 等规格，P2.5 显示屏的像素点密度是 1.6×10^5 点/平方米，P3 显示屏的像素点密度是 1.11111×10^5 点/平方米，单位面积像素点越多，分辨率越高，显示画面越清晰，如 P2.5 显示屏的清晰度比 P3 显示屏的清晰度要高。

户外屏面积一般从几平方米到上百平方米，像素点密度较低（多为每平方米 2.5×10^3～10^4 个像素点），发光亮度高，可在阳光直射条件下使用，观看距离在几十米左右，屏体具有良好的防风抗雨及防雷能力。根据发光点距的不同，常用规格有 P10、P12、P16 等，P10 显示屏的像素点密度为 10^4 点/平方米。

半户外屏介于户外屏与室内屏之间，具有较高的发光亮度，可在非阳光直射户外环境下使用，一般放在屋檐下或橱窗内。

2. 按颜色分为单色、双基色和三基色显示屏

单色显示屏只发单一颜色的光，如红色、绿色、黄色、白色、蓝色等，商场使用的单色显示屏发出的多为红色光。双基色显示屏一般使用发红色光和黄绿色光的材料，除红、绿两种基色外，还可以叠加发出黄色光。三基色显示屏又称全彩显示屏，其每个像素点都有红、绿、蓝三基色，通过控制像素点三基色的变化来实现不同颜色字符或图案的显示。

3. 按控制或使用方式分为同步屏和异步屏

同步方式是指 LED 显示屏的工作方式基本等同于计算机监视器，它以至少 30 场/秒的更新速率实时映射计算机监视器上的图像。同步屏通常具有多灰度颜色显示能力，可达到多媒体宣传广告效果。

异步方式是指 LED 显示屏具有存储及自动播放功能，可将在计算机上编辑好的文字及无灰度图像通过串口或其他网络接口传入 LED 显示屏，由 LED 显示屏脱机自动播放，其一般没有多灰度颜色显示能力，主要用于显示文字信息。

4. 按显示功能分为条形屏、图文屏、视频屏

条形屏主要用于显示文字，可用遥控器输入，也可与计算机联机使用，通过计算机发送信息，还可脱机工作。

图文屏的显示器件是由许多均匀排列的发光二极管组成的点阵模块，适合显示文字、

图像信息。

视频屏的显示器件也是由许多发光二极管组成的，可实时同步显示各种信息，如动画、录像、电视、现场实况等。

实训

1. LED 全彩显示屏基本参数设置

LED 全彩显示屏操作软件在编辑节目、发送节目之前，需要对显示屏的一些参数进行设置，如发送卡（或播放器）类型、屏幕大小、LED 显示单元配对等，从而保障显示屏能够正常使用。

双击“HDPlayer”图标，打开操作软件，进入操作界面，选择“设置”→“硬件设置”选项，在弹窗中输入密码，软件默认密码为数字“168”，进入 HDSet 调试软件操作界面，调试软件会自动搜索所连接的设备。软件中包含了基本设置、固件升级、屏幕测试、多功能卡和其他设置选项，在“基本设置”选项列表中可以看到搜索到的设备的相关信息。如图 5-1-1 所示，控制卡为异步卡，型号为 A4-XX-XXXXX（不同的设备，型号不一样，此处为“A4-21-A0390”）单击该卡，出现“发送卡参数”“连接设置”“接收卡参数”3 个选项卡。

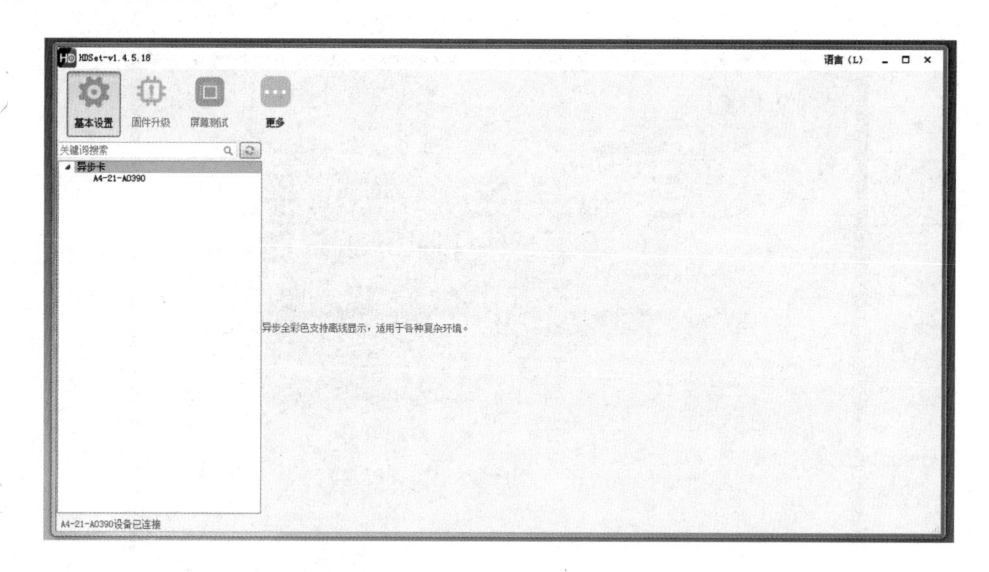

图 5-1-1　HDSet 调试软件操作界面

（1）发送卡参数设置。

单击“发送卡参数”选项卡，进入发送卡参数设置界面，通过单击“开始探测”按钮，可以探测到接收卡版本等其他参数信息。

（2）连接设置。

单击“连接设置”选项卡，进入连接设置界面，在这里可以方便、快捷地设置接收卡的连接关系，以及接收卡所控制的像素点数量。如图 5-1-2（a）所示，该发送卡有两个网口可供使用，每个网口可以通过“添加”按钮添加所连接的接收卡，通过 Delete 键或🗑图标删减接收卡；在“箱体信息”选区可以设置对应单个接收卡所控制的屏幕大小。如图 5-1-2（b）所示，在“快速设置”选区可以设置接收卡与接收卡的连接方式，“网口负载”选区中显示的是当前网口的使用情况。设置完成后单击“发送”按钮即可。

（a）

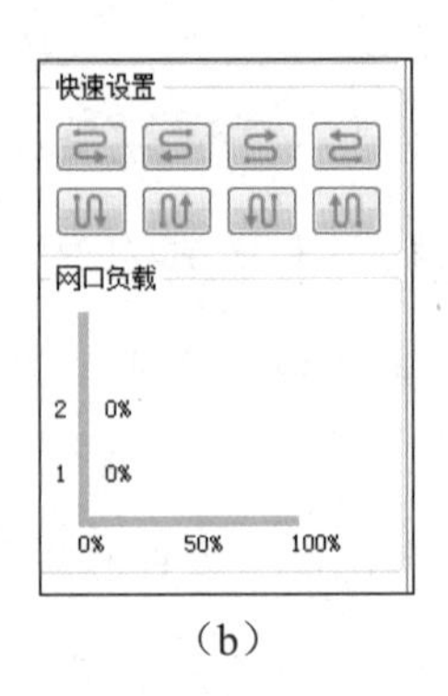

（b）

图 5-1-2　连接设置界面

（3）接收卡参数设置。

单击“接收卡参数”选项卡，进入接收卡参数设置界面，如图 5-1-3 所示。在此界面可以进行接收卡刷新率、灰度等级等参数的设置。此界面的参数设置直接影响显示屏的显示效果。

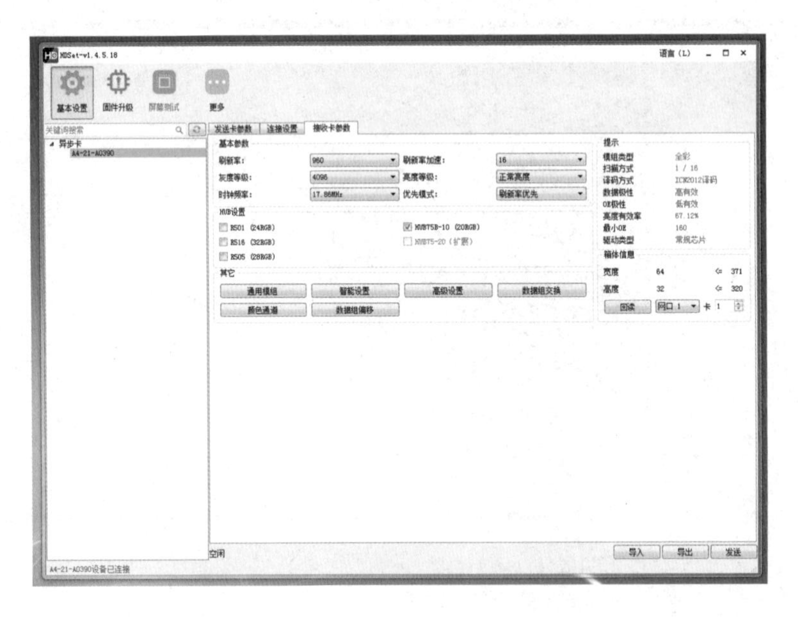

图 5-1-3　接收卡参数设置界面①

在初次连接 LED 单元板时，需要接收卡配对单元板，此处会用到“智能设置”按钮。查看所连接单元板，了解其显示色彩、像素宽度，以及背面所接芯片类型等信息。

① 软件图中的“其它”的正确写法为“其他”。

单击“智能设置”按钮后弹出“基本设置”对话框，如图 5-1-4 所示。根据单元板信息设置屏幕类型、单个模组的宽度、模组芯片类型、译码方式（包括 138 译码、无译码、595 译码、5958 译码等），如果模组大于 16 扫，则勾选“大于 16 扫”复选框，设置后单击“下一步”按钮。

如图 5-1-5 所示，弹出“数据极性设置”对话框，在这一步点选“A”“B”单选按钮，观察单元板在 A、B 哪种情况下全亮或全灭，根据单元板的显示情况，在“显示状态”下拉列表中选择相应的选项（“B 亮 A 灭”“A 亮 B 灭”），单击“下一步”按钮。

图 5-1-4　“基本设置”对话框

图 5-1-5　“数据极性设置”对话框

如图 5-1-6 所示，弹出“OE 极性设置”对话框，点选“A”“B”单选按钮，观察模组的亮暗情况，根据单元板的显示情况，在“显示状态”下拉列表中选择相应的选项（“B 比 A 亮”“A 比 B 亮”），单击“下一步”按钮。

如图 5-1-7 所示，弹出“颜色通道”对话框，点选“状态 A”“状态 B”“状态 C”“状态 D”，观察单元板颜色显示情况，根据其显示情况，在“显示状态”下拉列表中选择相应的选项。如果在选择“状态 A”单选按钮时，单元板显示红色，则在右边的下拉列表中选择红色；如果在选择“状态 A”单选按钮时，单元板显示蓝色，则选择蓝色，4 种状态全部选择完成后单击“下一步”按钮。

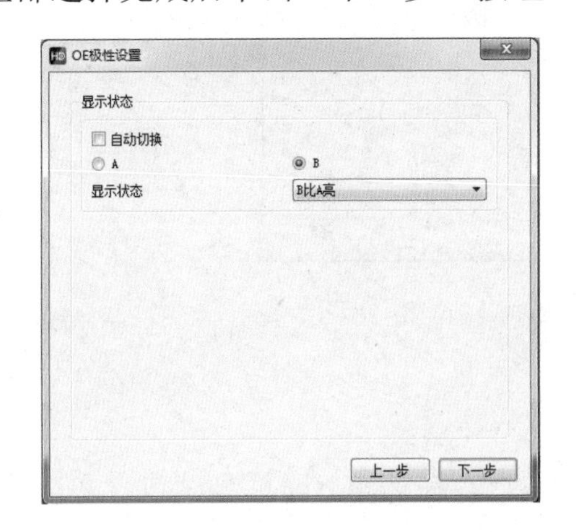

图 5-1-6　“OE 极性设置”对话框

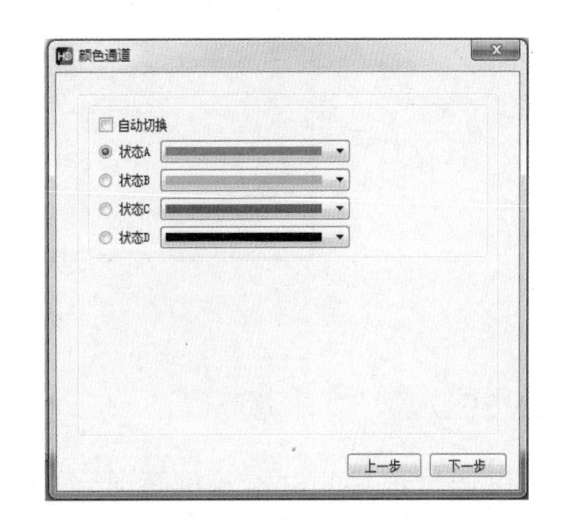

图 5-1-7　“颜色通道”对话框

进入下一步后，根据单元板亮的行数，在“模组上亮了几行”数值框中输入对应的行数，用来测试一组 RGB 数据所控制的行高，如图 5-1-8 所示。之后是确定扫描模式，根据单元板亮的行数输入对应值即可，如图 5-1-9 所示。

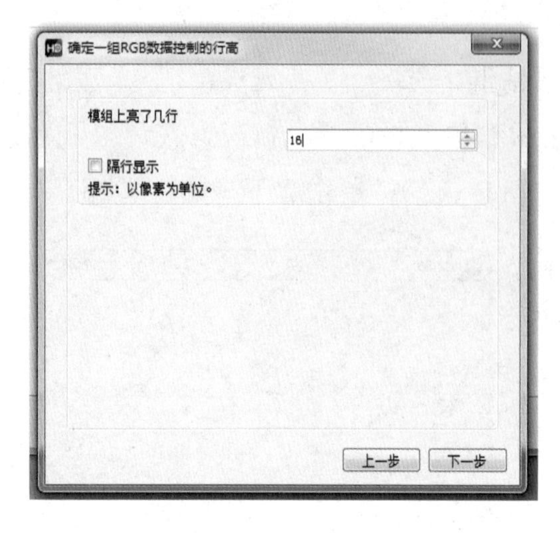

图 5-1-8　RGB 数据控制的行高设置

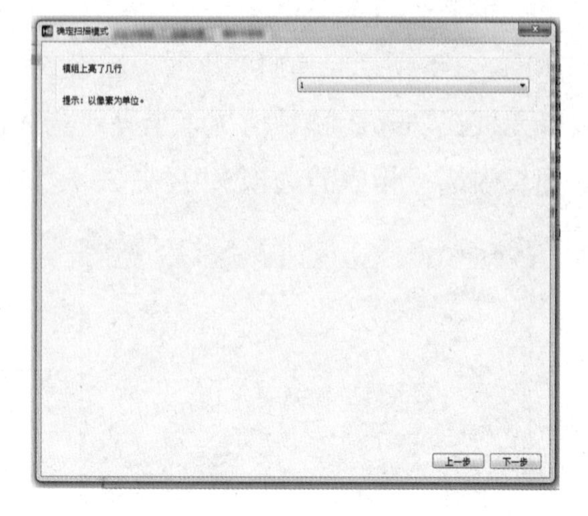

图 5-1-9　确定扫描模式

之后便是描点，根据单元板闪烁亮点位置单击相应的单元格，如果第 1 行第 1 个点在闪烁，则单击表格中的第 1 行第 1 个点，如图 5-1-10 所示；接着根据单元板闪烁亮点变换单击即可，也可以通过键盘控制键区的方向键控制。完成描点后，在弹出的“描点完成”信息对话框中单击“保存”按钮并发送配置信息即可完成接收卡的参数设置。

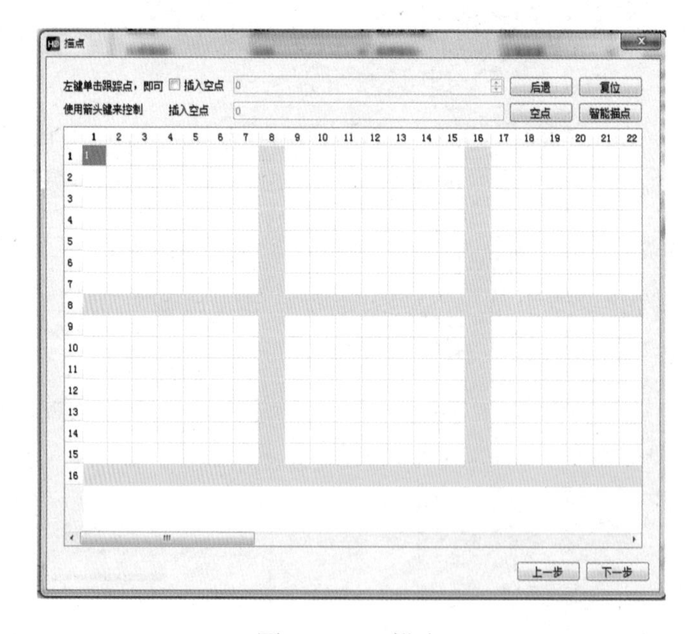

图 5-1-10　描点

2．LED 显示屏屏幕测试

可以通过屏幕测试检测屏幕显示是否正常，是否存在坏点。屏幕测试包含灰度测试、色块测试、网格测试及花点测试。

进入屏幕测试界面后，选择对应的连接设备，灰度测试有自动测试、指定参数测试，如图 5-1-11 所示。选择自动测试后，单元板显示灰度会从低到高变化，显示颜色会从红到绿再到蓝变化；指定参数测试会根据所选择的灰度、颜色进行变化。

色块测试会在单元板上显示对应色块；花点测试会在单元板上出现像素点间隔点亮的花点，并交替亮灭。

如图 5-1-12 所示，通过单击“网格测试”选项卡中的对应色块可以改变其颜色，并通过勾选“单色”“双色变换”“三色变换”单选按钮使单元板以单色或颜色轮流切换的形式显示。同时可以设置网格属性，包括间距、时间，间距代表网格中两条线之间的距离，“时间”数值框中的数字设置得越小，画面切换越快；勾选“横线”“竖线”“左斜线”“右斜线”复选框后，会在屏幕上出现对应的网格。

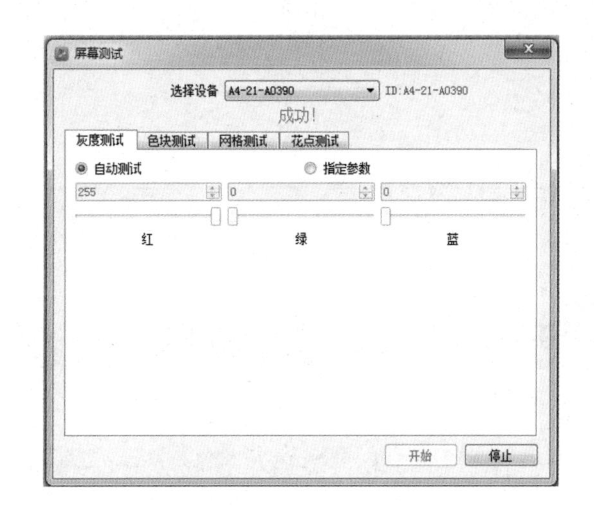

图 5-1-11　灰度测试

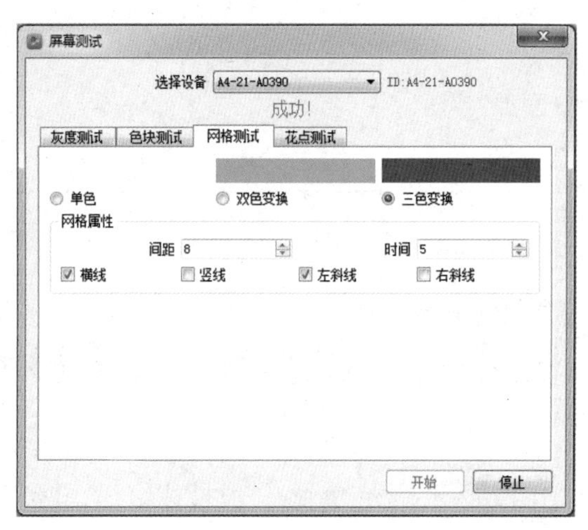

图 5-1-12　网格测试

考核

将考核结果填在表 5-1-1 中。

表 5-1-1　考核表

任务考核内容		标准分值	自我评分分值×50%	教师评分分值×50%
专业知识与技能	任务计划阶段			
	实训任务要求	10		
	任务执行阶段			
	显示屏屏幕参数设置	10		
	显示屏接收卡参数设置	10		
	实训设备使用	5		
	任务完成阶段			
	显示屏屏幕参数设置结果	10		

续表

任务考核内容		标准分值	自我评分分值×50%	教师评分分值×50%
专业知识与技能	显示屏接收卡参数设置结果	15		
	显示屏屏幕测试效果	10		
	任务总结报告	10		
职业素养	规范操作（安全、文明）	5		
	学习态度	5		
	合作精神及组织协调能力	5		
	交流总结	5		
合计		100		
学生心得体会与收获：				
教师总体评价与建议： 教师签名：　　日期：				

任务二　普通高清 LED 显示屏的组装与调试

LED 显示屏是集微电子技术、光电子技术、计算机技术、信息处理技术于一体的大型显示系统。它具有色彩鲜艳、动态范围广、亮度高、寿命长、工作稳定可靠等优点，广泛应用于商业广告、金融系统、新闻发布会、证券交易等方面，是目前国际上比较先进的显示媒体之一。

任务目标

知识目标

1. 了解 LED 显示屏的组成结构。
2. 熟悉 LED 显示屏的基本原理。

技能目标

1. 掌握普通高清 LED 显示屏的组装与调试方法。
2. 掌握 LED 显示屏的软件操作方法。
3. 掌握 LED 显示屏的节目编辑方法。

任务内容

1. 普通高清 LED 显示屏的组装与调试。
2. LED 显示屏的软件操作。
3. LED 显示屏的节目编辑。

知识

LED 显示屏应用广泛，可以满足不同的环境需求。在不同的环境、不同的显示要求下，配置的 LED 单元板和控制系统有所不同。整体来说，LED 显示屏由 LED 单元板、控制系统、驱动电源和计算机组成，如图 5-2-1 所示。

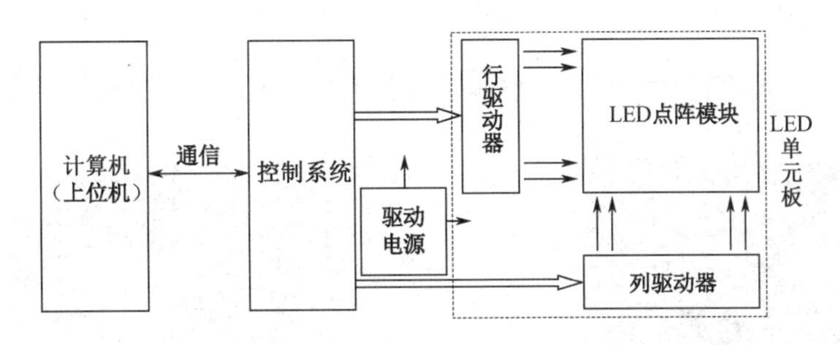

图 5-2-1　LED 显示屏的组成

1. LED 单元板

LED 单元板（也称 LED 模组）是一种显示器件，是 LED 显示屏的主体，是组成 LED 显示屏的基本单元。它由 LED 点阵模块、行驱动电路（也称行驱动器）和列驱动电路（也称列驱动器）组成，在双面印制电路板的正面焊接贴片 LED 或安装 LED 点阵模块，在反面装有行驱动电路和列驱动电路。图 5-2-2 是分辨率为 64×32 的 LED 单元板。

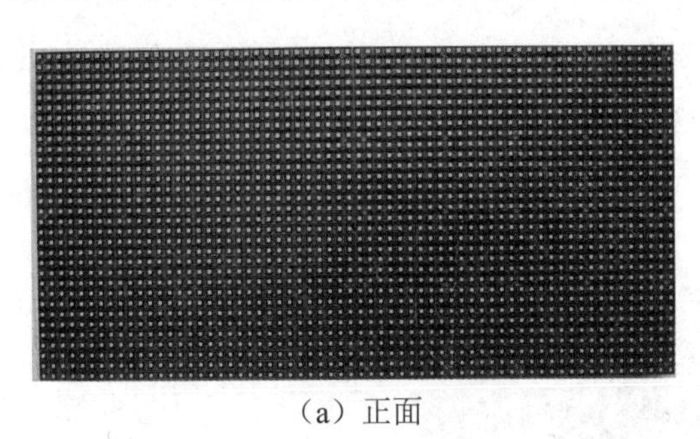

（a）正面

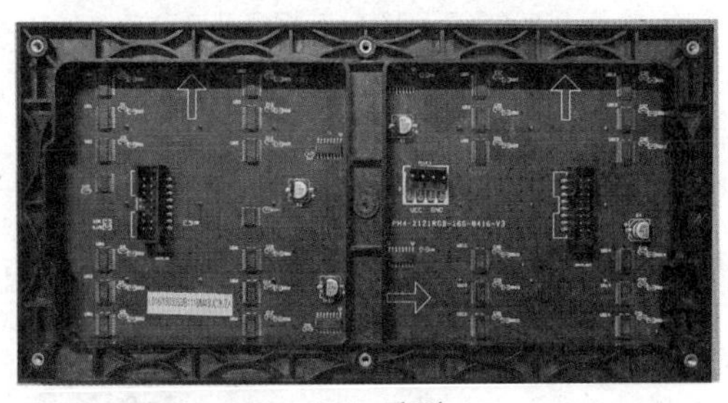

（b）反面

图 5-2-2　分辨率为 64×32 的 LED 单元板

2. 控制系统

控制系统是 LED 显示屏的核心组成部分，包含控制器和操作软件，用于控制 LED 单元板。控制器又称控制卡，有集合了接收计算机信息和发送数据功能的控制器，也有包含独立的发送卡和接收卡的控制器。控制器有同步型、异步型及同异步双模型 3 种。同步型控制器主要用于实时显示视频、图文等，广泛应用于室内或户外大型全彩显示屏，LED 显示屏同步控制系统控制 LED 显示屏的工作方式基本等同于计算机显示器。异步型控制器又称脱机控制器，即将计算机编辑好的显示数据预先存储在控制器内，计算机关机后不会影响显示屏的正常显示。同异步双模型控制器兼具同步显示控制和异步显示控制功能。LED 广告屏一般采用异步型控制器，主要特点是显示屏能脱机工作、操作简单、价格低廉、使用范围较广。

LED 显示屏主要显示各种文字、符号和图形，显示的内容由计算机编辑，经 RS-232 或 RS-485 串行口、有线网络、Wi-Fi、3G、4G 等通信方式送至控制器，预先置入帧存储器中，按分区驱动方式生成 LED 显示屏所需的串行显示数据和扫描控制时序，逐屏显示播放，循环往复。

本任务采用的控制器由同异步双模播放盒与接收卡组合而成，如图 5-2-3 所示。

（a）同异步双模播放盒

（b）接收卡

图 5-2-3 本任务采用的控制器

3．驱动电源

驱动电源多采用开关稳压电源，输入为 220V 交流电压，电源将交流电变换为 5V 的直流电压，提供给控制器及 LED 单元板等部件，驱动功率为几百瓦特。图 5-2-4 所示为 LED 显示屏驱动电源实物图。该电源标有 L、N 的端子为电源输入端，标有⏚符号的为驱动电源接地端，标有 V−、V+的为电源输出端。

图 5-2-4 LED 显示屏驱动电源实物图

4．计算机

LED 显示屏的系统控制软件安装在计算机中，通过计算机完成显示内容的编辑并对 LED 单元板进行控制。当需要更换显示内容时，把更新后的显示数据送到控制器中；当需要改变显示模式时，向控制器传送相应的命令；当需要联机动态显示时，向控制器传送实时显示数据信号。

除计算机外，为方便操作，部分 LED 显示屏控制器可以实现使用手机 App 进行操控。

实训

1．普通高清 LED 显示屏的组装

（1）实训准备。

LED 显示屏套件、计算机、万用表、电烙铁、螺丝刀、导线等。LED 显示屏套件使用的 LED 单元板像素点密度为 P4，该显示屏为普通高清显示屏。LED 显示屏套件清单如表 5-2-1 所示。

表 5-2-1　LED 显示屏套件清单

序　号	名　称	数　量	规格或型号
1	LED 单元板	8	64×32，PH4-2121RGB，全彩
2	同异步双模播放盒	1	A4
3	接收卡	1	R512S
4	驱动电源	2	100W（5V/20A）
5	空气开关	1	C32
6	三插电源线	1	2m，300/500V
7	一拖二电源线	4	主线 25cm，分线 6cm，总长 60cm
8	数据线	4	25m，专用数据线，16 针，2.54mm 孔距
9	数据线	4	120cm，专用数据线，16 针，2.54mm 孔距
10	网线	2	1.5m
11	箱体	1	615mm×615mm×153mm
12	快速接线端子排	1	3 进 9 出，额定电流 32A，额定电压 250V
13	冷压接线端子排	2	TB-2506，10 位
14	理线槽	1	PVC 阻燃塑料材质
15	导轨	1	C45
16	螺钉、磁吸螺柱配件	若干	—
17	扎带	若干	—

（2）具体组装步骤。

第 1 步：图 5-2-5 所示的箱体为本任务所用到的 LED 显示屏箱体。该箱体不具备防水、防尘功能，适合于室内屏的使用。箱体下方有两个锁扣，朝外侧方向拧开箱体锁扣，打开箱体外框，使用内部支架支撑外框。

第 2 步：箱体内部左侧绝缘板用于安装空气开关、驱动电源、理线槽，先将导轨固定在绝缘板上，然后卡上空气开关（注意空气开关的安装方向，遵循上进下出原则），驱动电源输入端朝下、输出端朝上，方便后续接线；箱体右侧有匹配好的螺钉孔位，用于安装同异步双模播放盒、接收卡，放置完成后使用螺钉固定即可，安装效果如图 5-2-6 所示。

图 5-2-5　箱体

图 5-2-6　LED 显示屏安装效果

第 3 步：松开支架，合上外框，开始组装 LED 单元板。给 LED 单元板拧上磁吸螺柱，如图 5-2-7 所示，反面有两个方向指向的箭头丝网印刷信息，以双箭头朝上的方式将 LED 单元板贴合到箱体外框上，调整好其位置。

注意：两个 LED 单元板能够贴紧对齐、平整，依次安装 LED 单元板，检查其贴合牢固情况，组装效果如图 5-2-8 所示。

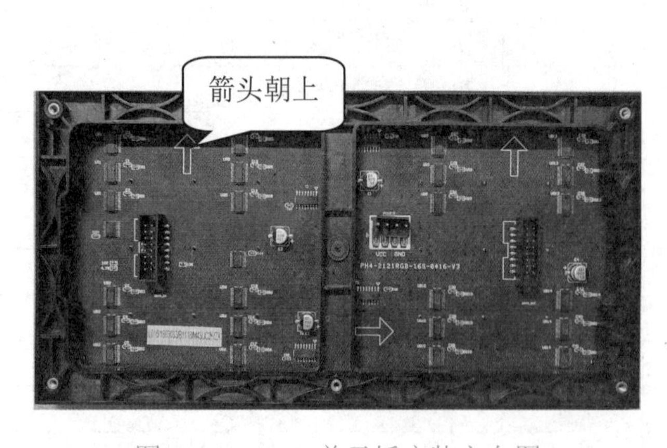

图 5-2-7　LED 单元板安装方向图

图 5-2-8　LED 单元板组装效果

2．普通高清 LED 显示屏的线路连接与调试

第 1 步：检查驱动电源。首先将电源线连接空气开关，经过空气开关之后连接驱动

电源，然后接通 220V 交流电源，驱动电源指示灯点亮，使用万用表直流挡测量 V+和 V−之间的电压，确保该电压在 4.8V 与 5.1V 之间，若该电压不在此范围内，则可用十字螺丝刀调节指示灯侧的可调旋钮。为了减少屏幕发热以延长其使用寿命，在对亮度要求不高的场合，可以把电压调节到 4.5V 与 4.8V 之间。确认电压正常后，断开交流电源。

第 2 步：将红/黑电源线的红色线连接驱动电源 V+端子、黑色线连接 V−端子，另外一端分别连接两个接线端子排，通过接线端子排连接多条一拖二电源线，并将一拖二电源线端子按正确朝向接入 LED 单元板的供电插座上，为 LED 单元板供电；同样，使用红/黑电源线的黑色线连接控制器的 GND 端、红色线连接控制器的+5V（+VCC）端。

第 3 步：使用数据线连接接收卡和 LED 单元板。LED 单元板有两个 16PIN 接口，按箭头方向由左至右为输入端、输出端，输入端靠近 8 路缓冲芯片 74HC245/244。将接收卡连接至输入端，将输出端连接至下一个 LED 单元板的输入端。数据线连接应注意方向，不能接反。

第 4 步：使用网线连接同异步双模播放盒的 OUT1 或 OUT2 口，另外一端连接接收卡网口。

第 5 步：通电前再次检查所有线是否连接正确，在确保连接正确的情况下合上空气开关，观察电源指示灯、控制器指示灯是否点亮，屏幕是否有显示。如果不正常，则应检查相关连线是否错误。

第 6 步：利用同异步双模播放盒上自带的测试按键测试所组装的显示屏是否正常，是否存在坏点等问题。每按下测试按键，显示屏以红、绿、蓝、白色块，以行、列或对角斜线扫描显示等方式切换，如图 5-2-9 所示。

图 5-2-9　显示屏测试效果图

第 7 步：在测试屏幕正常后，使用扎带对过长的线、凌乱的走线进行整理，达到简洁、美观的效果。

3. LED 显示屏内容设计、显示

（1）添加显示屏。

节目编辑是在某个显示屏下进行操作的，在进行节目编辑前，需要在软件上添加显示屏，以此确定显示屏所使用的控制器类型、屏幕大小。

通过选择菜单栏中的“文件”→“新建”选项，打开屏参设置界面，在“设备型号”下拉列表中选择与显示屏播放盒一致的型号“A4”，在“宽度”“高度”数值框中填写屏幕大小参数宽度（水平像素）为128，高度（垂直像素）为128。

也可以通过选择菜单栏中“文件”→“打开”选项添加已有的显示屏文件。

（2）添加节目。

在新建显示屏文件后，软件会自动创建一个新节目，通过单击工具栏上的“节目”图标可以添加新节目，在一个显示屏上可以添加多个节目，通过“节目”选区可以设置该节目的属性，如节目的边框、背景音乐、播放时间、时长、播放次数等。

（3）编辑内容。

工具栏上有“节目”“自定义区域”“视频”“图片”“多行文字”“单行文字”“3D文本”等图标按钮，可按照需要添加并修改内容，以及调整信息的位置和大小。

当单击节目对象列表中的文本、图片、视频等对象时，虚拟显示屏上会出现一个蓝色边框，表示该对象在显示屏中哪个区域显示，通过“区域属性”面板可以进行区域的位置和大小的修改，设置坐标、区域的宽/高，也可以在虚拟显示屏上拖动、拉伸区域来修改。另外，在这里还可以设置区域边框和显示内容的透明度。对于不同对象的添加、修改，操作方法有所不同。

① 文本对象。

文本对象包含单行文本、多行文本、动画字、3D文本和文档。其中，单行文本只能进行单行编辑、单行显示，而多行文本则没有此限制，在文本编辑区上方可以设置文本格式，如字体、大小、颜色及对齐方式等，在文本编辑区右方可以设置文本的显示特效、显示速度、显示与清屏之间的停留时间；动画字类似于单行文本，3D文本类似于多行文本，增加了动画显示效果；可以通过文档列表的“+”图标添加文档，软件会自行识别文档内容，不需要进行字体、对齐方式等方面的设置。

以添加“技能强国”动画字为例，单击工具栏中的“动画字”图标，对象列表栏会增加一个动画字对象，可以双击它以更改其名称；设置显示区域大小，这里满屏显示，在“区域属性”面板的“布局”的第2个数值框中输入“128,128”；根据需要，可以勾选“边框”复选框并选择边框样式，设置透明度；在文本编辑区中先设置字体，如“宋体，22，加粗，字间距3”，然后输入“技能强国”内容；选择动画样式，在“动画样式”下拉列表中可以选择不同的霓虹背景、炫彩样式，设置停留时间、动画显示速度。操作软件界面如图5-2-10所示，显示屏效果如图5-2-11所示。

② 图片对象。

通过单击工具栏中的“图片”图标可以添加图片对象，通过图像列表的 ⊕ 图标可以增加jpg、png、bmp、gif等多种格式的图片，🗑图标用于删除被选中的图片，⌄和⌃图标用于改变所选中图片的位置顺序。对于图片，同样可以设置显示特效、显示速度，以及显示与清屏之间的停留时间等。

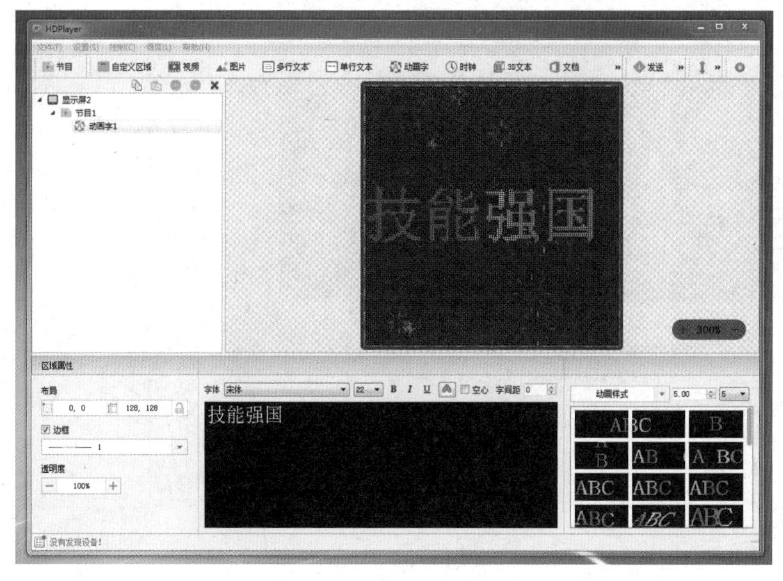

图 5-2-10　操作软件界面

图 5-2-11　显示屏效果

③ 视频对象。

通过单击工具栏中的“视频”图标可以添加视频对象，格式包括 SWF、MP4、AVI、WMV、FLV 等，添加、删除视频素材的操作与图片对象一样。另外，对于视频对象，还可以截取所需的区域、时段。

下面以添加视频《野生动物》并修改其尺寸为例进行说明。

单击工具栏中的“视频”图标，对象列表栏会增加视频对象；单击视频列表中的 ⊕ 图标，打开视频路径，这里添加计算机中的示例视频《野生动物》，勾选“视频截取”复选框，会弹出如图 5-2-12 所示的“视频截取”对话框，勾选“区域截取”复选框，设置宽为 128、高为 128，单击“截取”按钮，会出现蓝色边框及文字提示，拖动鼠标选择需要的画面后单击“确认”按钮；若需要截取视频的某些片段，则勾选“时间截取”复选框，并设置开始时间、结束时间，设置完成后单击“确认”按钮即可。

（4）发送节目。

① 利用网口通信发送节目。

使用网线连接计算机和同异步双模播放盒，单击工具栏中的 发送 按钮即可将节目发送到显示屏中，显示屏上便会显示该节目。

② 利用 U 盘导出节目。

在计算机上插入 U 盘，在工具栏中单击 导出U盘 按钮，软件会弹出“导出 U 盘”对话框，选择需要导出的 U 盘设备及节目模式。导出成功后，将 U 盘插入同异步双模播放盒中，等待节目数据传输完毕。

图 5-2-12 “视频截取”对话框

考核

将考核结果填入表 5-2-2 中。

表 5-2-2 考核表

任务考核内容		标准分值	自我评分分值×50%	教师评分分值×50%
专业知识与技能	任务计划阶段			
	实训任务要求	10		
	任务执行阶段			
	显示屏组件的检测	5		
	显示屏的组装	5		
	显示屏的调试	5		
	显示屏的软件操作	5		
	任务完成阶段			
	显示屏节目制作	10		
	显示屏软件操作的熟练程度	10		
	屏幕测试	10		
	显示屏安装效果	20		
职业素养	规范操作（安全、文明）	5		
	学习态度	5		
	合作精神及组织协调能力	5		
	交流总结	5		
合计		100		

续表

学生心得体会与收获：
教师总体评价与建议： 教师签名：　　　　　　　　日期：

任务三　超高清 LED 显示屏的组装与调试

随着 LED 显示屏在众多行业中的广泛应用，其运营业务急剧扩大，原有的信息发布手段已然无法满足业务需求，因此在 LED 显示屏原有控制方式上拓展出新的方式，使得 LED 显示屏在控制与管理方面更加安全、可靠、易用。

任务目标

知识目标

1. 了解 LED 显示屏控制方法。
2. 熟悉超高清 LED 显示屏的组成结构。

技能目标

1. 掌握超高清 LED 显示屏的组装与调试方法。
2. 掌握 LED 显示屏的集群控制方法。
3. 掌握 LED 显示屏的节目编辑方法。

任务内容

1. 超高清 LED 显示屏的组装与调试。
2. LED 显示屏的集群控制。
3. LED 显示屏的节目编辑。

知识

显示屏的控制方式并不是独一无二的，不同的应用场合有着不同的控制和管理方案。

1. 单独控制

同步控制方式：计算机、电视机顶盒、摄像机等设备通过 HDMI 高清数据线直接连接到同步播放盒、控制器上，当 HDMI 有视频信号时，显示屏会实时播放画面。本任务使用的播放盒为同异步双模播放盒，当同步信号断开后，将循环播放其存储的异步节目内容。

异步控制方式：通过计算机、手机、U 盘将编辑好的节目发送至控制器，实现显示屏脱机工作。

2. 局域网控制

将 LED 显示屏、计算机接入同一个局域网中，可以实现一台计算机管理、控制单个 LED 显示屏、多个 LED 显示屏，同时支持多台计算机控制一个 LED 显示屏，也支持手机 App 无线控制。

这种控制方式实现了多屏幕集群控制，一台计算机就可实现全控制，方便管理，使用的是内部网络，可以有效防止互联网的攻击。同时，可以在局域网内设置多台计算机进行管理，便于多人操控，非常适合于机关单位、银行等只允许内部组网的场所。

3. 互联网控制

互联网控制方式依托于互联网信息发布平台，如“小灰云信息发布系统”。通过 3G、4G、网线、无线网络等方式将 LED 显示屏与互联网信息发布平台建立连接，授权平台进行统一管理。计算机端或手机端通过平台对 LED 显示屏进行控制，将编辑好的节目或控制指令、设定传输给 LED 显示屏。

这种控制方式实现了多级权限管理，内容自动补发，断电续传，同时能够实现多屏同步控制、远程开关显示屏、实时显示天气等信息，广泛应用于灯杆屏、车载屏、户外屏及交通诱导屏等。

实训

1. 单组超高清 LED 显示屏模块的连接与调试

智能光电技术实训台显示屏由 4 组显示屏模块组成，每组显示屏模块由 6 块 64×64 单元板构成，单元板像素点密度为 P2.5，组成 128×192 显示屏模块，每组显示屏模块可以单独使用。本任务所用的显示屏模块实物图如图 5-3-1 所示。

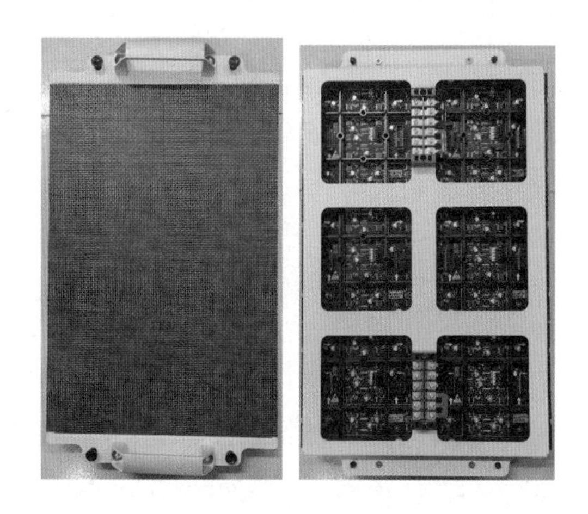

图 5-3-1　本任务所用的显示屏模块实物图

（1）通信线缆的连接。

① 接收卡与单元板连接。

接收卡［见图 5-2-3（b）］共有 12 组 HUB75E 接口，用于连接单元板的数据输入口，接口分上下两排，上排最右边为第 1 个 HUB75E 接口，下排最右边为第 12 个 HUB75E 接口，每个接口旁边都有标号：J1～J12。

单组显示屏模块上下共有 3 组单元板，从显示屏正面看，数据是从右侧传输到左侧的，因此，接收卡连接最右侧单元板的数据输入口，即每组单元板的最右侧一个单元板的数据输入口连接接收卡 HUB75E 接口。

使用长排线连接上面一组的第 1 个单元板（从显示屏反面看，接线一侧从左至右排序）数据输入口与接收卡的 J1 接口，中间组的第 1 个单元板的数据输入口连接接收卡的 J2 接口，下面一组的第 1 个单元板的数据输入口连接接收卡的 J3 接口。

② 单元板连接。

如图 5-3-2 所示，单元板有一个数据输入口、一个数据输出口，按箭头方向，数据从入到出，使用短数据排线，连接前一个单元板的数据输出口到后一个单元板的数据输入口，模块上下位置的第 1 个单元板的数据输入由接收卡提供。

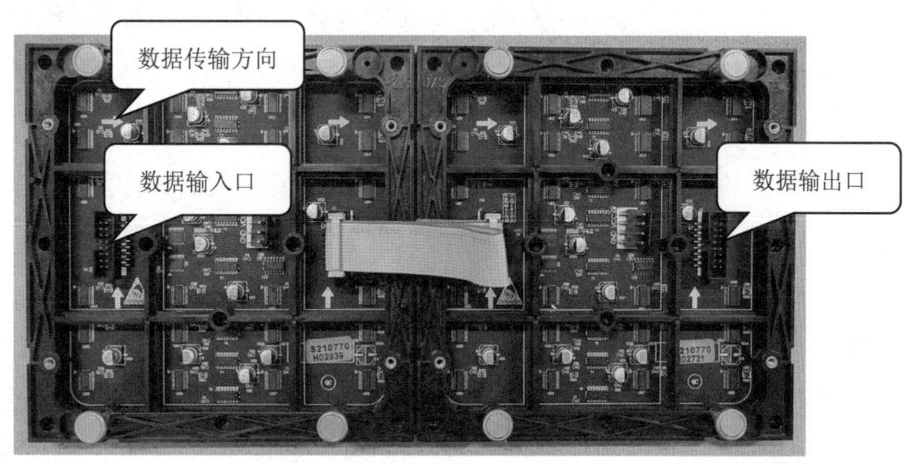

图 5-3-2　单元板连接图

③ 播放盒与接收卡连接。

播放盒是通过网络模块与接收卡连接通信的，通过 T568B 网线连接播放盒的网口与接收卡的网口即可，接收卡有两个网口，不分进出口。

（2）供电线连线。

接收卡、单元板均使用 5V 电源供电。在数据排线连接完成后，使用显示屏一拖二电源线连接单元板供电接口，接入时注意极性，红色线对应单元板上的“VCC”标志引脚、黑色线对应“GND”引脚，将一拖二电源线的 U 型端子接入接线端子排，注意红色、黑色分开接入，并使用连接器连接到智能光电技术实训台上。

（3）单组超高清 LED 显示屏模块的调试。

① 接收卡参数设置。

在第 1 次连接 64×64 单元板时，需要进行接收卡参数设置，选择“设置”→“硬件设置”选项，在弹出的对话框中输入密码“168”，单击“接收卡参数”选项卡中的“智能设置”按钮，开始进行接收卡参数设置。具体操作方法可借鉴本项目任务一中的相关内容。

② 连接设置。

在 HDSet 软件操作界面单击“连接设置”选项卡，在“箱体信息”数值框中设置宽为 128，高为 192，单击“发送”按钮即可。

③ 测试。

使用播放盒自带的测试按键或通过 HDPlayer 软件菜单栏中的“控制”→“屏幕测试”选项进行屏幕测试，检查屏幕在灰度测试、色块测试、网格测试及花点测试中是否正常，若不能正常显示，则检查接线及重新进行接收卡智能设置。

2. 单组超高清 LED 显示屏模块内容设计

如图 5-3-3 所示，以左移显示 3D 文本“不忘初心，牢记使命。”及时钟为例进行说明。

选择菜单栏中的“文件”→“新建”选项，在弹出的对话框中选择“A4”设备型号，设置屏宽为 128、屏高为 192，单击“确定”按钮，完成显示屏的创建。

单击工具栏中的“3D 文本”按钮，在“区域属性”面板中设置区域大小（宽 128，高 128）；勾选“边框”复选框，选择其中一个样式，样式中的数字代表边框的宽度，边框特效包括旋转、闪烁、静止，边框速度包括慢、中、快；在文本编辑框中输入“不忘初心，牢记使命。”，并设置为两行，字体大小是“22”，第 1 行文字“不忘初心，”左对齐，第 2 行文字“牢记使命。”右对齐；在“样式设置”下拉列表/列表框中勾选所需样式，选择文字流动效果，分别有左移、右移、上移、下移、静止几种，设置移动速度，完成 3D 文本的设置。

单击工具栏中的“时钟”按钮，在“区域属性”面板中设置区域起点及大小，起点为“0,128”，宽 128，高 64；勾选“边框”复选框并选择样式；在“时钟属性”列表框中选择“数字时钟”选项，在“时钟选项”下拉列表中选择所需显示的内容，内容包括标题、日期、时间、星期、农历等，示例中只选择了时间和星期，通过侧边颜色方块可以改变显示的颜色。

完成内容编辑后单击工具栏中的“发送”按钮，选择需要接收的设备进行节目发送即可。预览效果如图 5-3-3 所示，显示屏显示效果如图 5-3-4 所示。

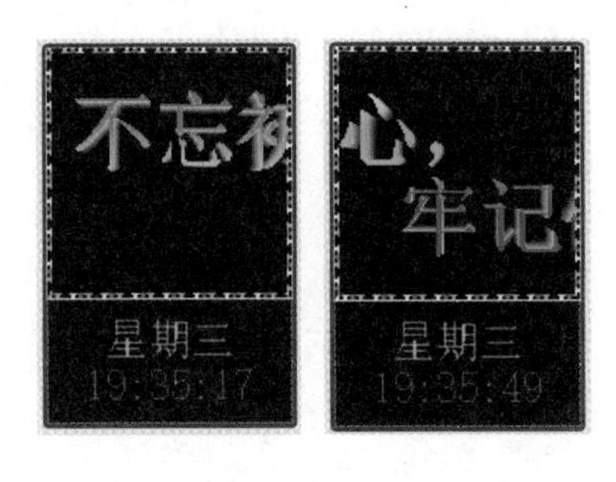

图 5-3-3　预览效果

图 5-3-4　显示屏显示效果

3. 集群控制

当需要使用多个显示屏并要对其进行统一控制时，可以借助 Wi-Fi 桥接的方式进行互联网远程集群控制。

（1）Wi-Fi 设置。

在进行显示屏集群控制前，需要将播放盒、计算机置于同一个网络中，需要通过 U 盘对播放盒进行接收 Wi-Fi 设置。

在计算机中插入 U 盘，单击软件工具栏中的“导出 U 盘”图标，在弹出的对话框中取消勾选“导出节目”复选框；单击下面的下拉按钮，在弹出的下拉选项中勾选“Wi-Fi 设置”复选框，在“模式”下拉列表中选择“Station”选项，输入 SSID 和密码并导出到 U 盘中，如图 5-3-5 所示。

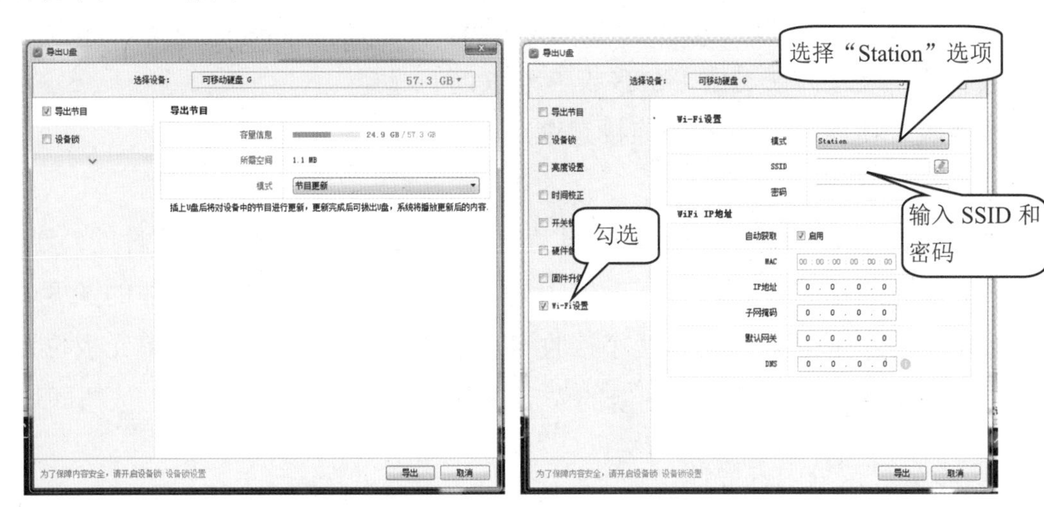

图 5-3-5　Wi-Fi 设置

将 U 盘插入播放盒，等待播放盒读取 Wi-Fi 信息即可，利用同样的操作方法设置其他播放盒。

（2）集群发送。

当控制器型号、屏幕大小且显示内容都一样时，可以只创建一个显示屏，显示屏节目建立完成后，选择菜单栏中的“控制”→“集群发送”选项，勾选需要更新节目的对应“设备 ID”复选框，单击“发送”按钮，等待传输完成即可。

当控制器型号或屏幕大小，或者需要显示的内容不一样时，先创建多个显示屏，并更改显示屏名称以方便操作时知道是哪个显示屏的节目，在显示屏下编辑相应的节目，完成后选择菜单栏中的“控制”→“集群发送”选项，在显示屏下勾选对应设备，单击“发送”按钮；然后切换显示屏并选择设备进行发送。

4．大框架显示屏的组装与调试

智能光电技术实训台使用 64×64 单元板，屏幕大小为 384×192，而单个接收卡对户外模组宽度要求≤256 个像素点，室内模组宽度≤128 个像素点，推荐带载范围为 128×512，因此该大框架显示屏需要使用多个接收卡进行控制。

（1）显示屏组装。

将 4 组显示屏模块装入实训台框架中，安装时注意模块的方向，按单元板箭头朝上的方式安装，同时避免两个模块间缝隙过大，以免显示屏的显示效果差；微调个别错位的单元板。

数据排线、电源线连接可参考本项目任务二中的操作方法。需要注意的是，第 1 个接收卡的 J1 接口连接上排第 1 个单元板（显示屏反面，即接线一侧从左至右排序）的数据输入口，J2 接口连接中间排第 1 个单元板的数据输入口，J3 接口连接下排第 1 个单元板的数据输入口，之后每排第 1 个单元板的数据输出口连接第 2 个单元板的数据输入口，为第 2 个单元板提供数据输入；第 2 个单元板的数据输出口连接第 3 个单元板的数据输入口。至此，接收卡控制的模组宽度已达到 128，因此，每排第 4～6 个单元板需要连接第 2 个接收卡，连接方法与第 1 个接收卡一致。

两个接收卡使用 T568B 网线连接起来。

（2）连接设置。

选择菜单栏中的“设置”→“硬件设置”选项，在打开的 HDSet 软件的“连接设置”选项卡中设置箱体信息：宽 192、高 192（与实际单个接收卡控制的箱体的宽度、高度一致）。通过“添加”按钮在此加入两个接收卡。根据两个接收卡控制的单元板位置（从显示屏正面看）调整软件上两个控制卡的先后位置，完成后单击“发送”按钮即可。

5．大框架显示屏内容设计

以播放视频《野生动物》及连续左移显示“富强、民主、文明、和谐，自由、平等、公正、法治，爱国、敬业、诚信、友善”为例。

选择菜单栏中的“文件”→“新建”选项，在弹出的“屏参设置”对话框中，选择“A4”设备型号，设置屏幕宽 384、高 192，单击“确定”按钮。

单击工具栏中的“视频”按钮，在对应的“区域属性”面板的“布局”数值框中设置区域大小——宽 384、高 192；通过视频列表的“+”按钮添加《野生动物》视频。

单击工具栏中的“单行文本”按钮，屏幕上会出现蓝色边框，根据需要拖动边框，改变边框的大小和位置；在文本编辑框中输入需要显示的内容，设置字体大小、字体颜色、背景色等；选择显示方式为“连续左移”，设置移动速度。完成节目内容设计后单击工具栏中的“发送”按钮。

考核

将考核结果填入表 5-3-1 中。

表 5-3-1　考核表

任务考核内容		标准分值	自我评分分值×50%	教师评分分值×50%
专业知识与技能	任务计划阶段			
	实训任务要求	10		
	任务执行阶段			
	显示屏组件的检测	5		
	显示屏的组装	5		
	显示屏的调试	5		
	显示屏的软件操作	5		
	任务完成阶段			
	显示屏节目制作	10		
	显示屏软件操作的熟练程度	10		
	屏幕测试	10		
	显示屏安装效果	20		
职业素养	规范操作（安全、文明）	5		
	学习态度	5		
	合作精神及组织协调能力	5		
	交流总结	5		
合计		100		
学生心得体会与收获：				
教师总体评价与建议： 教师签名：　　　　　　日期：				

智能路灯、智能交通灯的调试与应用

习近平主席提出，交通是经济的脉络和文明的纽带。2019 世界交通运输大会以“智能绿色引领未来交通”为主题。交通运输部总工程师徐亚华表示，习近平主席站在人类命运共同体和促进全球可持续发展的高度，深刻阐释了交通运输可持续发展的重大意义和全新理念，必将对世界交通发展产生重大深远的影响。“我们要认真学习领会和贯彻落实习近平主席重要讲话精神，坚持以建设交通强国为引领，充分发挥交通对经济建设的先行官作用，持续推进一带一路建设，加强与各国交通基础设施的硬联通，规则制度的软联通，让交通运输发展成果更多更好惠及中国和世界人民，为实现联合国确定的全球可持续发展目标、建设更加美丽的世界贡献力量。”

本项目主要包含智能路灯的调试与应用、智能交通灯的调试与应用。

任务一　智能路灯的调试与应用

智能路灯又叫智能化路灯，或者智慧路灯、智慧照明，采用物联网和云计算技术，对城市公共照明管理系统进行全面升级，实现智能化和节能的效果。智能路灯根据实际情况合理分配照明时间，避免不必要的浪费，很好地达到了节能省电的目的。

任务目标

知识目标

1. 熟悉智能路灯各模块的功能。
2. 了解智能路灯控制系统的工作原理。
3. 掌握智能路灯控制系统与智能路灯模块的通信。

技能目标

1. 掌握智能路灯控制系统的操作方法。
2. 掌握智能路灯控制系统与智能路灯模块的通信方法。

任务内容

1. 智能路灯控制系统与智能路灯模块的通信。
2. 智能路灯不同工作状态的设置。

知识

1. 智能路灯电路基本原理

智能路灯电路原理方框图如图 6-1-1 所示。该电路由单片机系统、按键电路、数码显示、串口通信及光电传感器等组成。

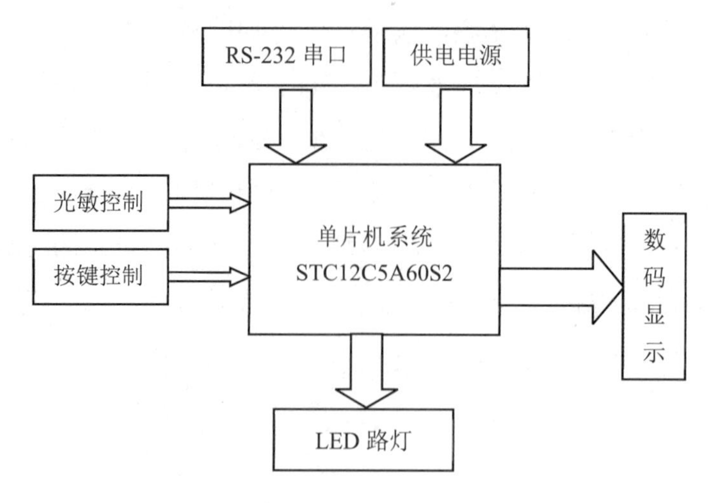

图 6-1-1 智能路灯电路原理方框图

2．光电传感器

智能路灯控制系统可以根据实际光照情况调整路灯，合理分配照明时间，一般会采用光敏电阻 RL 作为传感器件。该类器件的特性：随着光照强度的增强，阻值会变小，而且光照强度越强，阻值越小。

LM311 作为电压比较器，其 2、3 号引脚为输入电压，对两个引脚的电压进行比较，其中，3 号引脚输入基准电压 2.5V，2 号引脚输入要比较的电压。当 2 号引脚输入电压高于 2.5V（3 号引脚输入电压）时，7 号引脚输出低电平；反之，7 号引脚输出高电平。

调节可调电阻 RP1，可改变光敏电阻 RL 两端的电压，从而调节光照的灵敏度。图 6-1-2 所示为光电传感器电路原理图。

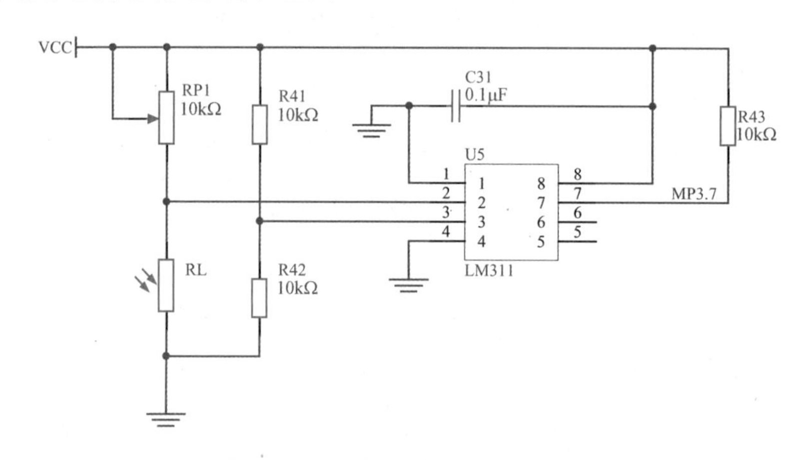

图 6-1-2　光电传感器电路原理图

3．智能路灯控制系统的功能及特点

智能路灯控制系统主要由路灯控制终端设备和控制中心两大部分组成，其基本功能如下。

（1）遥控功能：按时间和光照强度由控制中心计算机统一自动控制（集群控制、分组控制）各照明节点路灯、户外灯（全夜灯、半夜灯、时段灯）的开与关，并能实现手动单节点、分组开/关灯等功能。

（2）分组功能：可对照明节点进行任意功能分组，分别采用时控和光控、工作日、节假日、重大节日灯等多套控制方案。

（3）多种模式转换功能：每天多达5种开关灯模式转化，方便实现全夜灯、半夜灯、时段灯、长明灯（隧道）、路灯亮度调节等功能。模式转换时间可配置。

智能路灯控制系统的基本特点如下。

（1）智能监管，降低人工管理的困难和成本。

实现路灯、户外灯远程监控，实现城市照明智能化。对每个路灯的运行参数进行反馈，及时了解路灯的运行状况，对故障路灯进行及时、准确的处理。光控优先功能实现了特殊恶劣天气时的互补式智能化远程管理，可以确保特殊恶劣天气时的路面照明及节能的平衡。

（2）二次节能，再次降低城市照明系统的运行费用。

根据不同路灯的需求进行灵活控制，做到半夜灯、全夜灯、长明灯、单灯亮度调节等方式的交叉、互补、综合运用，在满足最大实际需求的前提下，降低城市照明系统的运行费用。

（3）人性化管理，管理更加便捷、方便。

实施智能化控制，进行远程监控，方便市政人员白天的维护、检修工作，在降低市政维护费用的同时提高了市场管理部门的工作效率。

4．光电技术实训系统软件安装

将光电技术实训装置配套软件“OTTS-2.0 光电技术实训系统软件”复制至计算机上，计算机的硬件配置要求为双核 CPU，内存为 4GB 及以上，硬盘为 320GB 及以上，软件系统要求为 Windows 7 系统；双击图标，运行“ottsSetup2.0.3.22.exe”文件，安装光电技术实训系统。

具体的安装步骤如下。

（1）在图 6-1-3 中，单击“下一步”按钮。

（2）阅读许可证协议，单击图 6-1-4 中的“我接受”按钮，进入下一步。

（3）选择安装位置，建议改为 D:\Program Files\otts\，如图 6-1-5 所示（也可以选择其他安装位置），单击“安装”按钮。

（4）勾选“运行 光电技术实训系统 2.0.3.22”复选框，单击“完成”按钮，运行系统，如图 6-1-6 所示。

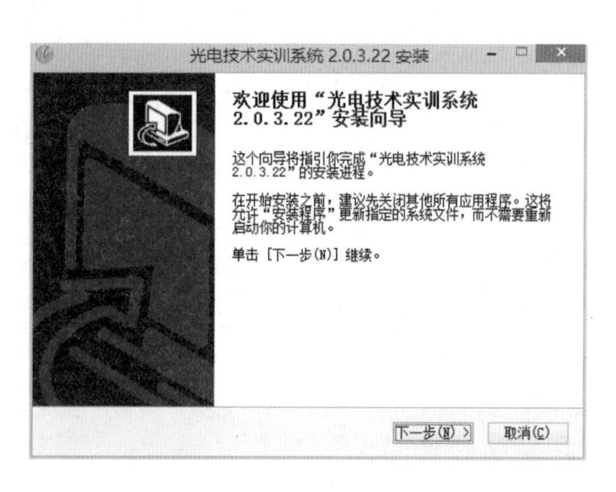

图 6-1-3　安装图例 1

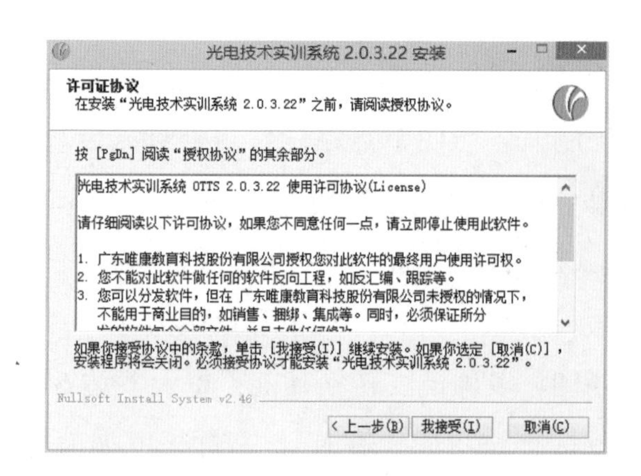

图 6-1-4　安装图例 2

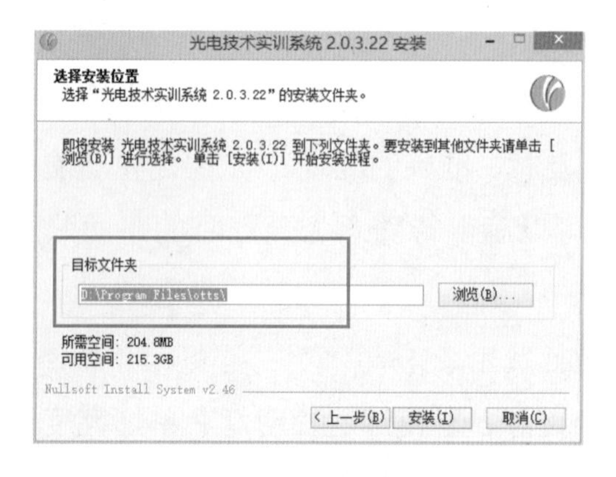

图 6-1-5　安装图例 3

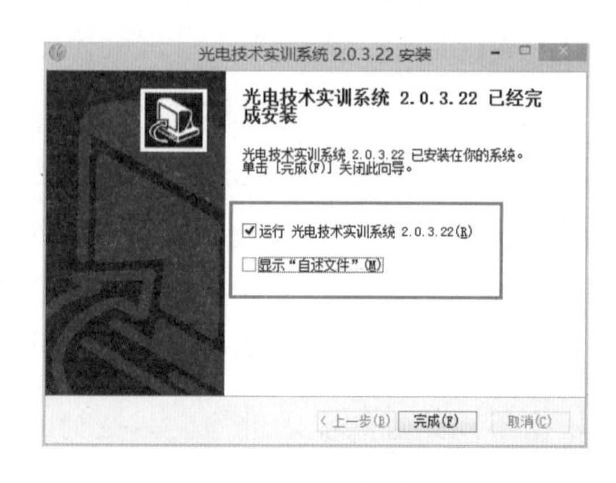

图 6-1-6　安装图例 4

5．智能路灯控制系统界面简介

双击计算机桌面上的“光电技术实训系统”图标，输入用户名和密码（用户名默认为 admin，密码默认为 123456），单击“确认”按钮，进入光电技术实训系统界面，如图 6-1-7 所示。单击图标，进入智能路灯控制系统界面，如图 6-1-8 所示。

图 6-1-7　光电技术实训系统界面

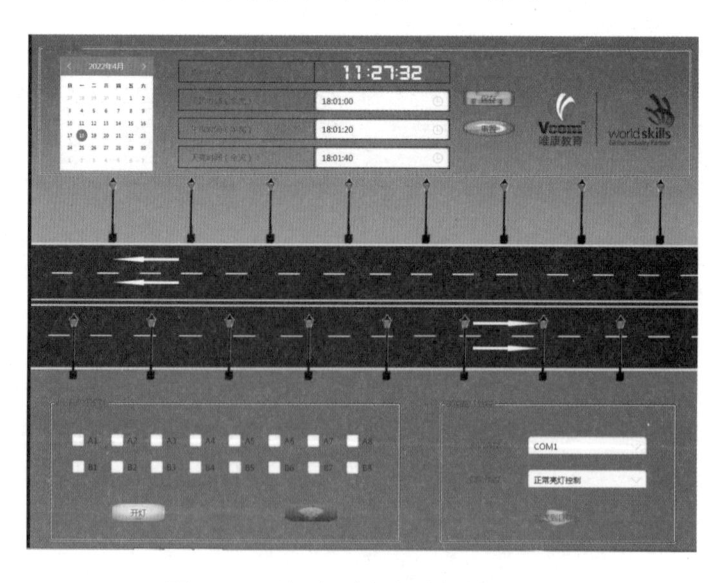

图 6-1-8　智能路灯控制系统界面

智能路灯控制系统界面包含时间设置、路灯状态显示、任意亮灯控制、智能路灯控制 4 部分。

实训

1. 智能路灯模块功能演示

图 6-1-9 所示为智能路灯模块，接入 5V 电源运行，模块上的 6 位数码管显示智能路灯控制系统的运行时间。路灯有全亮、半亮和全灭 3 种工作模式。每种工作模式的时间可以通过模块上的按键自行设置。图 6-1-10 所示为智能路灯运行效果。

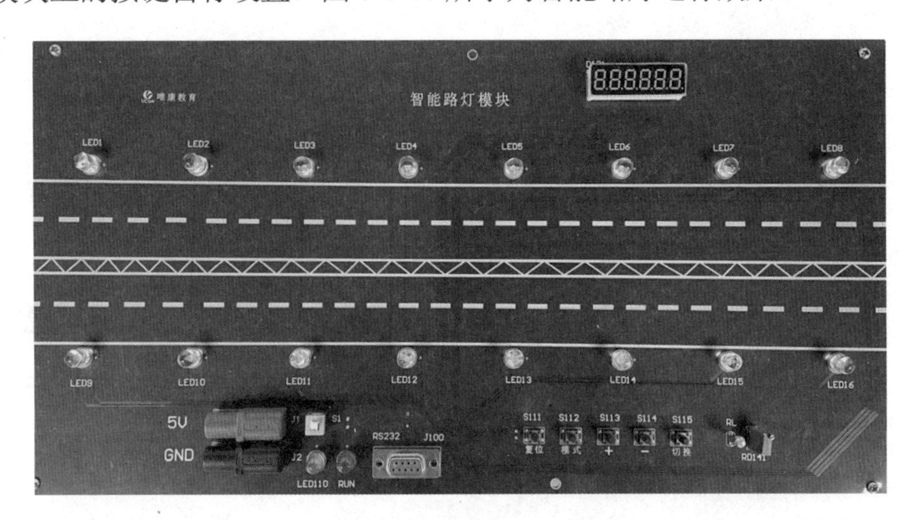

图 6-1-9　智能路灯模块

图 6-1-10　智能路灯运行效果

通电运行后，系统开机时的默认时间为 17 时 59 分 50 秒，默认开灯时间为 18 时 00 分 00 秒，默认半亮时间为 18 时 00 分 10 秒，默认关灯时间为 18 时 00 分 20 秒。之后系统进入光控模式，可用手遮挡光敏电阻 RL 来模拟夜间模式，检验光控效果。

通过模式键 S112 可以设置系统当前时间、开灯时间、半亮时间、关灯时间、光控设置和任意灯亮控制。在设置时间时，可以通过切换键 S115 切换时、分、秒。设置完成后，系统以设置的时间开始重新运行。光控模式：首先连续按下 S112 键，使数码管显示 F3，然后通过遮住光敏电阻 RL 的方式来控制路灯的亮灭，在遮挡 RL 时（模拟天黑），路灯点亮；在不遮挡时（模拟天亮），路灯熄灭。任意灯亮模式：连续按下 S112 键，使数码管显示 F4，通过模式键 S112 选择光控模式，也可通过调节 RD1 可调电阻来改变开启路灯所需光照强度的临界值。还可修改程序以实现不同的路灯效果，如流水灯、闪烁、全亮等。

2. 智能路灯模块的通信连接

安装串口驱动如图 6-1-11 所示。在“设备管理器”窗口中查看端口的类型。

用串口线将智能路灯模块与计算机连接后，打开“设备管理器”窗口，查看 USB 口所占用的端口，这里为 COM4 端口，如图 6-1-12 所示。在智能路灯控制系统界面，串口选择为 COM4。

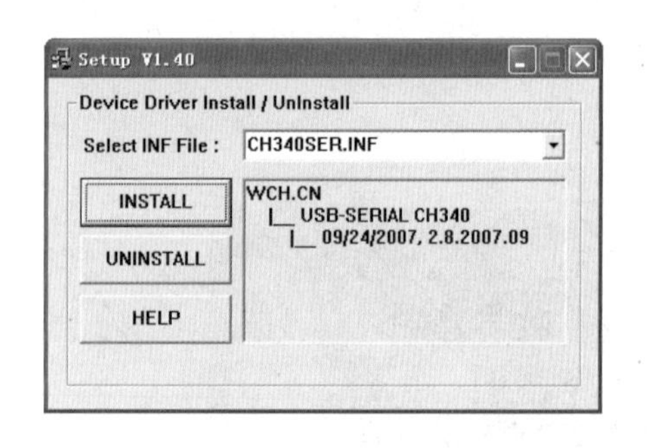

图 6-1-11　安装串口驱动

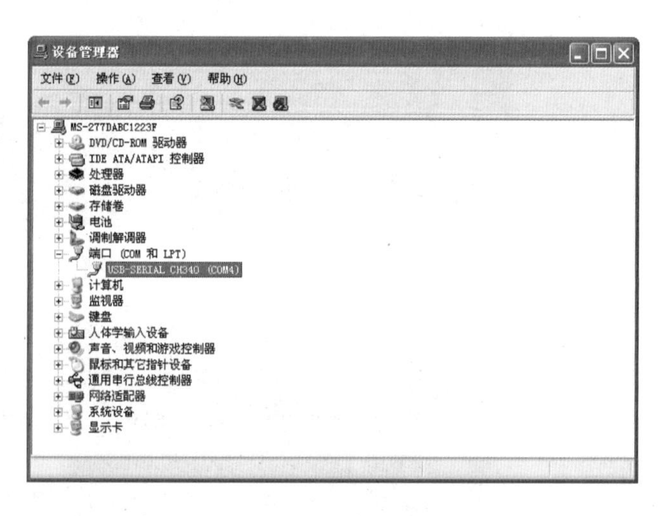

图 6-1-12　USB 口占用 COM4 端口

3. 智能路灯控制系统设置

（1）路灯亮灭时间设置。

图 6-1-13 所示为时间设置界面，通过单击年份、月份、星期及日期可以预先设定路灯各种工作状态的时间。该界面显示的系统时间为当前计算机的时间，天黑时间（全亮）、午夜时间（半亮）和天亮时间（全灭）的设置通过直接修改时、分、秒或单击“+”“-”按钮来实现，设置后单击“保存”按钮进行保存。如果需要设置新的时间，则单击“重置”按钮，系统自动恢复到初始状态。

智能路灯控制界面如图 6-1-14 所示，单击“串口选择”的下拉按钮▾进行串口的选择，这里应选择“COM4”选项。单击“控制类型”的下拉按钮▾进行控制类型的选择，如选择“正常亮灯控制”选项，选择完成后单击“发送到目标板”按钮，就可以将控制命令发送给智能路灯模块。

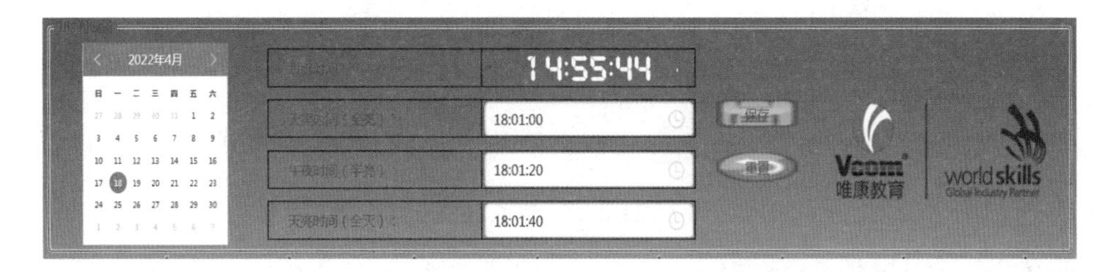

图 6-1-13　时间设置界面

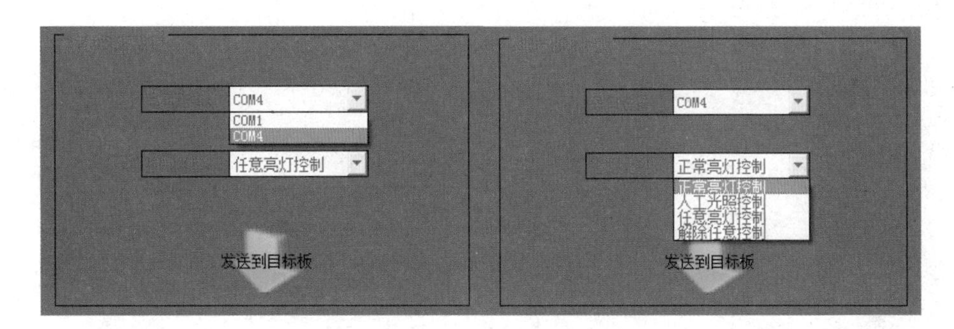

图 6-1-14　智能路灯控制界面

（2）任意亮灯控制。

图 6-1-15 所示为任意亮灯控制界面，勾选道路两侧任意路灯，如选择 A2、A5、A6、A8 灯和 B1、B2、B3、B7 灯，单击“开灯”按钮，相应的路灯点亮，开灯效果如图 6-1-16 所示；单击“关灯”按钮，相应的路灯熄灭。

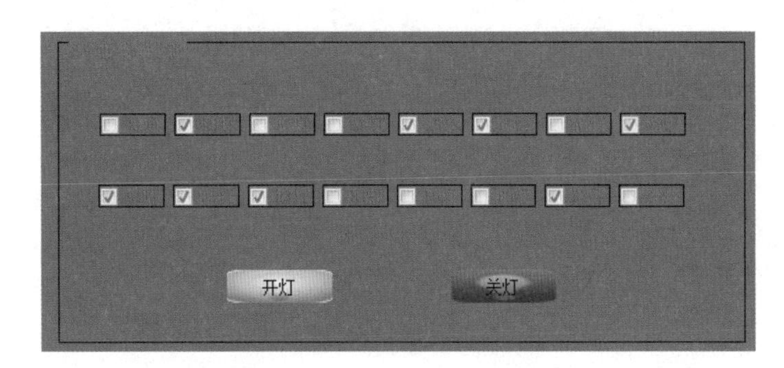

图 6-1-15　任意亮灯控制界面

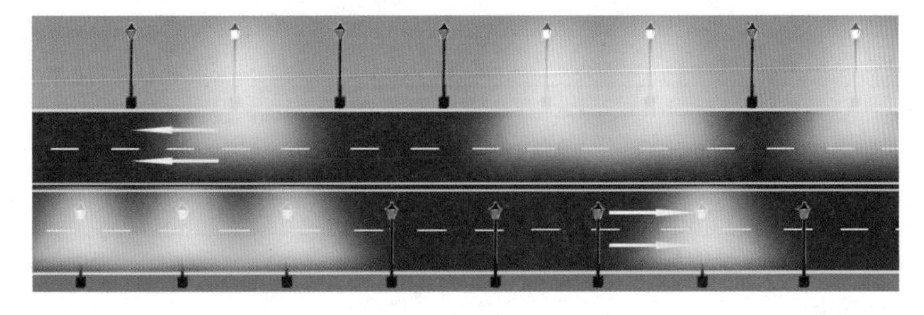

图 6-1-16　开灯效果

如果需要在智能路灯模块上演示任意控制路灯，则单击“控制类型”的下拉按钮，选择“任意亮灯控制”选项，如图 6-1-17 所示。单击“发送到目标板”按钮，可以将控制命令发送给智能路灯模块。

（3）光强控制路灯亮灭。

单击“控制类型”的下拉按钮，选择“人工光照控制”选项，如图 6-1-18 所示。单击“发送到目标板”按钮，可以将控制命令发送给智能路灯模块。此时，智能路灯模块数码管显示 F3，通过遮挡光敏电阻的方式来控制路灯的亮灭，遮挡时（模拟天黑）灯亮，不遮挡时（模拟天亮）灯保持熄灭状态。

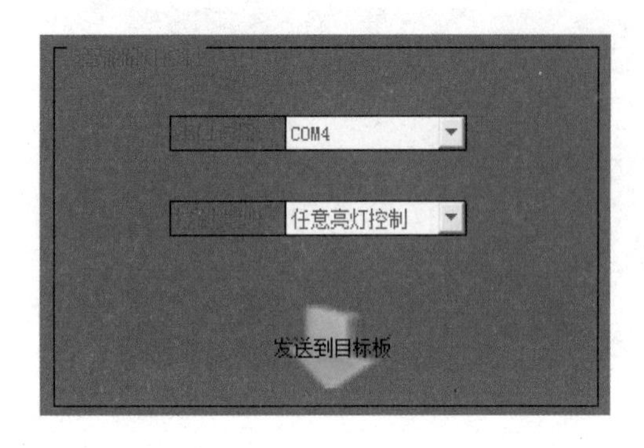

图 6-1-17　选择“任意亮灯控制”选项

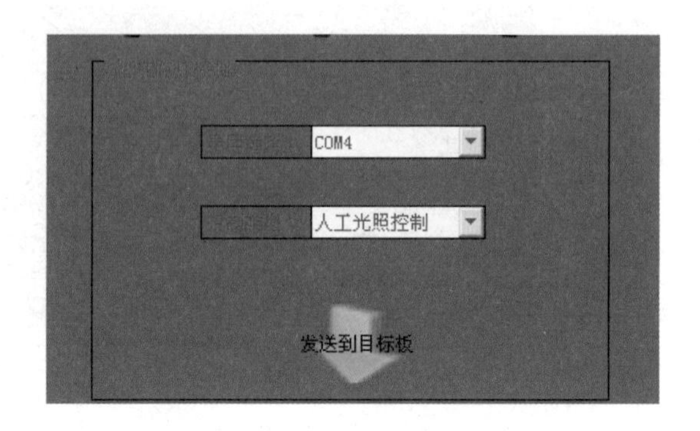

图 6-1-18　选择“人工光照控制”选项

4. 上位机控制智能路灯实训

打开软件，修改全亮时间为 19 点 00 分 00 秒、半亮时间为 19 点 00 分 10 秒、全灭时间为 19 点 00 分 20 秒，截图保存；人工控制开灯，打开 A1、B5 灯，在软件界面预览，截图保存。发送人工开灯数据到智能路灯模块目标板上。

考核

将考核结果填入表 6-1-1 中。

表 6-1-1　考核表

任务考核内容		标准分值	自我评分分值×50%	教师评分分值×50%
专业知识与技能	任务计划阶段			
	实训任务要求	10		
	任务执行阶段			
	熟悉智能路灯模块	10		
	熟悉上位机的使用方法	10		
	理解智能路灯控制系统的基本原理	5		
	实训设备使用	5		

续表

任务考核内容		标准分值	自我评分分值×50%	教师评分分值×50%
专业知识与技能	任务完成阶段			
	智能路灯模块功能演示	20		
	智能路灯控制系统的设置	5		
	上位机控制路灯	15		
职业素养	规范操作（安全、文明）	5		
	学习态度	5		
	合作精神及组织协调能力	5		
	交流总结	5		
合计		100		
学生心得体会与收获：				
教师总体评价与建议： 教师签名：　　日期：				

任务二　智能交通灯的调试与应用

世界上第一个由红、绿两色汽灯组成的交通灯于1868年出现在英国。后来，经过不断改进，红、绿、黄三色交通灯才出现。智能交通灯又叫智能红绿灯，是一种可以缓解交通压力、使十字路口通行效率最大化的智能交通系统。目前，交通灯使用的光源为LED光源，通过上位机来控制LED灯组的亮灭和时间的显示，能达到交通指示的效果。

任务目标

知识目标

1. 了解智能交通灯控制系统软件的操作界面。
2. 掌握用上位机控制交通灯的流程及系统测试。
3. 掌握手动控制交通灯的方法。

技能目标

1. 掌握用上位机控制交通灯运行的方法。
2. 掌握智能交通灯控制系统的测试方法。

任务内容

1. 控制系统软件安装及智能交通灯控制系统界面的认识。
2. 通过硬件设置控制交通灯的运行状态。

知识

所谓“智能+”，就是指在大数据、云计算等互联网技术深入应用的基础上，深刻把握新一代人工智能的发展特点，促进人工智能与实体经济融合，推动各行各业从数字化、网络化迈向智能化，探索人工智能创新成果应用转化的路径和方法，构建数据驱动、人机协同、跨界融合、共创分享的智能经济发展新形态。

“智能+交通”将真正构建智能化交通解决方案，依靠多传感器融合等车路协同技术建设的智能路网可提高交通系统的感知能力，实现车车、车路的信息交互和共享，有效避免和减少交通事故；运用智能云、大数据、边缘计算等技术搭建计算平台，分析全量交通数据，能够预判拥堵趋势并提前采取预防性措施；利用智能交通灯、智能停车系统大力提升交通系统的调度能力。

1. 智能交通灯控制系统界面

上位机是指可以发出特定操控命令的计算机，通过操作预先设定好的命令，将命令传递给下位机，而下位机则是命令的执行者，通过下位机来控制设备完成各项操作。

图 6-2-1 所示为智能交通灯控制系统界面，界面模拟双车道十字路口，标有车辆可跨越的白色虚线、禁止跨越的对流车道双黄色实线；界面左上方为方位指标，标识东南西北方位，明确车道指向；左下方为红、绿灯运行时间的参数设置，可设定东西方向绿灯时间、红灯时间和开始倒计时时间，通过参数设置来控制整个十字路口交通灯的运行情况；界面右下方的“START”“STOP”按钮用于控制系统的运行和停止，单击“发送到目标板”按钮，可以把系统命令下载到实训板上。

2. 智能交通灯控制系统介绍

智能交通灯控制系统能实现对交通灯进行区域联控和单点自控（线控、单点无电缆线控、感应、多时段、闪灯、手控）等多种控制功能的控制。

系统可以根据实际交通情况，由控制中心发出命令，进行特殊交通控制。控制可划分权限和优先等级。

（1）绿波控制：在特殊（如警卫、消防、抢救等）情况下，交通灯按预定的路线在每个交通路口进行绿波推进，以便车辆到达路口时均为绿灯，保证畅通无阻，绿波线路由控制中心指挥员预先设置。

（2）闪光控制：黄灯按一定的频率闪烁，向车辆和行人发出警告或提示（主要用于夜间或车流量稀少的场合）。

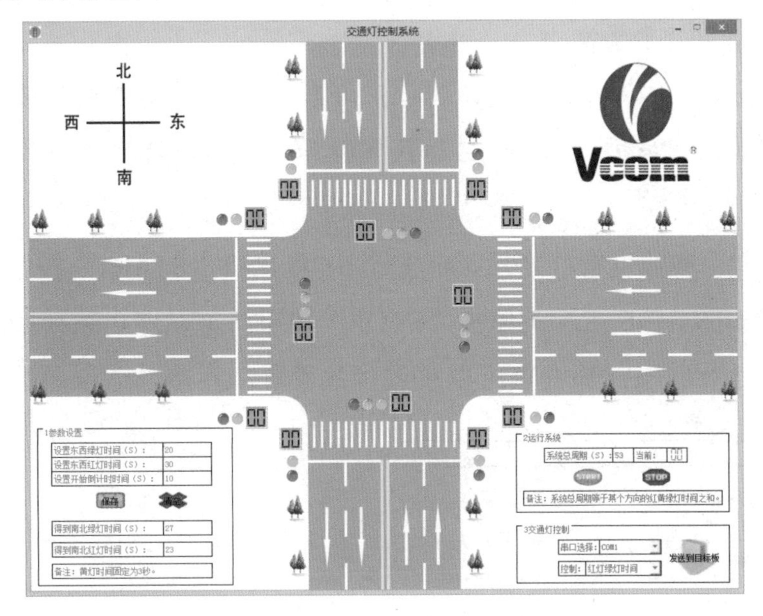

图 6-2-1　智能交通灯控制系统界面

实训

1. 智能交通灯控制系统的使用

（1）打开软件。双击计算机桌面上的“光电技术实训系统”图标，输入用户名及密码（用户名默认为admin，密码默认为123456），单击“确认”按钮，进入光电技术实训系统界面，如图6-2-2所示。单击图标，进入智能交通灯控制系统界面，如图6-2-3所示。

图 6-2-2　光电技术实训系统界面

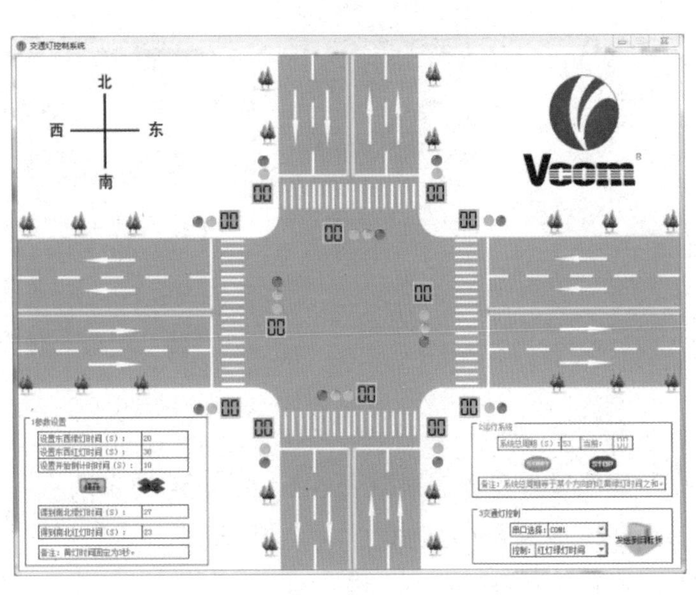

图 6-2-3　智能交通灯控制系统界面

（2）参数设置。图 6-2-4 所示为参数设置界面，在这里可以设置或修改东西方向绿灯时间、红灯时间和开始倒计时时间。单击“保存”按钮，可保存设置的参数；单击“清空”按钮，会把所有的参数清空。

注意：这里黄灯时间固定为 3s，因此设定好东西方向红/绿灯时间后，南北方向红/绿灯时间可以根据黄灯时间固定为 3s 自动获取数据，开始倒计时时间必须小于路口红/绿灯时间的最小值。

（3）运行软件。参数设置好之后，单击图 6-2-5 中的“START”按钮，可以预览交通灯的运行状态，如图 6-2-6 所示；单击“STOP”按钮，可以停止系统的运行，如果要分析当前的交通灯运行状态，那么也可以跳过参数设置，直接以默认参数运行。

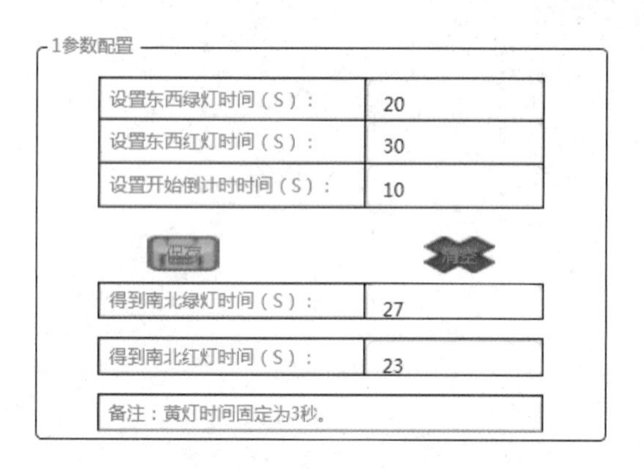

图 6-2-4　参数设置界面①

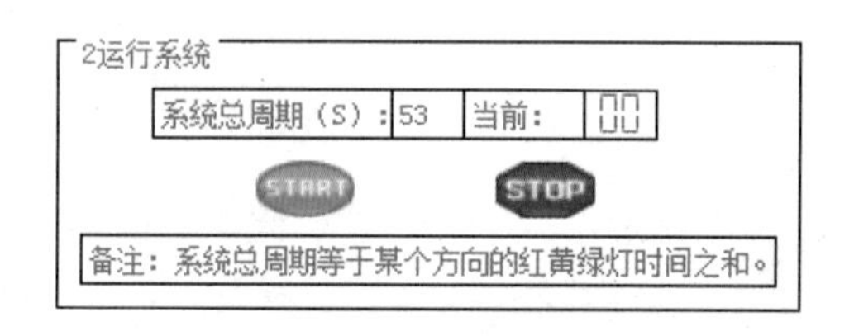

图 6-2-5　运行系统界面

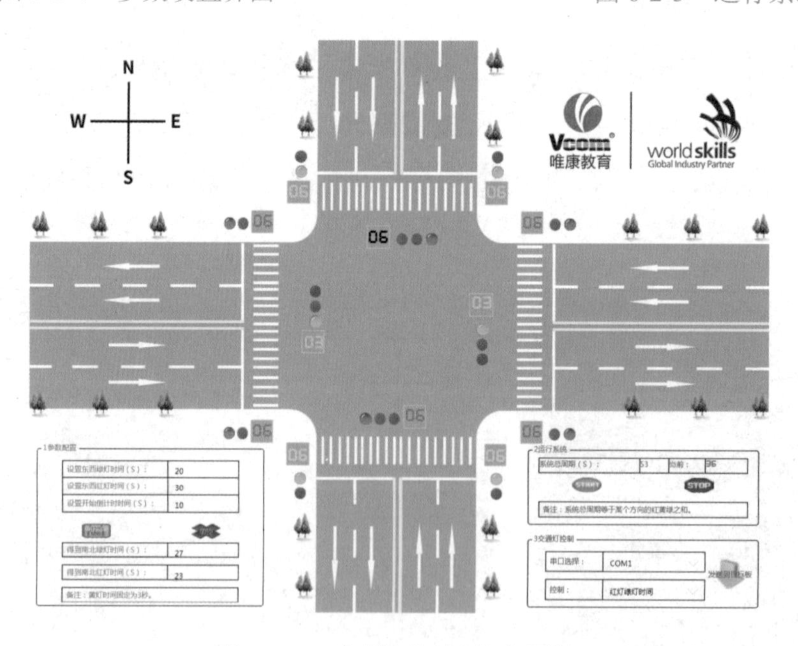

图 6-2-6　交通灯运行状态预览

（4）软件测试。根据表 6-2-1 中设定的东西方向的参数，观察交通灯的运行情况，完成南北方向数据的填写。

① 软件图中的“S”的正确写法为“s”。

表 6-2-1　智能交通灯控制系统测试　　单位：s

东西方向			南北方向	
绿灯时间	红灯时间	开始倒计时时间	绿灯时间	红灯时间
20	30	10		
50	70	20		
60	100	60		

2．交通灯模块的操作

智能交通灯控制系统运行程序的下载必须借助开发软件、仿真开发装置、烧录设备等。具体的操作步骤如下。

（1）将交通灯主机的程序在 Keil 软件中编译生成.hex 文件，用串口线将计算机与制作好的交通灯模块的主串口相连接，利用 STC-ISP 下载程序到单片机主机中。图 6-2-7 所示为单片机主机下载程序设备连接图，图 6-2-8 所示为 STC-ISP 下载程序界面。

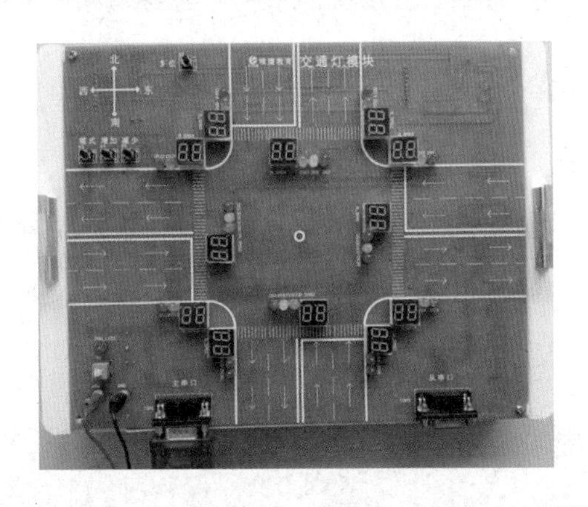

图 6-2-7　单片机主机下载程序设备连接图

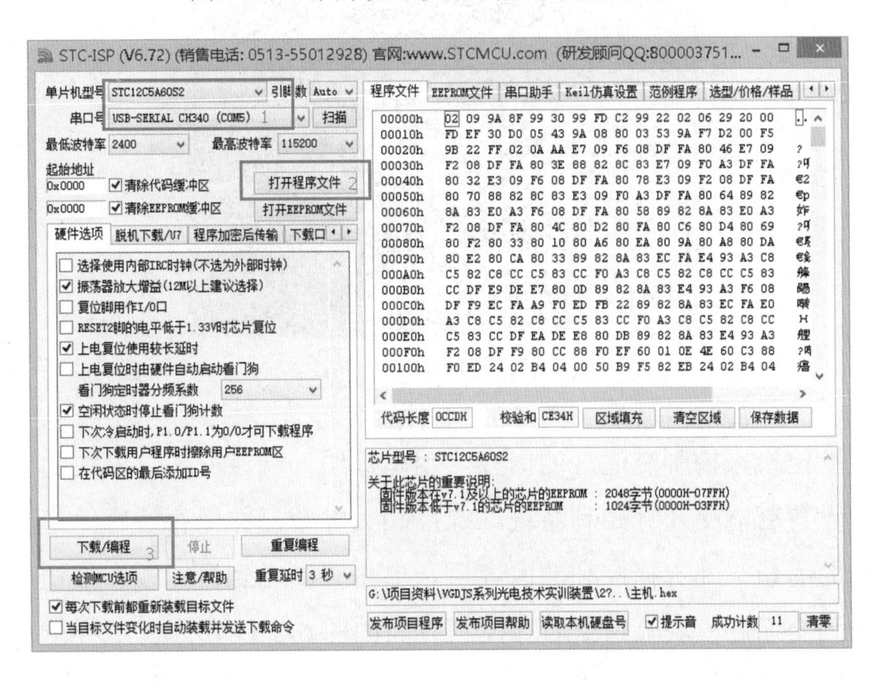

图 6-2-8　STC-ISP 下载程序界面

（2）将交通灯从机的程序在 Keil 软件中编译生成.hex 文件，用串口线将计算机与交通灯模块的从串口相连接，下载程序到单片机从机中。图 6-2-9 所示为单片机从机下载程序设备连接图。

图 6-2-9　单片机从机下载程序设备连接图

（3）交通灯运行效果展示。

为交通灯模块接入 5V 电源，按下电源开关 S1，电源指示灯 LED1 亮，通过按键设置交通灯参数，观察交通灯的运行情况。图 6-2-10 所示为交通灯正常运行的效果图。按下复位按键 S2，观察 LED 交通灯能否正常复位。

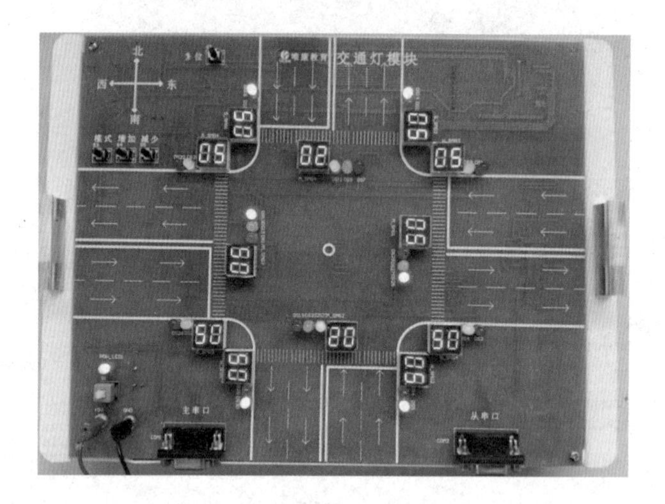

图 6-2-10　交通灯正常运行的效果图

也可通过上位机来控制交通灯的运行，用串口线一端接交通灯模块的主串口，另一端接计算机。设置智能交通灯控制系统红绿灯相关参数，并保存运行。选择串口（程序自动打开所选的串口）并选择控制的内容后，单击“发送到目标板”按钮，将所控制的内容参数发送到交通灯模块上。交通灯控制界面如图 6-2-11 所示。这样就可以在交通灯模块上看到所设置参数的运行效果。控制内容包括“红灯绿灯时间”“设置倒计时间”“强制东西通行”“强制南北通行”“解除强制通行”。

图 6-2-11　交通灯控制界面

考核

将考核结果填入表 6-2-2 中。

表 6-2-2　考核表

任务考核内容		标准分值	自我评分分值×50%	教师评分分值×50%
专业知识与技能	任务计划阶段			
	实训任务要求	10		
	任务执行阶段			
	熟悉交通灯模块	5		
	熟悉智能交通灯控制系统	5		
	实训设备使用	10		
	任务完成阶段			
	交通灯模块的调试	20		
	智能交通灯控制系统的使用	20		
	实训结论	10		
职业素养	规范操作（安全、文明）	5		
	学习态度	5		
	合作精神及组织协调能力	5		
	交流总结	5		
合计		100		
学生心得体会与收获：				
教师总体评价与建议： 教师签名：　　　　日期：				

项目七 LED智能照明系统的搭建与调试

2011 年 11 月 14 日，中华人民共和国国家发展和改革委员会等五部委发布的《中国逐步淘汰白炽灯路线图》提出，2016 年 10 月 1 日起，禁止进口和销售 15 瓦及以上普通照明白炽灯，或视中期评估结果进行调整。因 LED 照明产品成本低，所以它正在逐步替代传统照明产品，成为家居、商业、工业、户外照明的主力，且 LED 照明产品也是国民经济发展和人民生活的必需品，它在国民经济中具有特殊的地位和作用。随着消费者对照明光效、个性化照明、节能环保等要求的提升，智能照明作为行之有效的解决方案，将成为行业发展的必然趋势。从产品结构看，智能照明产品的主要核心是 LED 智能照明系统。LED 智能照明系统是利用物联网技术、有线/无线通信技术、电力载波通信技术、嵌入式计算机智能化信息处理及节能控制技术等组成的分布式照明控制系统，实现对照明设备的智能化控制。

任务一　LED 智能照明系统的搭建

智能照明应用与控制综合训练模组采用一种先进的智能控制系统——蓝牙 Mesh 组网智能灯控制系统，通过分布式 Mesh 组网，利用无线（遥控）系统实现对照明设备的动态控制。用户可以直接使用安卓手机 App 软件，以近距离连接的方式控制灯具。LED 智能照明系统是领航未来的全新智慧照明方案，广泛应用于智能照明系统行业中，主要目的是突破传统的照明控制方式，达到节能环保的效果。

任务目标

知识目标

1. 了解 LED 智能照明系统的组成。
2. 了解 LED 智能照明系统的安装。

技能目标

1. 掌握 LED 智能照明系统的灯具安装方法。
2. 掌握 LED 智能照明系统的连接方法。

任务内容

1. 了解 LED 智能照明系统的构成、熟悉训练步骤。
2. 了解 LED 智能照明系统中的设备连接及安装方法。

知识

1. LED 智能照明系统

LED 智能照明系统由两大部分组成：硬件和软件。硬件包含调光调色筒灯、全塑无影色彩线形灯、智能场景开关、智能蓝牙三位翘板开关、智能空开电源和断路器模组、智能电动窗帘、智能微动传感控制器；软件即安卓手机 App 软件。LED 智能照明系统中的灯具设备均携带蓝牙信号，用户绑定设备模块到安卓手机 App 软件上，以达到智能照明系统的控制及联动控制的目的。LED 智能照明系统模块参考图如图 7-1-1 所示。

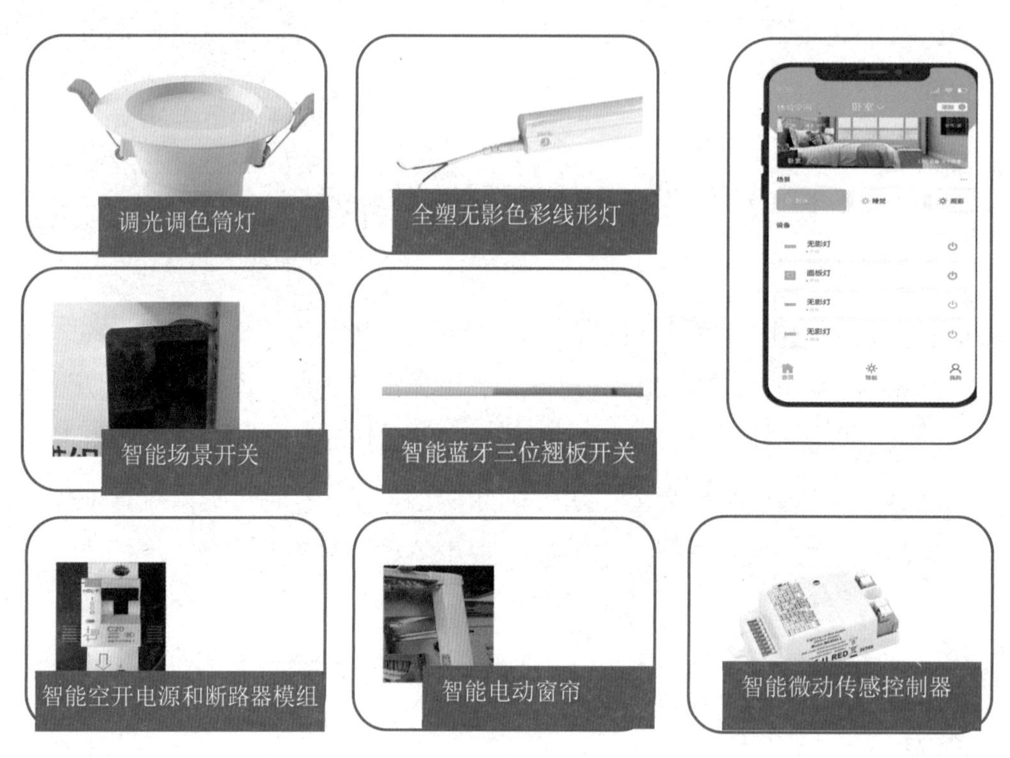

图 7-1-1　LED 智能照明系统模块参考图

蓝牙 Mesh 网络是用于建立多对多（many:many）设备通信的低能耗蓝牙（Bluetooth Low Energy，BLE）的新的网络拓扑。简单地说，它可以创建基于多台设备的大型网络，可以包含数十台、数百台甚至数千台蓝牙 Mesh 设备，这些设备之间可以相互进行信息的传递；它是一种新的应用方式，为楼宇自动化、无线传感器网络、资产跟踪和其他解决方案提供了理想的选择。

由蓝牙 Mesh 网络组成的智能照明系统需要将蓝牙 Mesh 模块内置在 LED 内，用户通过手机蓝牙连接蓝牙 Mesh 网络中任何 LED 内的蓝牙 Mesh 模块，实现由 App 软件命令控制 LED，以及不同颜色和亮度功能控制等。

LED 智能照明系统的特点是“模块少，管理集中，功能丰富”。该系统仅需通过智能空开电源和断路器模组或安卓手机 App 软件，即可对灯具与控制设备等进行管理和控制。该系统控制功能强大、智能控制方式多样、智能自动化程度高；该系统通过配置实现场景的预设置，操作者使用时只需按一下智能场景开关里的场景选择键即可启动一个灯光场景（各照明回路以不同的亮度搭配组成一种灯光效果），各照明回路随即自动变换到相应的状态。该系统通过调节能够在不同的使用场合产生不同的灯光效果，营造出不同的氛围。

2. LED 智能照明灯具

（1）调光调色筒灯。

调光调色筒灯通过安卓手机 App 软件实现蓝牙信号的连接，达到智能控制灯光的效果；可以根据需要调节灯光色温和亮度，达到智慧变光、节能的效果。如图 7-1-2 所示，相线 L 和零线 N 分别接调光调色筒灯的两端。

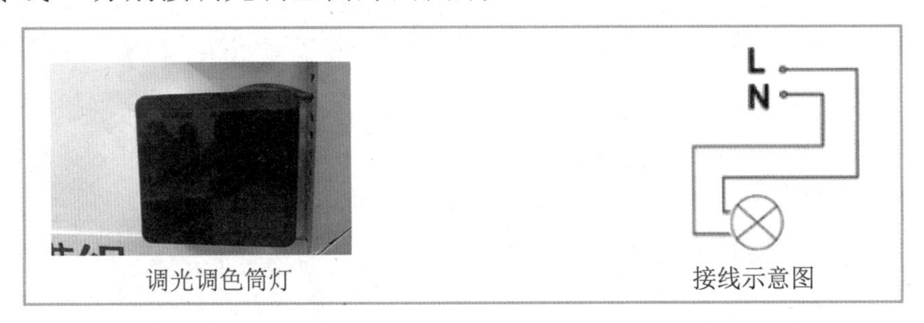

图 7-1-2　调光调色筒灯及其接线示意图

（2）全塑无影色彩线形灯。

全塑无影色彩线形灯通过安卓手机 App 软件实现蓝牙信号的连接，可以根据需要调节灯光色温、色彩和亮度。如图 7-1-3 所示，相线 L 和零线 N 分别接全塑无影色彩线形灯的两端。

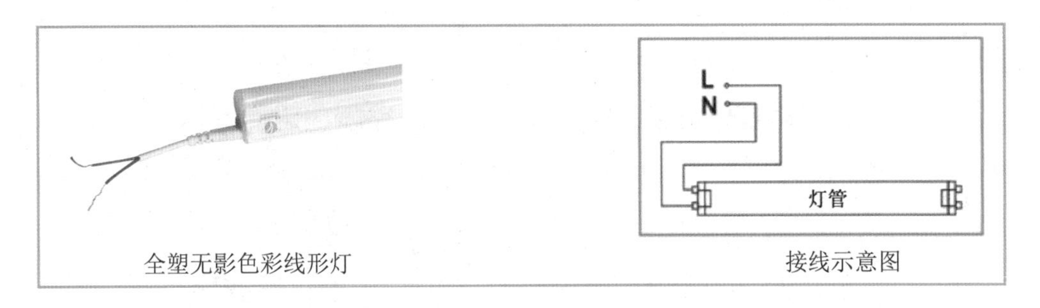

图 7-1-3　全塑无影色彩线形灯及其接线示意图

（3）智能场景开关。

智能场景开关是一个由蓝牙控制的与各种场景集成的智能触摸屏。它包含很多不同功能的按键，可以控制指定的场景，如可以控制灯的亮度、温度和颜色等。本配件在出厂时没有进行任何参数的配置，在使用时，用户需要在安卓手机 App 软件中调入预设的场景参数，场景控制功能方可实现调用。如图 7-1-4 所示，相线 L 和零线 N 分别接智能场景开关的两端。

图 7-1-4　智能场景开关及其接线示意图

（4）智能蓝牙三位翘板开关。

智能蓝牙三位翘板开关可使用安卓手机 App 软件来控制（蓝牙无线连接），或者手动控制，实现智能控制各种灯具。如图 7-1-5 所示，相线 L 和零线 N 分别接智能蓝牙三位翘板开关的 2 个输入端；3 个输出端分别可控制 3 路相线输出，分别接 3 路不同的灯具以实现控制灯具电源的接通和断开。

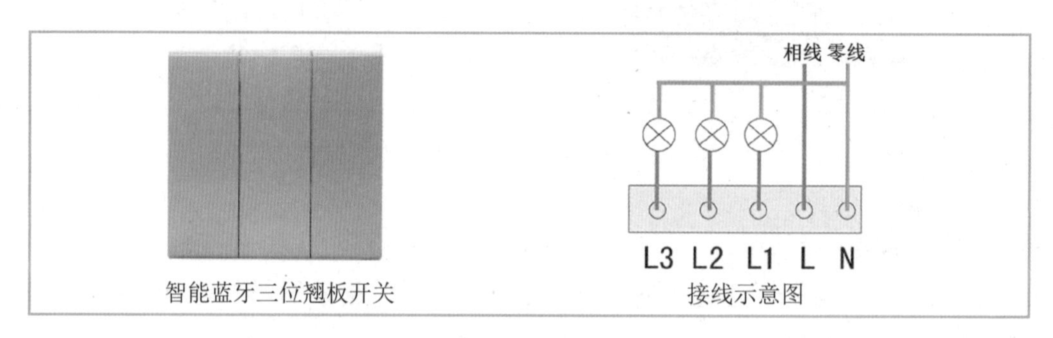

图 7-1-5　智能蓝牙三位翘板开关及其接线示意图

（5）智能空开电源和断路器模组。

对于智能空开电源和断路器模组，可用手动方式使用推杆控制线路的通断。如图 7-1-6 所示，相线 L 的输入和输出分别接智能空开电源和断路器模组的两端。

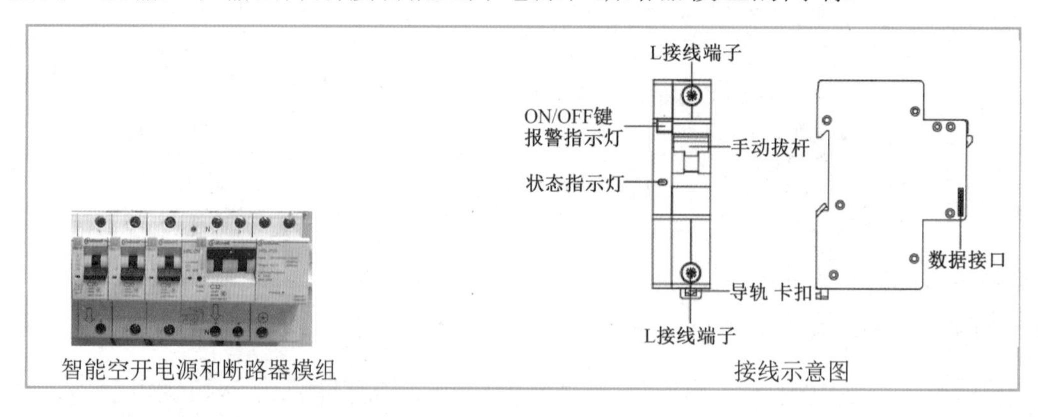

图 7-1-6　智能空开电源和断路器模组及其接线示意图

（6）智能电动窗帘。

智能电动窗帘是通过蓝牙方式控制驱动电机来实现对窗帘开与关的操控的。如图 7-1-7 所示，相线 L 和零线 N 分别接智能电动窗帘的两端。

图 7-1-7　智能电动窗帘及其接线示意图

（7）智能微动传感控制器。

智能微动传感控制器使用拨码开关的方式来设置感应距离、感应延时、光感阈值，其操作简单，采用双输入/输出按压式端子，方便用户接线。如图 7-1-8 所示，输出端的相线 L 和零线 N 接智能微动传感控制器的“INPUT”侧端口；智能微动传感控制器的“OUTPUT”侧端口为输出端，输出相线 L 和零线 N 接灯具两端。

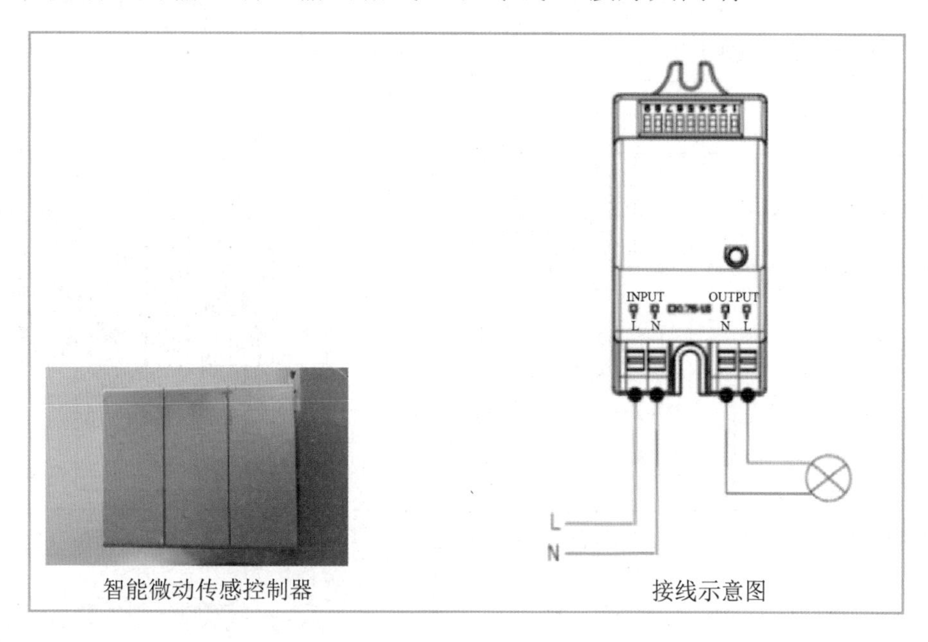

图 7-1-8　智能微动传感控制器及其接线示意图

实训

在对 LED 智能照明系统有了整体的了解之后，要把各硬件组装起来，完成整套系统的安装与调试。LED 智能照明系统的安装过程并不是一蹴而就的，其中涉及的细节很多，需要了解整体系统的电路连接图、硬件的线缆连接与安装位置。学习系统构成、训练步骤、设备连接及安装方法的详细内容如下。

第 1 部分：分析 LED 智能照明系统电路连接图，认识系统组成模块。

第 2 部分：安装智能空开电源和断路器模组。

第 3 部分：安装智能场景开关与智能蓝牙三位翘板开关。

第 4 部分：安装智能照明灯具与智能微动传感控制器。

第 5 部分：调试智能电动窗帘模块。

1. 分析 LED 智能照明系统电路连接图，认识系统组成模块

LED 智能照明系统电路连接示意图如图 7-1-9 所示。在图 7-1-9 中，包含有智能空开电源和断路器模组、智能场景开关与智能蓝牙三位翘板开关、智能照明灯具与智能微动传感控制器，以及线缆连接位置和连接端口，只有在各部分的电源输入线与输出线都连接完成后，LED 智能照明系统才能正常运行。

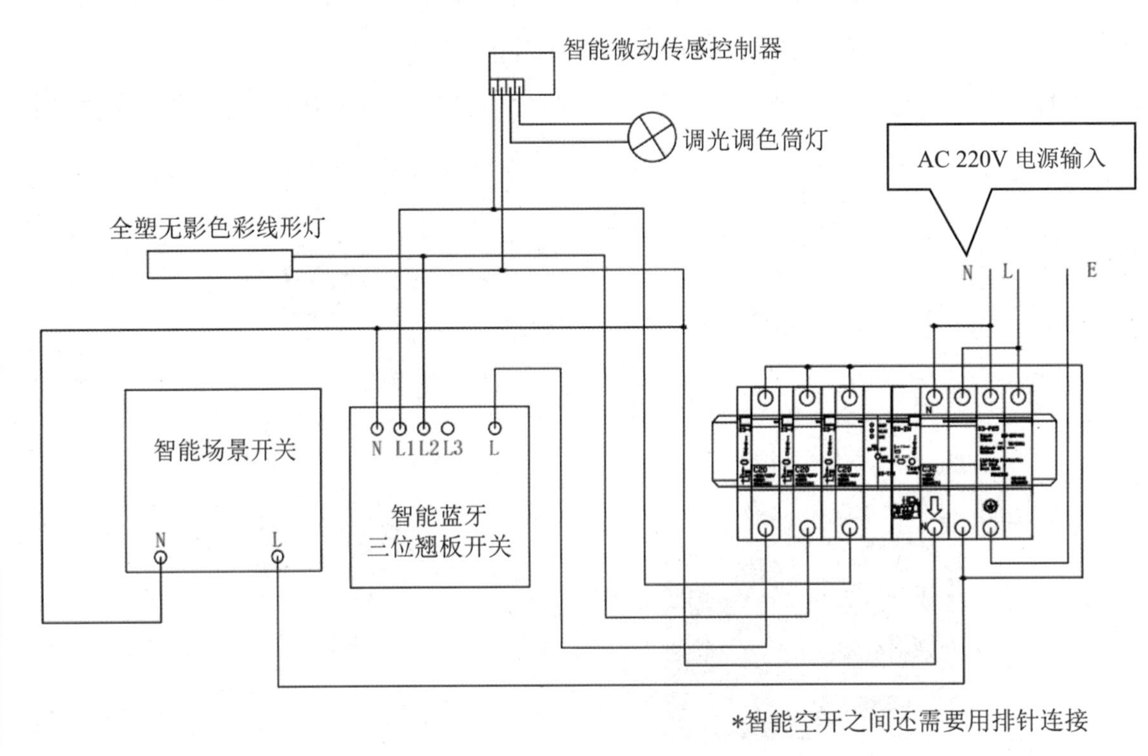

图 7-1-9　LED 智能照明系统电路连接示意图

2. 安装智能空开电源和断路器模组

如图 7-1-10 所示，智能空开电源和断路器模组包含 1 个智能空开电源、1 个智能 2P 微型带漏保断路器和 3 个智能 1P 微型断路器。

如图 7-1-11 所示，使用 1 条导轨规划合适的安装位置，并用螺钉安装固定在木板上。

如图 7-1-12 所示，将智能空开电源和断路器模组安装在导轨上。

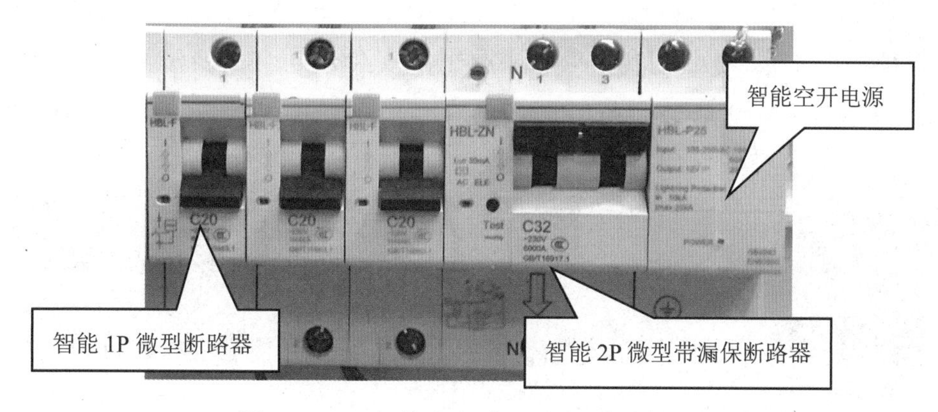

图 7-1-10 智能空开电源和断路器模组

图 7-1-11 导轨安装

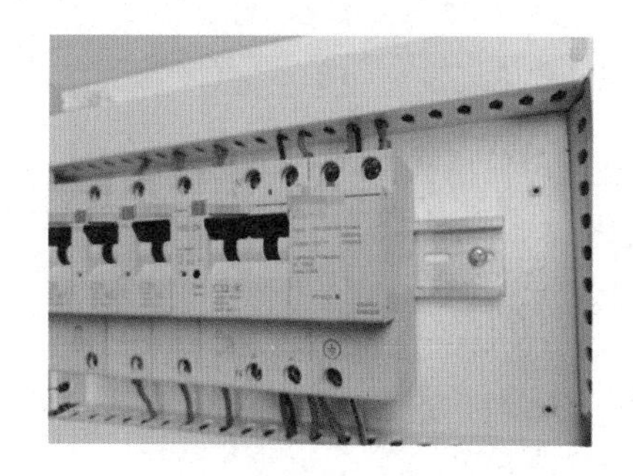

图 7-1-12 将智能空开电源和断路器模组安装在导轨上

如图 7-1-13 所示，在边缘内侧安装线槽。

如图 7-1-14 所示，根据图 7-1-9，用电源线连接各部分的接线端子，包括系统电源总输入端。

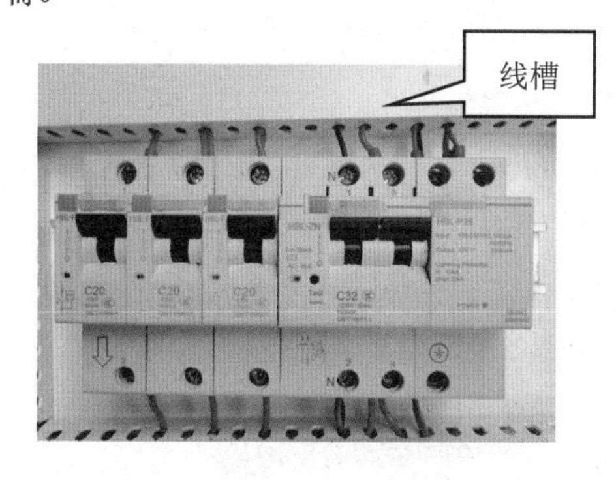

图 7-1-13 安装线槽

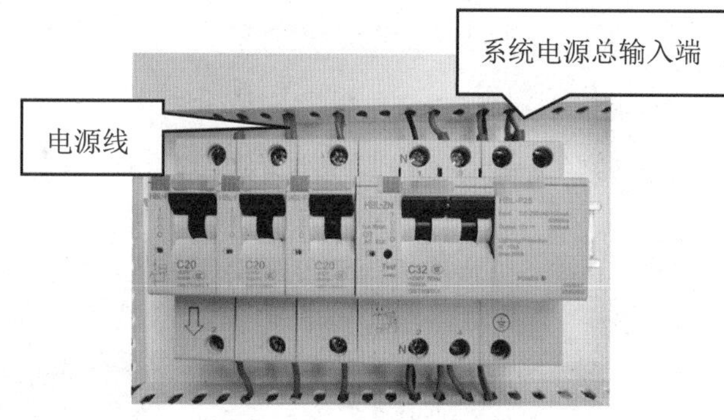

图 7-1-14 电源线输入

注意：

（1）使用排针连接所有配件，只有这样，它们才能正常工作。

（2）AC 220V 电源的相线和零线的接线位置。

3. 安装智能场景开关与智能蓝牙三位翘板开关

如图 7-1-15 所示，在实物中可观察到配件的电源输出接口及位置。智能场景开关只需连接相线和零线；智能蓝牙三位翘板开关需要连接输入端的相线和零线，同时要连接输出端的相线至相应的控制设备。

本模组使用的电源为 AC 220V，要注意用电安全，同时需要注意电源的相线和零线的接线，不能接反；智能蓝牙三位翘板开关 3 个位置对应的控制端口不能接错。

智能场景开关

智能蓝牙三位翘板开关

（a）配件模块图

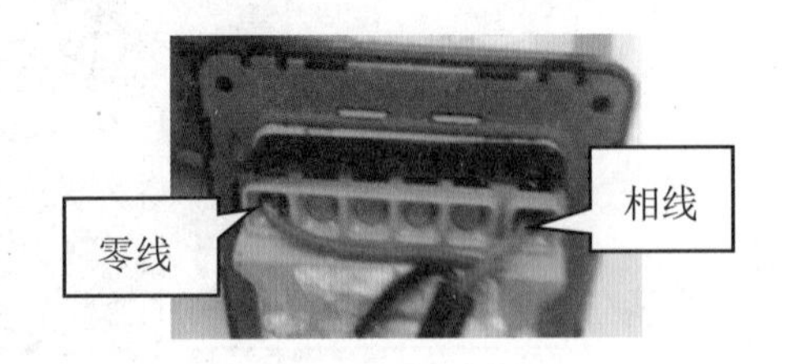

（b）智能场景开关的接线位置

（c）智能蓝牙三位翘板开关的接线位置

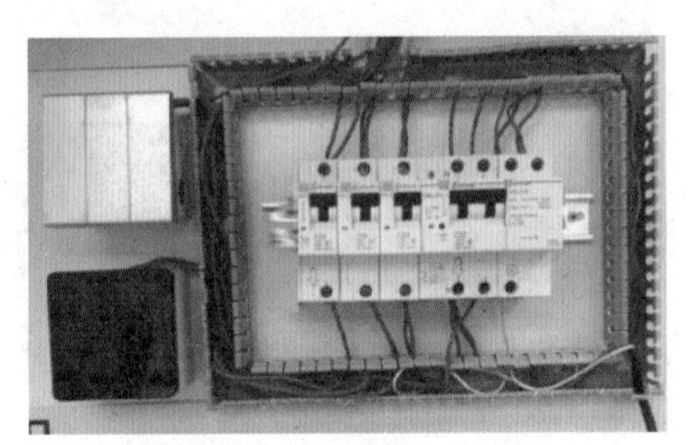

（d）安装效果参考示意图

图 7-1-15　智能场景开关与智能蓝牙三位翘板开关

4. 安装智能照明灯具与智能微动传感控制器

智能照明灯具包含 1 个全塑无影色彩线形灯和 1 个调光调色筒灯。

如图 7-1-16 所示，首先用固定支架把全塑无影色彩线形灯安装在模组木板上，然后将调光调色筒灯安装到顶部结构位置上，最后安装智能微动传感控制器，并连接线缆。

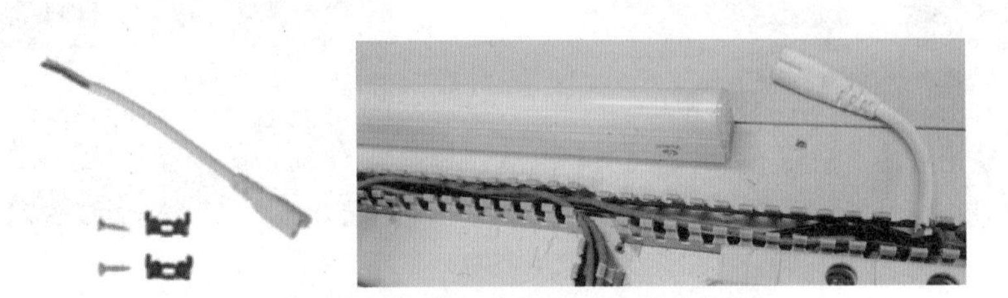

（a）固定支架、连接线缆及安装示意图

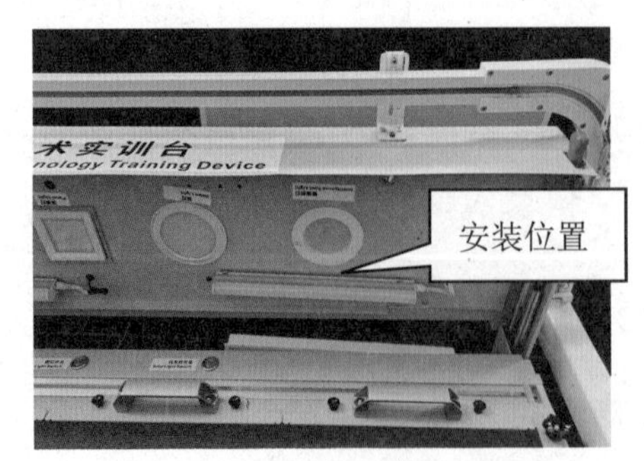

（b）安装示意图

图 7-1-16　智能照明灯具与智能微动传感控制器的安装示意图

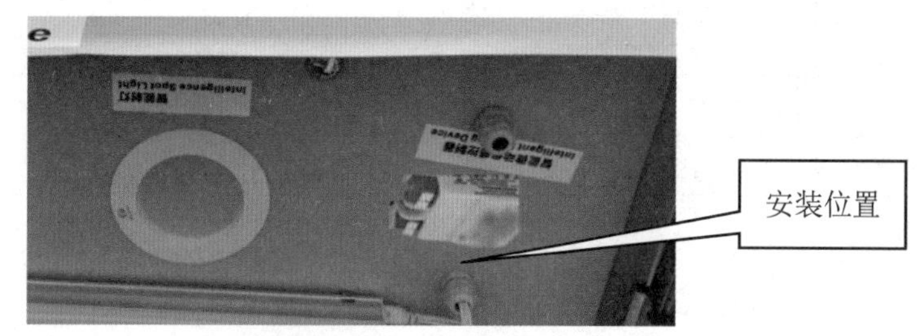

（c）安装位置参考示意图

图 7-1-16　智能照明灯具与智能微动传感控制器的安装示意图（续）

5. 调试智能电动窗帘模块

如图 7-1-17 所示，安装前，灯具及其配件应齐全，并无机械损伤、变形、油漆剥落和灯罩破裂等缺陷。在安装实训模组时，应先检查电源是否断开。将此模块电源线接入交流电源 220V，就可配合安卓手机 App 软件进行调试。

图 7-1-17　智能电动窗帘安装示意图

考核

将考核结果填入表 7-1-1 中。

表 7-1-1　考核表

任务考核内容		标准分值	自我评分分值×50%	教师评分分值×50%
专业知识与技能	任务计划阶段			
	了解任务要求	5		
	任务执行阶段			
	分析与理解电路连接图	10		
	认识模组产品	10		
	连接实训设备	10		
	实训效果展示	10		
	任务完成阶段			
	辨识设备	10		
	实训结论	15		
职业素养	规范操作（安全、文明）	5		
	学习态度	10		

续表

任务考核内容		标准分值	自我评分分值×50%	教师评分分值×50%
职业素养	合作精神及组织协调能力	5		
	交流总结	10		
合计		100		
学生心得体会与收获：				
教师总体评价与建议： 教师签名： 日期：				

任务二　LED 智能照明系统的调试

智控 App 软件是一款专门管理与操控智能硬件的手机软件，可以让用户在生活中体验到智能设备的方便与好处。它采用蓝牙信号实现手机与智能设备的交互连接，让用户在不同的环境、不同的场景中实现多样化控制。当用户熟悉实训设备中的硬件模块后，可以使用智控 App 软件对系统进行调试。智控 App 软件的使用有特殊的要求，仅应用于指定类型灯具的调试。

任务目标

知识目标

了解 LED 智能照明灯具的调试。

技能目标

1. 学会 LED 智能照明系统的灯具调试方法。
2. 掌握使用智控 App 软件控制灯具的方法。

任务内容

1. 了解 LED 智能照明系统的调试步骤。
2. 了解在 LED 智能照明系统中的设备故障检测方法及解决方法。

知识

智控 App 软件的具体功能如下。

（1）通过蓝牙方式能够将智能设备绑定到账号中进行使用。

（2）已绑定的智能设备可以进行功能上的调控，即控制该设备具有的功能。

（3）根据不同的场合设置多种智能设备的调节功能，实现一键控制多种设备。

（4）可对账号的密码进行修改。

智控 App 软件不仅能满足用户自定义需求，进行场景管控模式设置，如离家模式、睡眠模式、回家模式等；还能查看所有智能设备的运行状态，操控设备的连接与断开，可以适用多种不同场景的调用，如餐饮模式、深夜模式等。但需要注意的是，此软件需要与厂家技术部联系，获取账号和密码后方可使用。

下面主要介绍该软件的主要界面和功能。

1. 主界面

如图 7-2-1 所示，主界面显示一个区域内所有的场景及所用到的设备，显示内容有区域的名称、当前位置和天气信息、场景列表、设备列表。

如图 7-2-2 所示，新账号登录进入后，主界面默认是没有区域、场景、设备信息的，需要根据自己的使用需求手动添加。

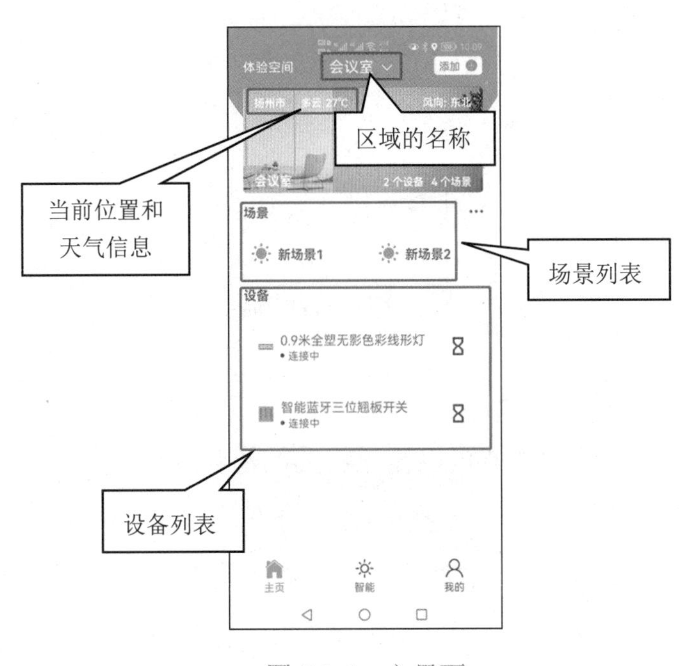

图 7-2-1　主界面

图 7-2-2　主界面（新账号登录）

添加区域功能：如图 7-2-3 所示，用户通过此功能可以配置不同的区域和新区域内的场景，以及设备的功能控制状态，包含有配置新区域的名称、选取合适区域信息的参考图片、显示区域信息，以及实现添加区域的显示。

（a）点击“添加区域”按键

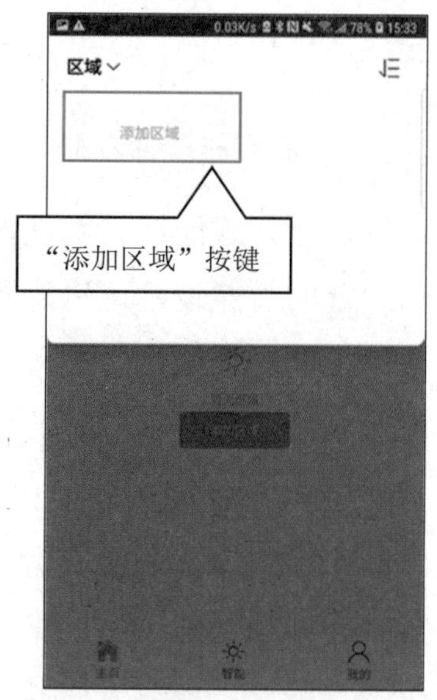

（b）在下拉列表中再次点击“添加区域”按键

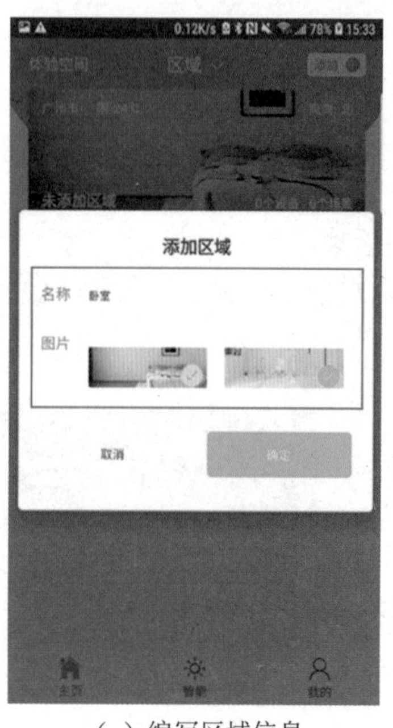

（c）编写区域信息

（d）区域添加成功

图 7-2-3　添加区域功能

添加场景功能：如图 7-2-4 所示，用户通过此功能可以配置不同的场景，并设置场景中多个设备功能控制状态，包含有配置新场景的名称、选取合适场景信息的参考图片、添加所控制的设备、配置设备功能状态与保存配置。这样即可成功添加设备。

执行场景功能：如图 7-2-5 和图 7-2-6 所示，在主界面中，点击场景列表中的某一个场景，即运行该场景。场景名称旁边的场景图标如果为绿色，则表示可以运行，并表示该场景有保存的设备调控；如果为灰色，则表示无法运行，并表示该场景没有添加任何设备。

（a）点击功能图标

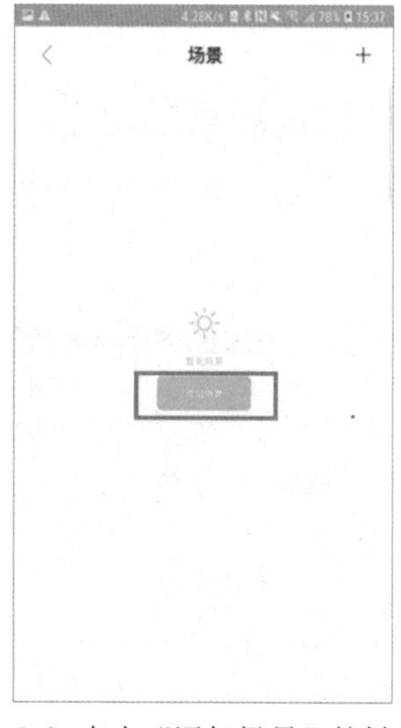
（b）点击“添加场景”按键

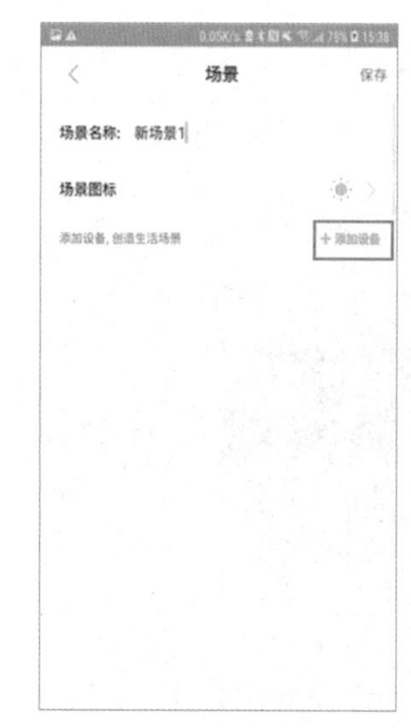
（c）添加设备

（d）选择合适的场景图标

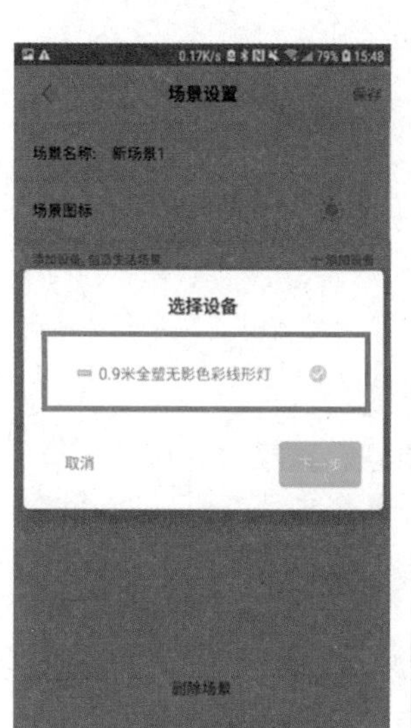
（e）选择设备添加到场景里

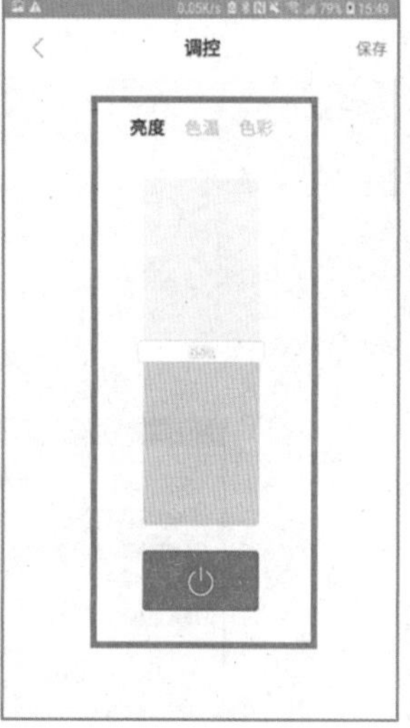
（f）配置设备功能状态

（g）保存配置信息

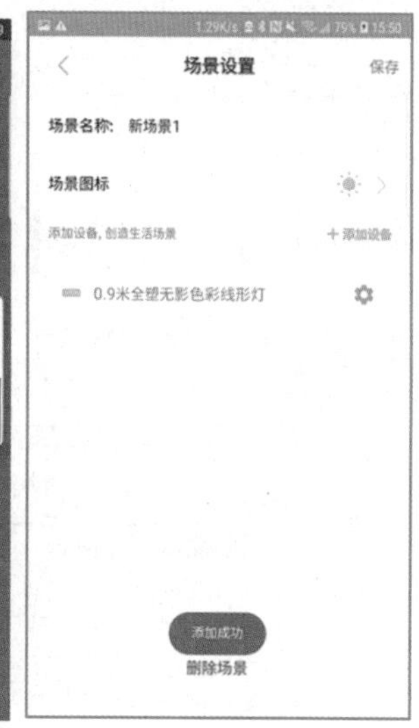
（h）添加设备成功

图 7-2-4　添加场景功能

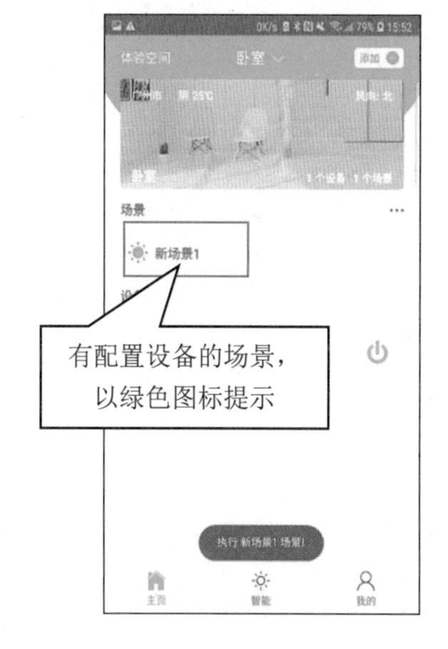

图 7-2-5　有配置设备的场景

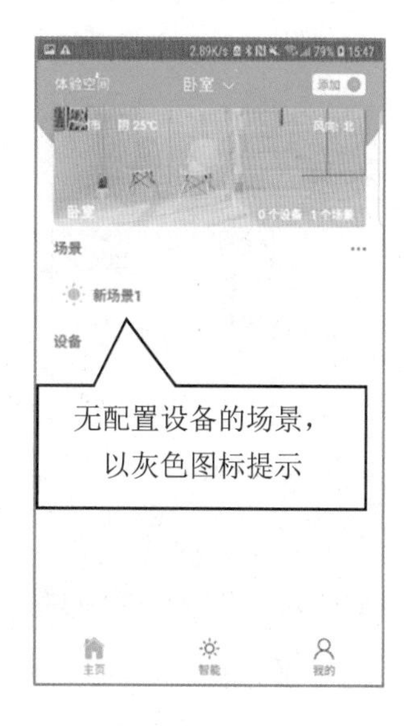

图 7-2-6　无配置设备的场景

场景的编辑与修改功能：如图 7-2-7 所示，用户在场景界面中可点击功能图标进行场景编辑，还可再新建场景。用户可根据个人的应用场景来命名，如办公场景模式、居家场景模式、课室场景模式，还有更多场景应用，用户可自行设置。同时可删除当前场景所使用的设备。

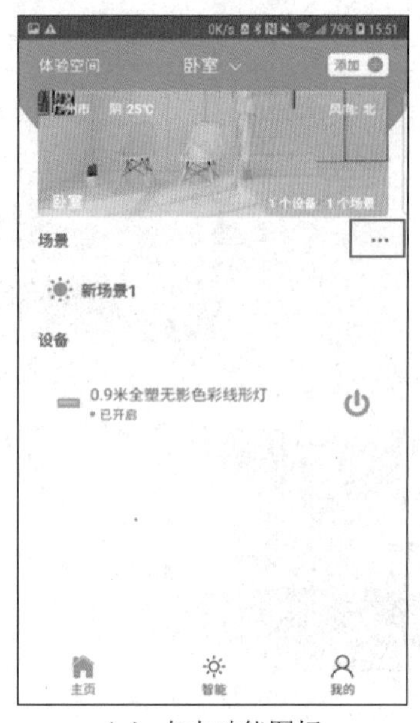

（a）点击功能图标

（b）场景列表

（c）设置场景信息

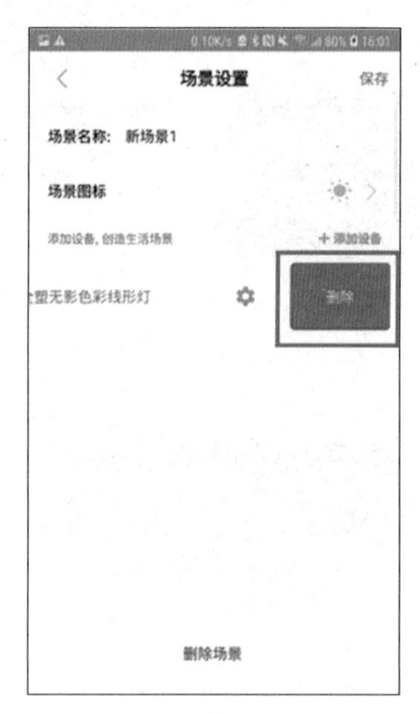

（d）删除场景设备

图 7-2-7　场景的编辑与修改功能

2. 体验空间

如图 7-2-8 所示，“体验空间”功能按键在主界面的左上角，主要呈现区域、场景、设备的实例样式。例如，在体验会议室区域，可操作投影场景模式模拟效果、左灯的开灯效果等，以直观的方式了解软件在控制区域里设备的功能呈现与运行状态。

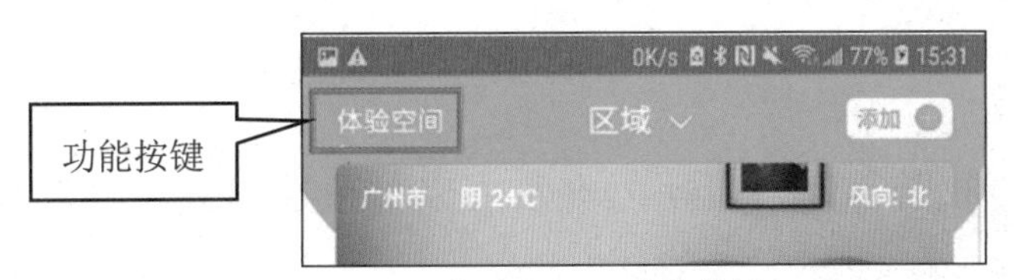

（a）“体验空间”功能按键

（b）会议室的投影场景模式模拟效果

（c）左灯的开灯效果

图 7-2-8　体验空间功能

3. 智能界面

如图 7-2-9 所示，智能界面能显示当前账号所绑定的所有设备。在该界面可以扫描绑定设备，把需要连接的设备与固定的账号进行连接和绑定；在其账号下，控制设备相应的功能与运行；在不需要连接此设备时，可将设备与固定的账号取消连接。

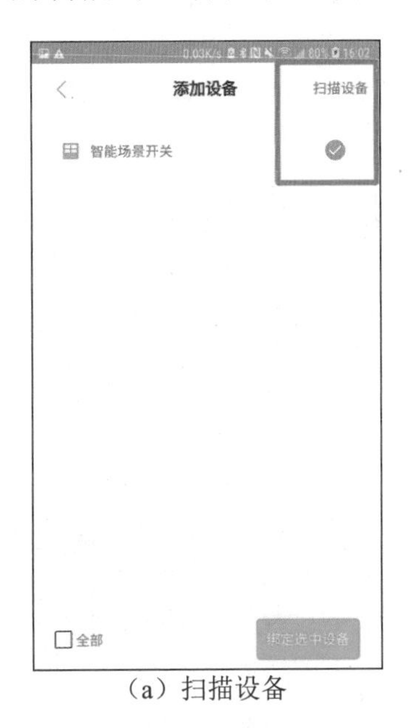

（a）扫描设备

（b）绑定设备

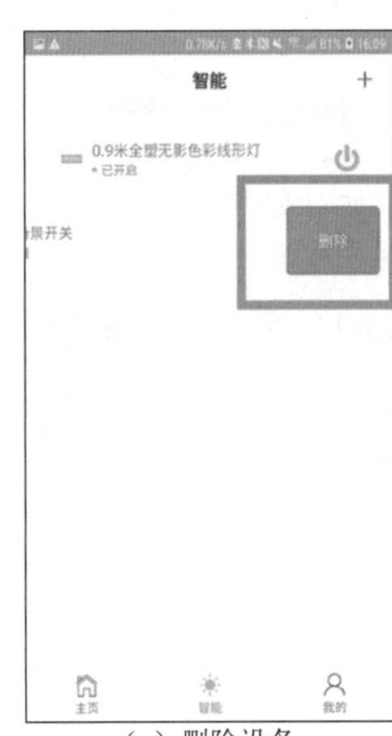

（c）删除设备

图 7-2-9　智能界面功能

4. 我的界面

如图 7-2-10 所示，我的界面显示账号名称、当前位置与天气及其他内容等信息。在该界面能修改密码、退出账号。

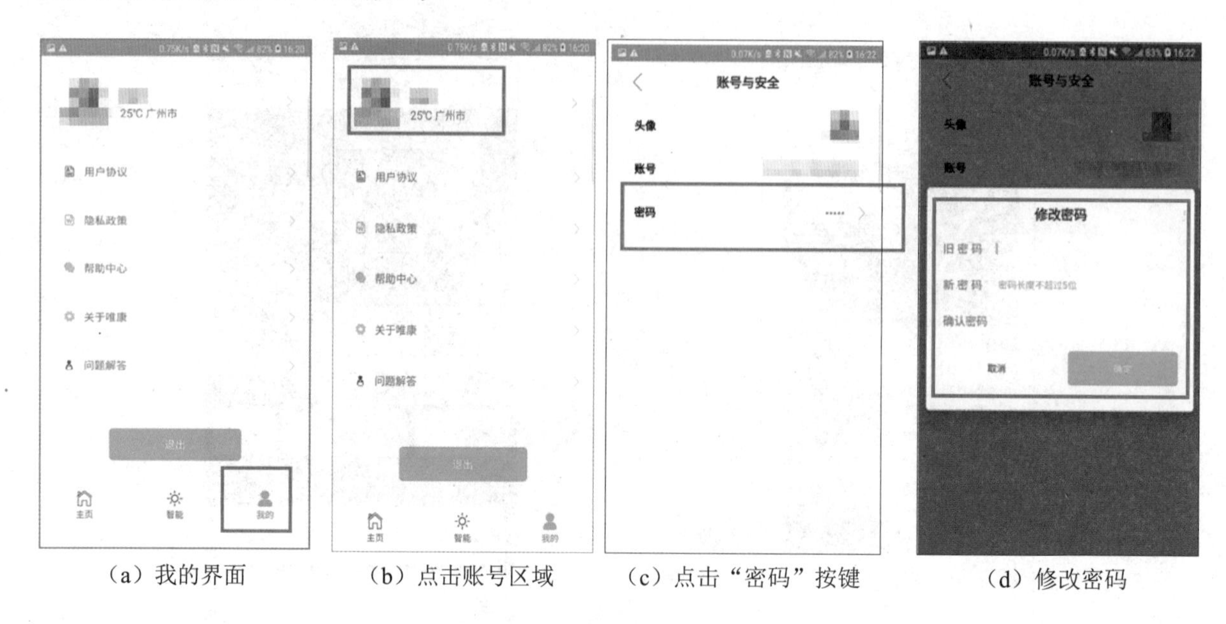

（a）我的界面　（b）点击账号区域　（c）点击“密码”按键　（d）修改密码

图 7-2-10　我的界面

实训

1. LED 智能照明灯具的调试

LED 智能照明灯具采用智能方式实现灯具照明控制功能。调光调色筒灯和全塑无影色彩线形灯灯具模块调试主要包括对灯具连接、亮度、色温、颜色等的控制。具体调试步骤如下。

（1）在调试灯具之前，请先确保已连接好电源线。

（2）灯具通电后，还需要重置灯具。采用通断电源 10 次的方式，当灯具出现闪亮时，表示灯具已经恢复出厂设备。

（3）操作软件对灯具进行绑定及调试。

（4）操作软件对场景功能进行应用。

2. 调光调色筒灯的调试

打开智控 App 软件，登录后进入智能界面，点击右上角的“+”按键，用来增加设备，进入搜索界面，选择调光调色筒灯，点击“绑定选中设备”按键，绑定时灯会闪亮 3 次，表示灯与软件已正常连接。

（1）如图 7-2-11、图 7-2-12 所示，输入账号和密码，并同意《用户协议》和《隐私政策》。

（2）如图 7-2-13 所示，开启蓝牙、GPS 和定位权限功能。

（3）如图 7-2-14 所示，进入智能界面。

图 7-2-11　登录账号

图 7-2-12　输入密码

图 7-2-13　开启权限

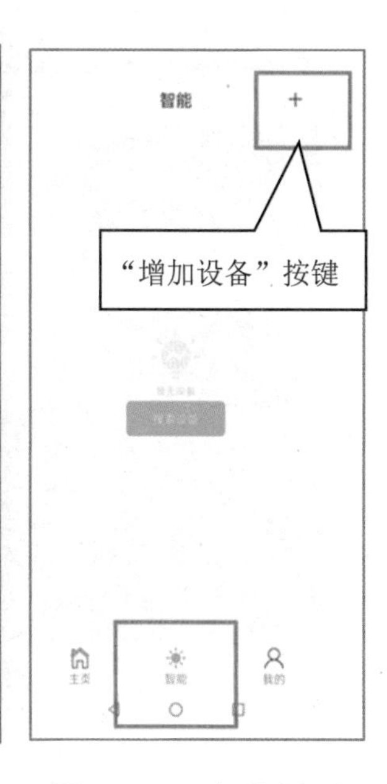

图 7-2-14　智能界面

（4）如图 7-2-15、图 7-2-16 所示，点击右上角“增加设备”按键后进入搜索界面，选择调光调色筒灯并绑定。

（5）如图 7-2-17、图 7-2-18 所示，在智能界面，通过点击灯具的侧边图标（“开关”按键），可控制灯具的开与关。

图 7-2-15　选择设备

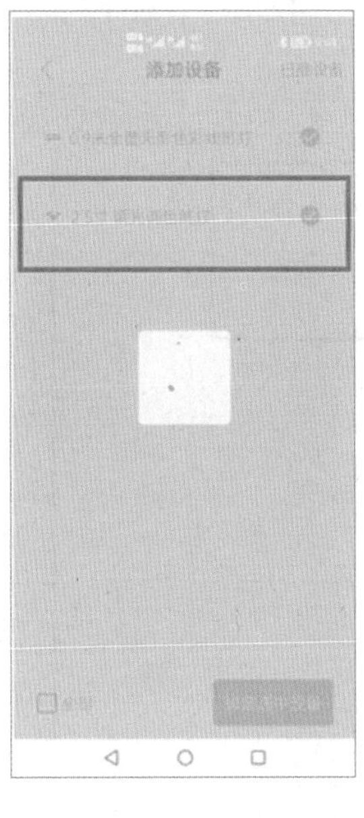

图 7-2-16　绑定设备

图 7-2-17　开启灯具

图 7-2-18　关闭灯具

注意：如图 7-2-19 所示，点击灯具旁的“删除”按键可取消灯具与软件的绑定。此操作可用于操作其他灯具、智能场景开关和智能蓝牙三位翘板开关、智能电动窗帘。

（6）如图 7-2-20、图 7-2-21 所示，点击灯具，进行亮度和色温的调试。

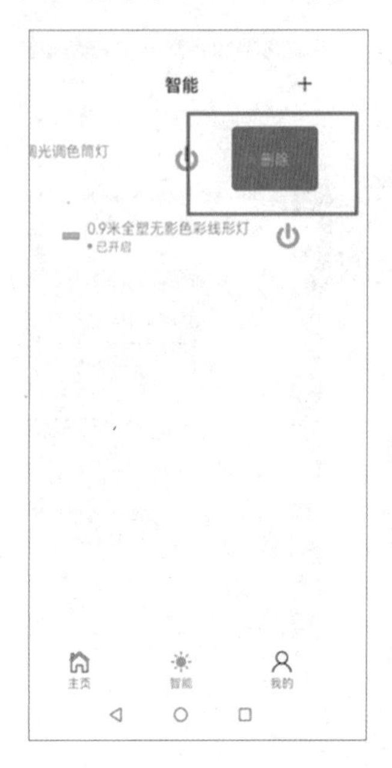

图 7-2-19　删除设备（取消绑定）

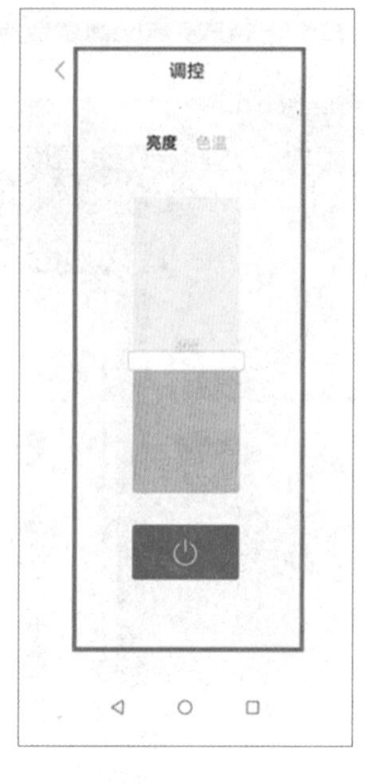

图 7-2-20　亮度

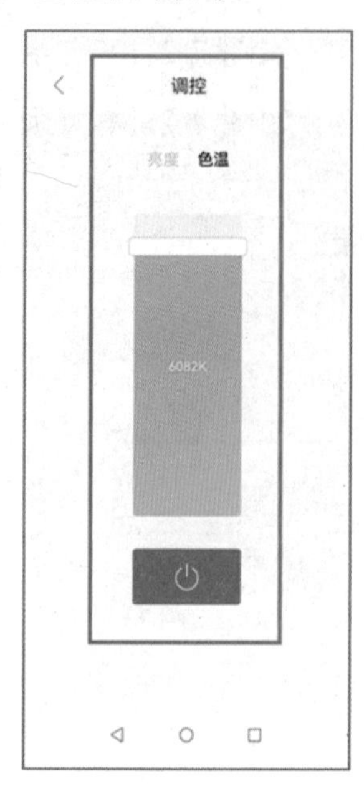

图 7-2-21　色温

3．全塑无影色彩线形灯的调试

在软件的智能界面中，点击右上角的“增加设备”按键，进入搜索界面，选择全塑无影色彩线形灯，点击“绑定选中设备”按键，绑定时灯会闪亮 3 次，表示灯与软件已正常连接。具体的步骤如下。

（1）如图 7-2-22 所示，进入智能界面。

（2）如图 7-2-23、图 7-2-24 所示，点击右上角的“增加设备”按键，进入搜索界面，选择全塑无影色彩线形灯并绑定。

图 7-2-22　智能界面

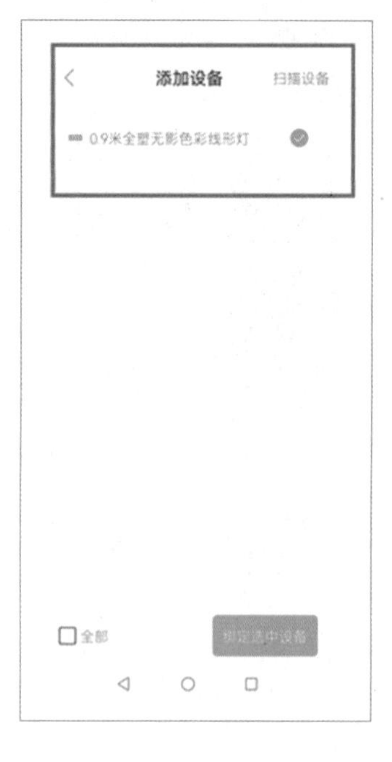

图 7-2-23　选择设备

图 7-2-24　绑定设备

（3）如图 7-2-25 所示，在智能界面中，通过点击灯具的侧边图标，可控制灯具的开与关。

如图 7-2-26～图 7-2-28 所示，点击灯具，进行亮度、色温和色彩功能的调试。

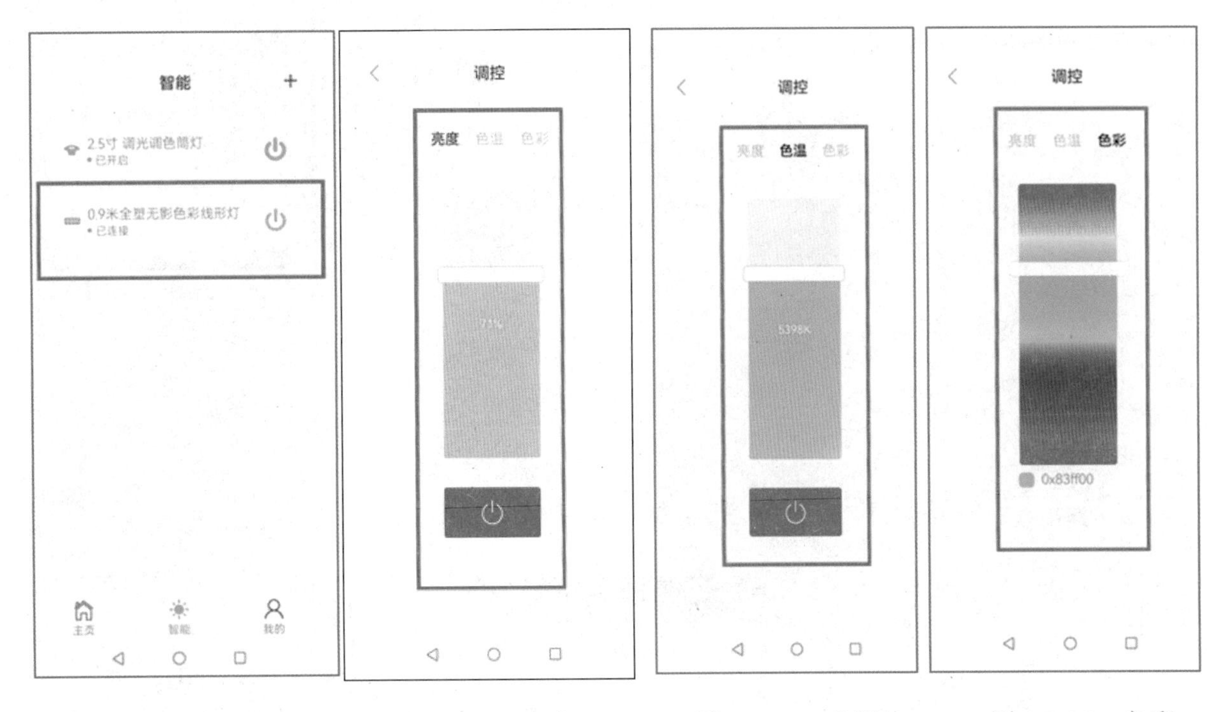

图 7-2-25　设备开/关　　图 7-2-26　亮度　　图 7-2-27　色温　　图 7-2-28　色彩

4. 智能蓝牙三位翘板开关和智能场景开关的调试

（1）如图 7-2-29、图 7-2-30 所示，进入智能界面，点击右上角的“增加设备”按键，进入搜索界面，选择智能蓝牙三位翘板开关和智能场景开关，并绑定。

注意：智能场景开关在出厂时默认已经恢复设备状态。通电后，在第 1 次连接设备时，可直接搜索与绑定设备。若要删除设备，则务必在设备通电且软件显示已有通信连接的状态下删除设备；否则设备出现删除异常导致进入无法再次搜索与绑定设备的状态。

（2）如图 7-2-31 所示，点击“智能蓝牙三位翘板开关”按键，进行其 3 个位置的单独控制与调试。

（3）如图 7-2-32 所示，点击“智能场景开关”按键，进行硬件与软件场景效果的功能配置。此处可把主界面配置的场景状态添加到智能场景开关的控制功能里，即可实现设备硬件的控制功能。

5. 智能电动窗帘的调试

在智能家居设备中，智能电动窗帘一直是家居智能化必不可少的组成部分，它安装简单，耐用实惠。智控 App 软件通过蓝牙信号控制窗帘电机，操控窗帘开合或关闭，实现窗帘的调节和控制。此配件操作方便、智能简约。

图 7-2-29　选择设备

图 7-2-30　绑定设备

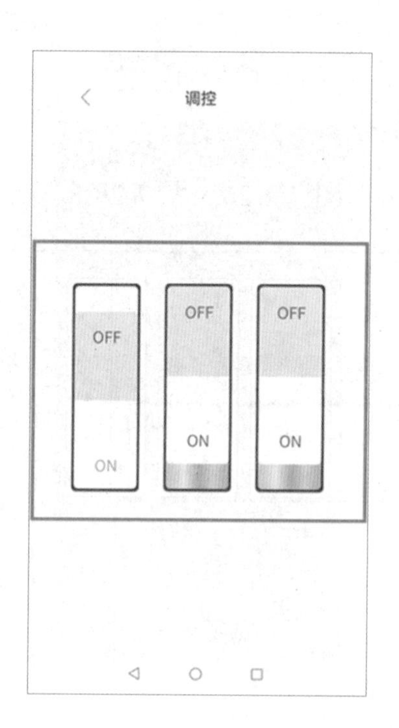

图 7-2-31　智能三位翘板开关调控界面

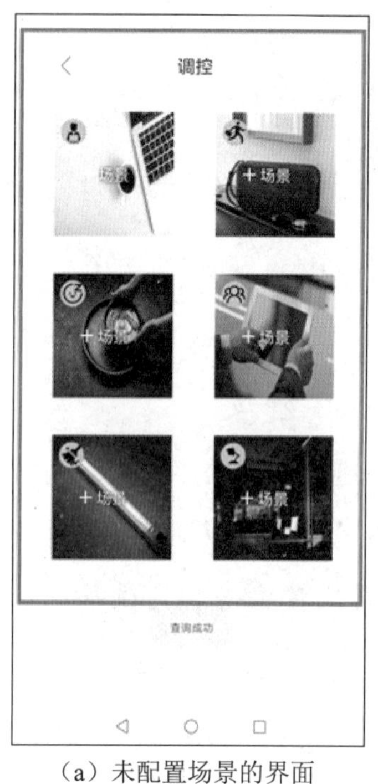

（a）未配置场景的界面

（b）选择场景进行添加

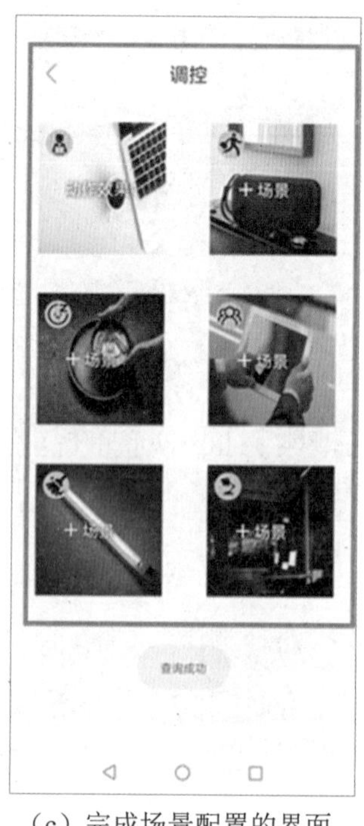

（c）完成场景配置的界面

图 7-2-32　智能场景开关功能界面图

如图 7-2-33 所示，智能电动窗帘包含有固定支架、导轨和传送带及窗帘电机。

首先，将窗帘电机的电源插头（见图 7-2-34）插入 AC 220V 电源插座。使用时需要操作电源区的按钮开关，以断开与接通 AC 220V 电源 10 次的操作方式恢复设备。听到有蜂鸣器声响，说明设备已经恢复初始状态。

图 7-2-33　智能电动窗帘组成图

如图 7-2-35、图 7-2-36 所示，进入智能界面，点击右上角的“增加设备”按键，进入搜索界面，选择电动窗帘并绑定。

如图 7-2-37、图 7-2-38 所示，点击“电动窗帘”按键进入操作界面后，点击左侧和右侧按键可以控制窗帘的一键开合或关闭。点击中间的“暂停”按键，可以让窗帘停留在任意合适的位置。

手动调节窗帘电机正转按键、反转按键或暂停按键，让窗帘的开合状态停留在指定位置；用手轻轻拉动窗帘，也可以实现窗帘的自动开合或关闭。

图 7-2-34　窗帘电机的电源插头

图 7-2-35　选择设备

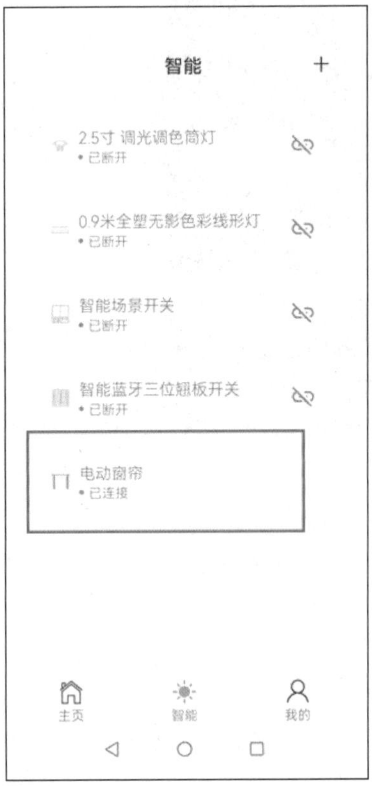

图 7-2-36　绑定设备

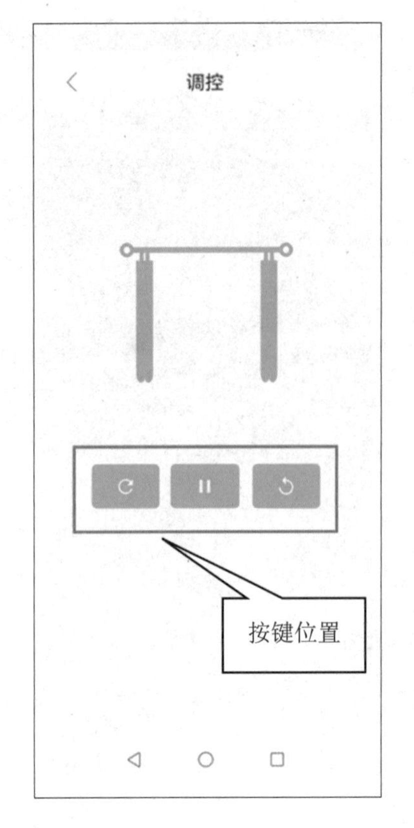

图 7-2-37　智能电动窗帘打开

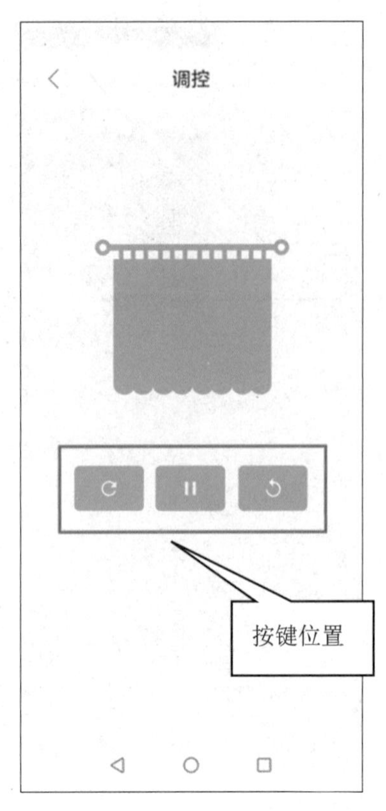

图 7-2-38　智能电动窗帘关闭

配置产品清单如表 7-2-1 所示。

表 7-2-1　配置产品清单

序　　号	产品名称	参考图片	数量	产品说明
1	调光调色筒灯		1	外形尺寸：ϕ91mm×52mm 开孔尺寸：ϕ75mm 功率：3W 灯珠类型：双色 2835 灯珠数量：15 输入电压：AC 85～265V 发光角度：110°
2	全塑无影色彩线形灯		1	外形尺寸：ϕ26mm×900mm 功率：14W 灯珠类型：2835 灯珠数量：72 发光角度：300° 光通量：1400lm

续表

序　号	产品名称	参考图片	数量	产品说明
3	智能场景开关		1	4.0 寸彩屏驱动，分辨率为 480 像素×480 像素 电容触摸屏驱动控制，支持全屏触摸 能够支持滑条手势控制，可调灯光亮度、RGB 颜色、灯光饱和度 连接蓝牙 Mesh 模块，能够加入现有蓝牙网络中，实现蓝牙联动灯光场景控制 能够协同智控 App 软件对用户编号组进行场景控制
4	智能蓝牙三位翘板开关		1	输入电压/频率（V/Hz）：AC 100～240V，50/60Hz 相线/零线接入，主控相线输出 最大负载电流（A）：≤10（A1～A3 输出接口） 待机功耗（W）：<0.5 控制距离：30～60m 蓝牙版本：BLE　Mesh 蓝牙通信标准协议： IEEE 802.15 手动/App/场景控制可选
5	智能空开电源和断路器模组		1	额定电压：AC 220V 额定电流：25A
6	智能电动窗帘		1	组成模块：电机模块+电动导轨模块（传感箱、滑轮、轨道、交叉器、皮带）+电源插头+窗帘布 电源电压：AC 100V/AC 240V
7	智能微动传感控制器		1	输入电压：AC 198～264V，50/60Hz 额定电压：AC 220～240V，50/60Hz 待机功耗：≤0.5W 雷击浪涌：LN 线间为 1kV 工作模式：ON/OFF 负载类型：阻性或容性 负载功率：阻性为 800W，容性为 400W 负载浪涌电流：30A（在 50%Ipeak 下测试 twidth500us@230Vac 满载情况下冷机启动）或 60A（在 50%Ipeak 下测试 twidth200us @230Vac 满载情况下冷机启动）
8	智控 App 软件	—	1	蓝牙本地控制，无法远程控制 安卓手机 App 软件蓝牙无线近场控制 蓝牙 Mesh 无线设备场景绑定设置

思考：如何绑定与调试照明设备？

考核

将考核结果填入表 7-2-2 中。

表 7-2-2 考核表

任务考核内容		标准分值	自我评分分值×50%	教师评分分值×50%
专知识技能	任务计划阶段			
	了解任务要求	5		
	任务执行阶段			
	熟悉设备连接	10		
	实训效果展示	10		
	理解绑定设备操作	10		
	实训设备使用	10		
	任务完成阶段			
	设备的调试	10		
	实训功能测试	10		
	实训结论	15		
职知识素养	规范操作（安全、文明）	5		
	学习态度	5		
	合作精神及组织协调能力	5		
	交流总结	5		
合计		100		
学生心得体会与收获：				
教师总体评价与建议： 教师签名：　　　　　　日期：				

项目八

LED 显示屏的拼接与应用

随着现代社会进入信息时代，信息传播占有越来越重要的地位，同时人们对视觉媒体的要求也越来越高，要求传播媒体传播信息直观、高速、稳定。鉴于LED显示屏随时播放媒体信息的优越特性，在有需要媒体显示的地方几乎已经全部采用LED显示屏来展示。本项目围绕LED显示屏FC数据排线的制作、LED显示屏驱动芯片的安装与焊接、LED显示屏系统的拼接3个任务实现LED显示屏的应用。

任务一 LED显示屏FC数据排线的制作

LED显示屏作为一种现代化新媒体普遍应用于各个场所。而FC数据排线是LED显示屏传输数据信号的产品配件，在保障LED显示屏持续正常运行中起到重要作用。本次实训任务通过对LED显示屏FC数据排线的制作来加深学生对FC排线的作用、结构的认识。

任务目标

知识目标

1. 认识LED显示屏FC数据排线的作用及结构。
2. 熟悉LED显示屏FC数据排线及相关配件规格。

技能目标

掌握LED显示屏FC数据排线的制作方法。

任务内容

LED显示屏FC数据排线的制作。

知识

1. LED显示屏FC数据排线的组成

LED显示屏使用的数据排线是FC数据排线。FC数据排线又称Flat Cable（FC），中文译为扁平线缆，可以任意选择线缆数目及间距，使连线更方便，大大减小电子产品的体积，降低生产成本，提高生产效率，最适合在移动部件与主板之间、PCB对PCB之间、小型化电气设备中作为数据传输线缆。

FC数据排线是用于单元板连接、传输信号的线材。它把各种控制与显示信号传递到每块单元板中，让每颗灯珠都能按数据正常显示，最终显示屏能正常显示要呈现的内容。

FC 数据排线与计算机机箱内的数据线类似，只是线的宽度不同。制作 FC 数据排线需要特殊的工具，如工厂在生产时使用压线钳子，或者由压线的机器生产，这样可以大大提高工作效率和优良品率。如图 8-1-1 所示，FC 数据排线包含排线、排线头、排线帽。

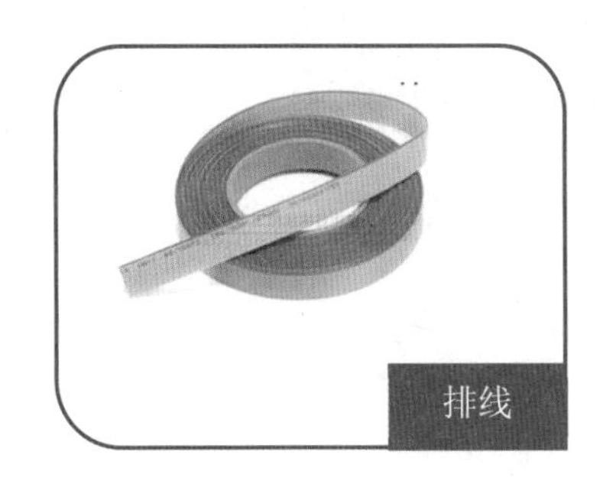

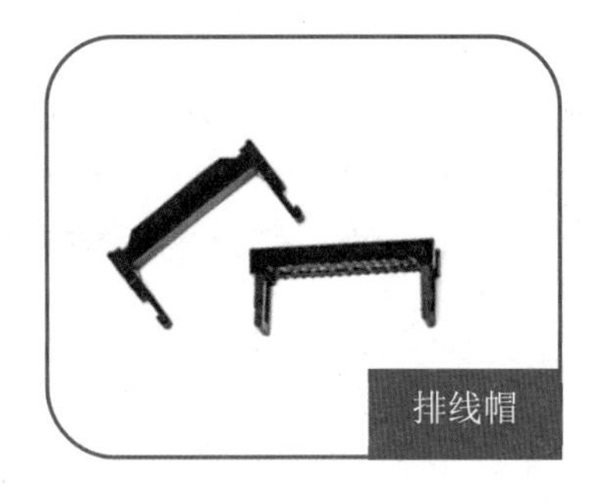

图 8-1-1　排线、排线头、排线帽参考图

排线材料在市场上较为普遍，且有统一的技术生产标准。通过表 8-1-1 和图 8-1-2 可初步了解排线和排线头的技术规格。

表 8-1-1　排线的技术规格

型　号	UL2651 #28AWG	线　芯	7×0.1mm
规　格	16P	线芯材质	表面镀锡无氧铜
外　皮	全新环保材质	线间距	1.27mm

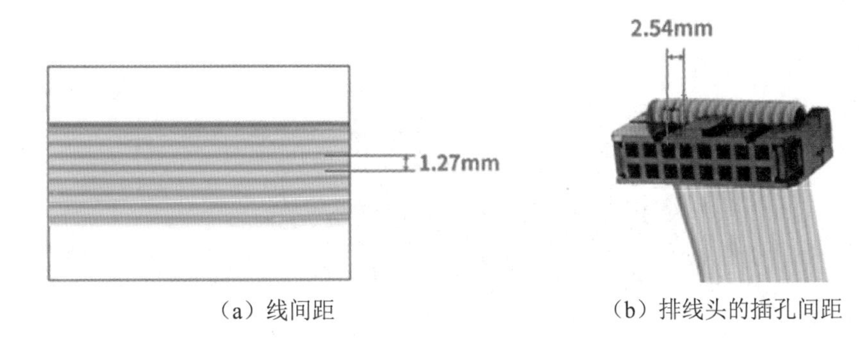

（a）线间距　　（b）排线头的插孔间距

图 8-1-2　排线和排线头线间距图

2. FC 数据排线及相关配件规格

UL2651 型号 FC 数据排线使用 0.1mm 线径的铜丝线芯，表面镀锡，单根线缆包含有 7 条线芯，两线之间的中心距离（线间距）是 1.27mm，排线头相邻两孔之间的距离（插孔间距）为 2.54mm，即 1.27mm 的 FC 数据排线配套 2.54mm 的排线头。

排线头上一共有多少个孔位就是多少 PIN。如图 8-1-3 所示，单排 8 个孔位，两排一共有 16 个孔位，即 16PIN。如图 8-1-4 所示，FC 数据排线有多种规格，可以通过测量计算出孔间距：测量线身宽度，线间距可以通过“线身宽度÷PIN 数=间距”计算。例如，25mm÷20P≈1.27mm。

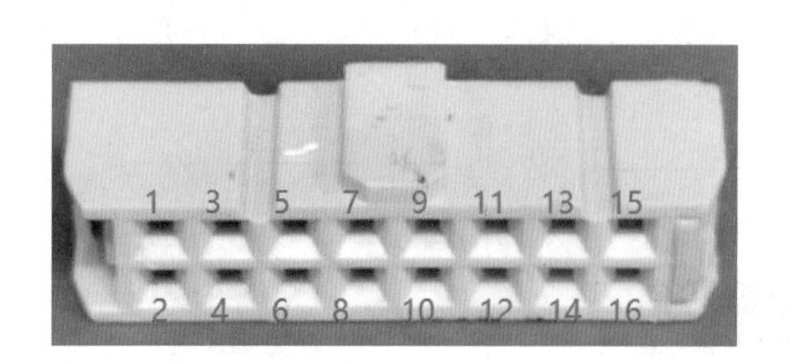

图 8-1-3　排线头引脚的 PIN 数

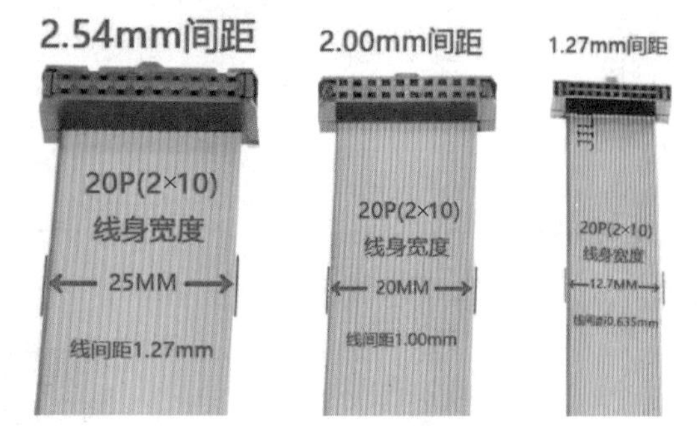

图 8-1-4　排线间距尺寸图

FC 数据排线的方向有同向和反向两种，观察 FC 数据排线两端的插头，插头凸点一内一外方向为同向，如图 8-1-5 所示。

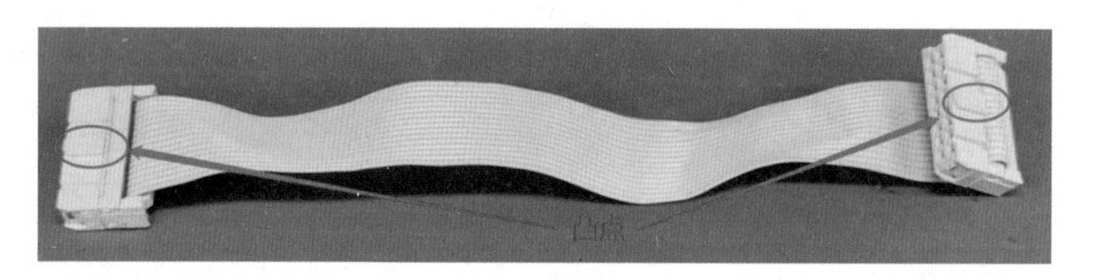

图 8-1-5　FC 数据排线的方向

对于 FC 数据排线的线序，以标有红色的线为第 1 序号，后续的线以此为顺序递增序号，如图 8-1-6 所示。

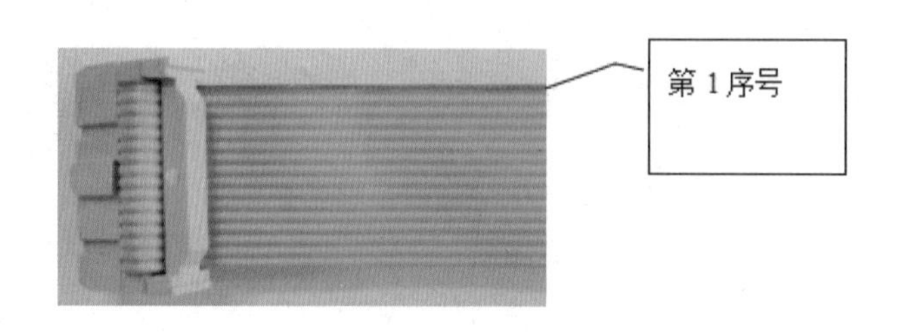

图 8-1-6　FC 数据排线的线序

FC 数据排线因有诸多优点而被广泛应用于 LED 显示屏等光电行业产品中。FC 数据排线的制作步骤如下。

（1）用剪刀剪平线头，将排线的端头放入排线头。

（2）把排线头放进压线钳的中央，用力压紧。

（3）把压好的线往上翻到排线头上，并安装排线帽，使排线处于排线头与排线帽之间，继续压排线帽直到两侧扣紧。排线帽很重要，可以有效保护排线，让排线更加结实。

FC 数据排线具有如下优点与特性。

（1）体积小、质量轻。

（2）可移动、弯曲、扭转而不会损坏线缆，能够遵照不同形状和特别的封装尺寸。

（3）具有优良的电性能、介电性能、耐热性。

（4）具有更高的装配可靠性和质量。排线减少了内连所需的硬体，如传统的电子封装上常用的焊点、中继线、底板线路及线缆，使排线能够提供更高的装配可靠性和质量。因它具有更高的装配可靠性，所以使用寿命会很长。

（5）信号传输更加稳定，导电性能好，安装方便，不易损坏。

（6）性能稳定，具有抗酸性、耐油性、防潮、防霉等性能，防腐蚀能力强，耐高低温能力强。

（7）它仅有的限制是体积空间问题。由于它可以承受数百万次的动态弯曲，所以可很好地适用于连接运动或定期运动的内连系统，成为产品功能的一部分。它的设计风格简单，外观做工精美。

（8）相比于 FFC 数据排线（Flexible Flat Cable，FFC，中文译为柔性扁平线缆），其动态弯拆的使用操作寿命更长。

结合在工程中 LED 显示屏的连接应用，使用航空插头公母对接线缆和 FC 数据排线焊接制作成 LED 显示屏拼接线缆，如图 8-1-7 所示。

如图 8-1-8 和图 8-1-9 所示，公母插头有对应的针位和孔位，针位和孔位的线序与线的颜色都有标准，公头航空插头针位颜色按逆时针方向分别是白色、棕色、绿色、黄色、灰色、粉色、蓝色、红色或屏蔽，母头航空插头孔位颜色按顺时针方向分别是白色、棕色、绿色、黄色、灰色、粉色、蓝色、红色或屏蔽，如图 8-1-10 所示。

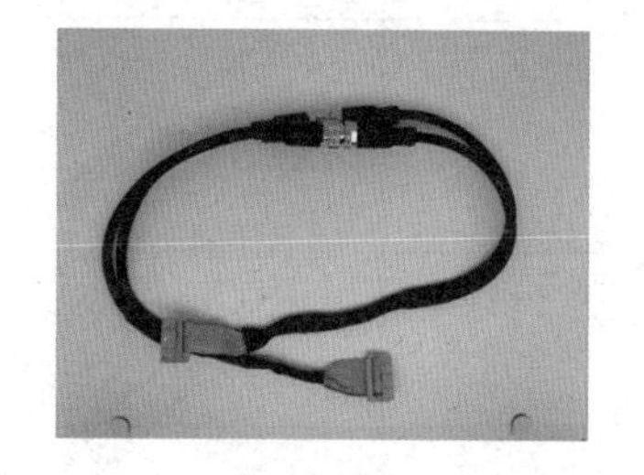

图 8-1-7　LED 显示屏拼接线缆

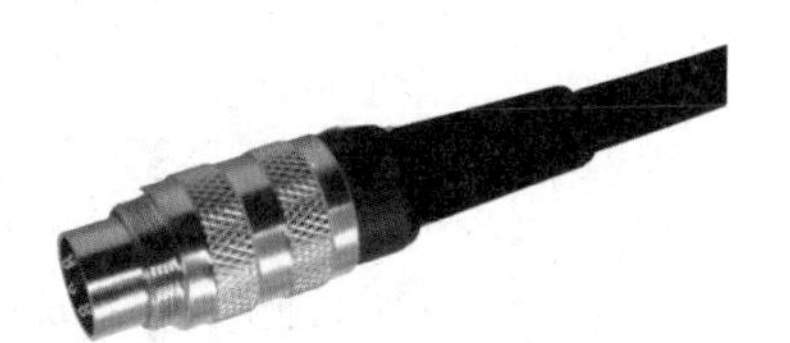

图 8-1-8　航空公插头线缆

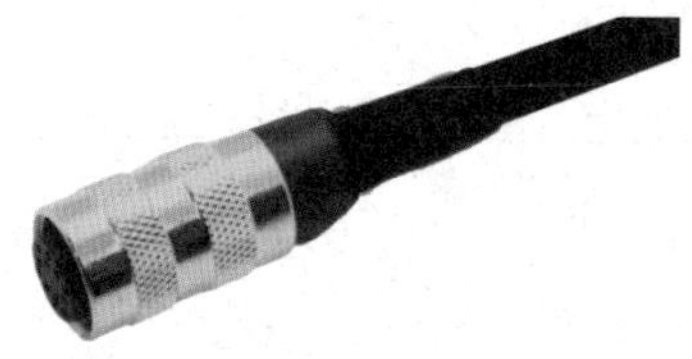

图 8-1-9　航空母插头线缆

公头

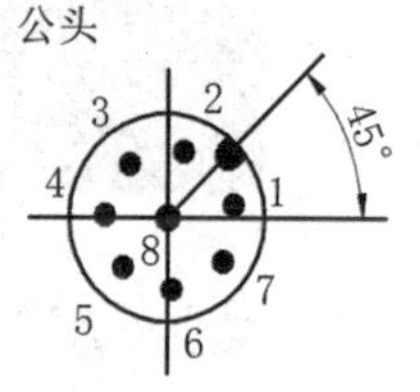

针位	颜色
1	白色/white
2	棕色/brown
3	绿色/green
4	黄色/yellow
5	灰色/grey
6	粉色/pink
7	蓝色/blue
8	红色/red或屏蔽/shield

母头

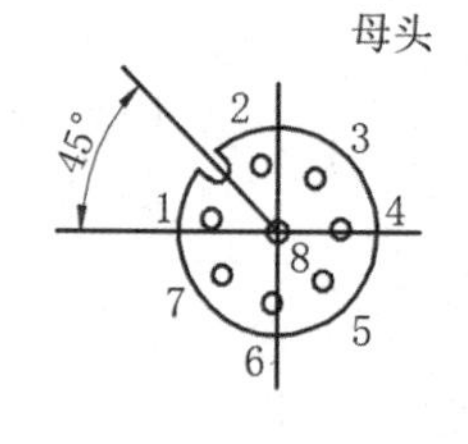

孔位	颜色
1	白色/white
2	棕色/brown
3	绿色/green
4	黄色/yellow
5	灰色/grey
6	粉色/pink
7	蓝色/blue
8	红色/red或屏蔽/shield

图 8-1-10　航空插头的针位和孔位与颜色

实训

（1）实训准备。

准备 FC 数据排线、航空公插头线缆、航空母插头线缆、热缩套管、万用表、螺丝刀、剪刀、夹具、剥线钳、电烙铁、焊锡丝、松香。具体见表 8-1-2。

表 8-1-2　实训物料清单

序号	名　称	数　量	单位	规格或型号	外　观
1	FC 数据排线	1	条	16P/间距 2.54mm/同向	
2	公头航空插头线缆	2	条	8 芯/公头	
3	母头航空插头线缆	2	条	8 芯/母头	
4	小热缩套管	若干	条	直径 1.5mm/黑色	
5	大热缩套管	若干	条	直径 12mm/黑色	
6	万用表	1	台	数字型	万用表
7	螺丝刀	1	把	十字	
8	树枝剪刀	1	把	200mm/直型	
9	夹具	1	个	焊接夹具带底座	夹具
10	剥线钳	1	把	K 型/ 可剥线径 0.5、1.0、1.5、2.0（mm）	

续表

序号	名　　称	数　　量	单位	规格或型号	外　　观
11	电烙铁	1	台	60W / 可调温、恒温	
12	焊锡丝	若干	m	线径 0.8mm	
13	松香	1	个	质量约为 10g	

（2）焊接制作。

第 1 步：线缆裁剪。用树枝剪刀把 FC 数据排线剪成两段，同样，把航空插头线也剪成两段；用剥线钳给线缆剥皮，线缆露出长度约为 10mm；最外边的线缆外皮套上大热缩套管，小的线缆外皮套上小热缩套管。

第 2 步：线缆连接。依据图 8-1-10，判断航空插头和 FC 数据排线线序并一一对应，分别把航空插头的公头和母头线序为 1（白色）与 FC 数据排线线序为 1（红色）的线缆对接，进行直接连接，缠绕在一起。线缆连接如图 8-1-11 所示。

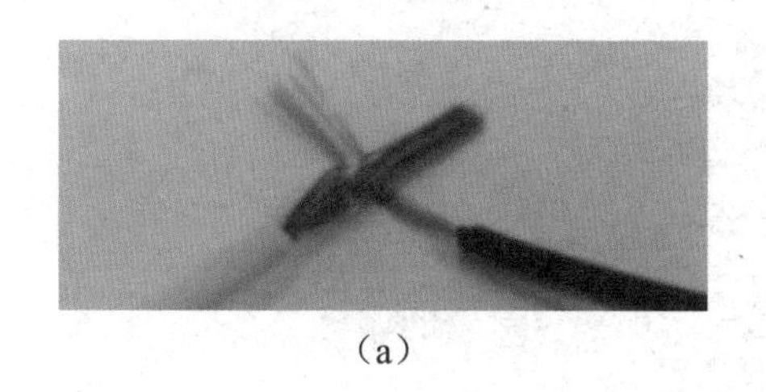
（a）

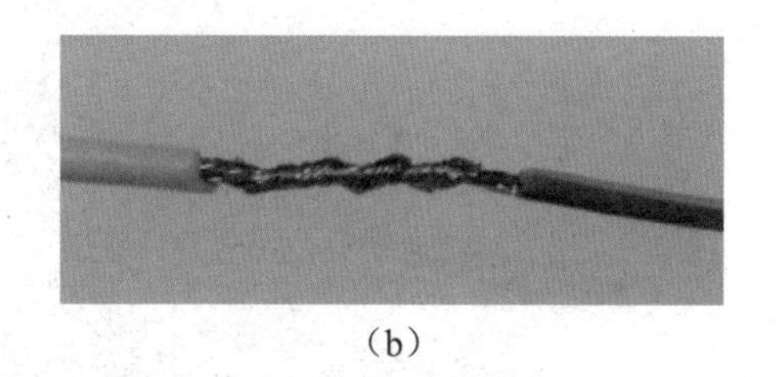
（b）

图 8-1-11　线缆连接

第 3 步：焊接线缆。把连接好的航空插头的公头线序为 1（白色）与 FC 数据排线线序为 1（红色）的线缆分别固定在夹具上，在线缆裸露的铜线上沾上松香，并加热焊锡丝 2～3s，待焊锡丝熔化均匀后，移开烙铁头，即可完成焊接。

如图 8-1-12 所示，烙铁头、焊锡丝放置的位置很重要，烙铁头在线缆的水平方向正前方，从需要焊接的线缆的最左或最右处开始加热，同时焊锡丝在线缆的水平方向正后方，与烙铁头保持同一方向（左右的方向）并贴着线缆。

当焊锡丝熔化到线缆上时，保持烙铁头继续给线缆加热的状态，焊锡丝继续贴着线缆，双手同时朝一个方向快速移动（速度的快慢以焊锡丝的熔化速度为准），保证线缆都被焊接牢固，焊锡均匀分布。焊接安成后检查是否都上了锡，有漏焊、虚焊均不合格。

随后用以上方法焊接剩下的线缆，按相应的线序焊接起来，注意第 2 条公头航空插头线缆线序为 1 的线缆与 FC 数据排线线序为 9 的线缆对应焊接在一起，依次类推，后面按顺序递增；母头航空插头线缆与 FC 数据排线的焊接方法同上。

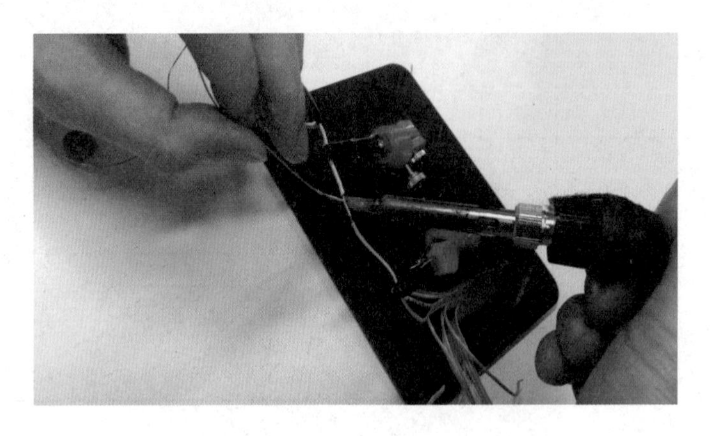

图 8-1-12　焊接线缆

第 4 步：热缩套管绝缘处理。先将预先套在线缆上的小热缩套管移到连接处；再用加热的电烙铁靠近小热缩套管，利用烙铁的高温加热小热缩套管，直到它完全收缩，如图 8-1-13 所示；最后将预先套在线缆上的大热缩套管移到所有小热缩套管连接处，并采用上述方法直到它完全收缩，如图 8-1-14 所示。用以上制作方法把两条母头航空插头与 FC 数据排线焊接制作完成。

图 8-1-13　小热缩套绝缘处理

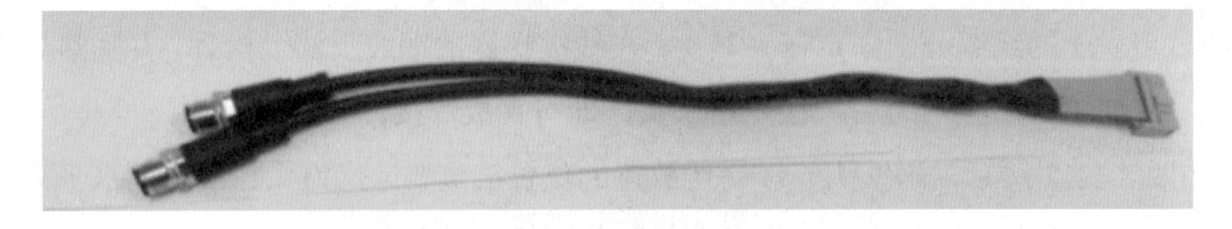

图 8-1-14　大热缩套绝缘处理

第 5 步：如图 8-1-15 所示，连接好 LED 显示屏的 FC 数据排线，并检测焊接好的线缆是否全部导通。如图 8-1-16 所示，使用万用表检查线缆的导通情况，旋转万用表旋钮开关至蜂鸣挡，将红、黑表笔分别插入 LED 显示屏的 FC 数据排线线头相同序号的孔内，蜂鸣器响说明线缆导通。当蜂鸣器不响时，说明线缆没有导通，需要重新焊接线缆。

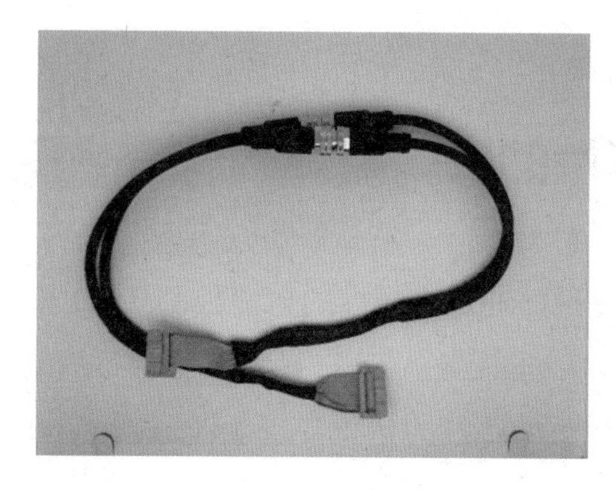

图 8-1-15　LED 显示屏的 FC 数据排线

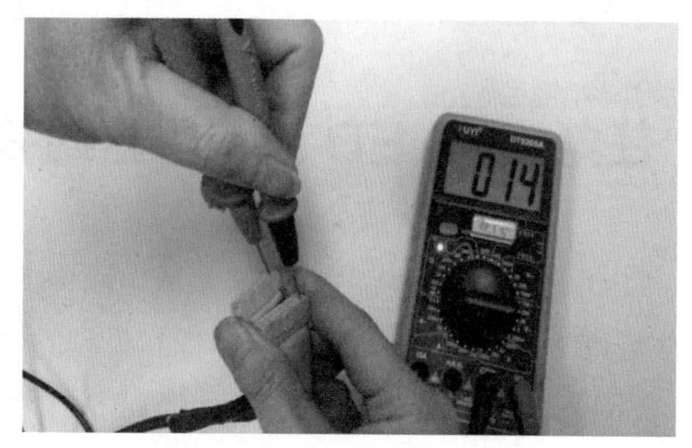

图 8-1-16　检查线缆的导通情况

考核

将考核结果填入表 8-1-3 中。

表 8-1-3　考核表

任务考核内容		标准分值	自我评分分值×50%	教师评分分值×50%
专业知识与技能	任务计划阶段			
	了解任务要求	5		
	任务执行阶段			
	熟悉拼接焊接	10		
	实训效果展示	10		
	理解拼接焊接操作	10		
	实训设备使用	10		
	任务完成阶段			
	拼接焊接的检查与测试	10		
	实训功能	10		
	实训结论	15		
职业知识素养	规范操作（安全、文明）	5		
	学习态度	5		
	合作精神及组织协调能力	5		
	交流总结	5		
合计		100		
学生心得体会与收获：				
教师总体评价与建议： 教师签名：　　　　　日期：				

任务二　LED 显示屏驱动芯片的安装与焊接

LED 显示屏驱动芯片是数字集成电路中的一种，通过高精度的电流控制 LED 灯珠的发光亮度、色彩，实现文字、图像和视频的显示。本任务从 LED 显示屏驱动芯片的功能、芯片的安装与焊接方面来开展对 LED 显示屏驱动芯片的认识与技能训练。

任务目标

知识目标

了解 LED 显示屏驱动芯片。

技能目标

掌握 LED 显示屏驱动芯片的安装与焊接方法。

任务内容

LED 显示屏驱动芯片的安装与焊接。

知识

ICN2012 是一款专为 LED 扫描屏设计的行驱动芯片。它集成 138 译码电路及 8 个功率 PMOS 管输出 PIN，导通电阻为 100mΩ，最大电流为 2A；具备输入开路、输入锁死自检、防烧功率 PMOS 管、LED 显示屏消除上鬼影、LED 灯珠保护等功能。

ICN2012 采用 SOP16 的封装形式，其引脚封装如图 8-2-1 所示，其外形如图 8-2-2 所示，其引脚说明如表 8-2-1 所示。

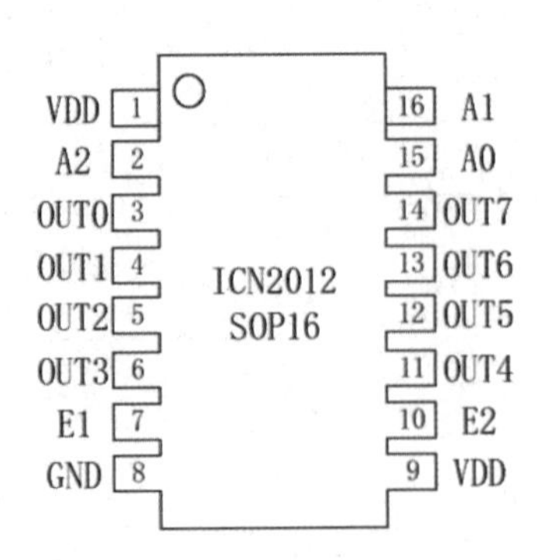

图 8-2-1　ICN2012 引脚封装

图 8-2-2　ICN2012 的外形

表 8-2-1 ICN2012 引脚说明

引脚名称	功能说明	引脚号
OUT0～OUT7	P-mosfet 输出	3，4，5，6，11，12，13，14
A0～A2	数据输入	15，16，2
E1、E2	使能控制	7，10
VDD	供电端	1，9
GND	接地端	8

实训

（1）实训准备。

准备驱动芯片、万用表、镊子、电烙铁（刀嘴烙铁头）、焊锡膏、松香，如表 8-2-2 所示。

表 8-2-2 芯片安装与焊接实训物料清单

序号	名 称	数 量	单 位	规格或型号	图 片
1	驱动芯片	1	个	型号：ICN2012 封装：SOP16	
2	万用表	1	台	数字型	
3	镊子	1	个	直头/ 125mm×10.5mm×1.5mm	
4	电烙铁	1	台	60W / 可调温、恒温/ 刀嘴烙铁头	
5	焊锡膏	1	个	维修针管式（碱性）	
6	松香	1	个	质量约为 10g	

（2）焊接芯片。

第 1 步：电路板焊盘和芯片上锡。如图 8-2-3 所示，查找 LED 显示屏电路板的空缺芯片位置，芯片丝印编号标注为 T4，型号为 2012/7258。用电烙铁给三角符号标识的焊盘（第 1 引脚焊盘）加热并上少量的焊锡膏；如图 8-2-4 所示，LED 显示屏芯片 ICN2012 标识小圆点的第 1 引脚（分辨芯片第 1 引脚的方法：面对着丝印正的一面，左下角的引脚就是芯片第 1 引脚）加热并上少量的焊锡膏。

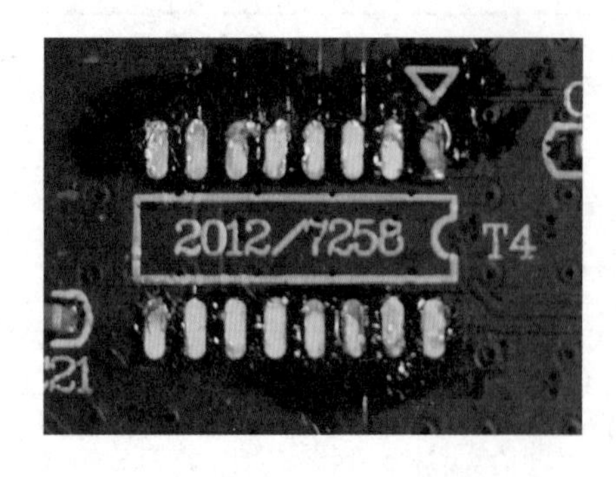

图 8-2-3　电路板芯片位置丝印图

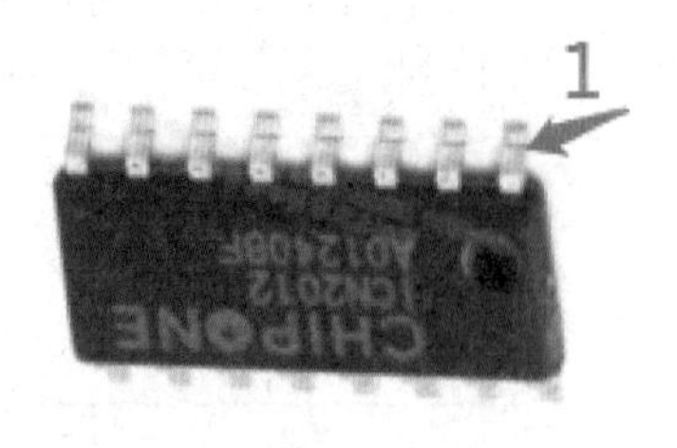

图 8-2-4　芯片第 1 引脚

第 2 步：放置芯片。如图 8-2-5 所示，将芯片 ICN2012 放置在电路板焊盘上，确保芯片第 1 引脚对准电路板上芯片丝印 T4 的第 1 引脚焊盘。用镊子固定芯片位置，以便辅助下一步的操作。

图 8-2-5　放置芯片

第 3 步：定位芯片。用烙铁头给芯片第 1 引脚加热，使焊盘上的焊锡完全熔化后移开电烙铁，待焊锡凝固后松开镊子；在芯片另一排引脚处选靠边的 1 个引脚，给其上焊锡膏，并用烙铁头为其加热，使焊锡完全熔化后移开电烙铁，待焊锡凝固后松开镊子。（注意：不是相邻的两个引脚。）

第 4 步：焊接芯片。将适量的松香和焊锡膏涂于芯片引脚上，擦干净烙铁头并蘸一下松香，使其来回加热引脚上的焊锡，待完全熔化后移开电烙铁。至此，芯片的一边已经焊接完，按照此方法焊接其他的引脚。焊接完成的芯片如图 8-2-6 所示。

图 8-2-6　焊接完成的芯片

考核

将考核结果填入表 8-2-3 中。

表 8-2-3　考核表

任务考核内容		标准分值	自我评分分值×50%	教师评分分值×50%
专业知识与技能	任务计划阶段			
	了解任务要求	5		
	任务执行阶段			
	熟悉贴片式芯片的焊接方法	10		
	实训效果展示	10		
	理解贴片式芯片的焊接操作	10		
	实训设备使用	10		
	任务完成阶段			
	贴片式芯片焊接的检查与测试	10		
	实训功能	10		
	实训结论	15		
职业素养	规范操作（安全、文明）	5		
	学习态度	5		
	合作精神及组织协调能力	5		
	交流总结	5		
合计		100		
学生心得体会与收获：				
教师总体评价与建议： 教师签名：　　　　日期：				

任务三　LED 显示屏系统的拼接

2017 年，中华人民共和国工业和信息化部发布 SJ/T 11141—2017《发光二极管（LED）显示屏通用规范》。该规范更新、细化了我国光电显示产品标准体系，为 LED 显示屏产品设计、制造、测试、安装、验收、使用、质量检验提供了重要的依据。该规范为 LED 显示屏的拼接做出拼装精度等级要求。

任务目标

知识目标

了解 LED 显示屏系统的组成与拼接方法。

技能目标

掌握 LED 显示屏系统的拼接方法。

任务内容

LED 显示屏系统的拼接。

知识

1. LED 显示屏系统的基本构成

LED 显示屏系统是由若干可组合拼接的单元板构成屏体，再加上一套适当的控制器（播放盒或控制系统）组成的。因此，多种规格的单元板配合不同控制技术的控制器就可以组成多种 LED 显示屏系统，以满足不同环境、不同显示要求的需要。

LED 显示屏系统的基本构成如下（以室内全彩屏为例）。

（1）金属结构框架：构成 LED 显示屏的内框架，搭载单元板或模组等各种电路板及开关电源。

（2）单元板：LED 显示屏的主体部分，由 LED 及驱动电路构成。室内屏就是各种规格的单元板，户外屏就是模组箱体。

（3）控制器：又称播放盒（或发送卡），控制其对应的显示屏的显示效果。它可以自动运行一个不断循环的程序，根据给定的节目单自动传送相关的显示数据，也可以人工干预，会产生屏幕的显示效果。

（4）接收卡：对输入的 RGB 数字视频信号进行缓冲、灰度变换、重新组织，并产生各种控制信号；连接 LED 屏幕和控制器的桥梁，负责接收控制器发出的数据，并将其显示到 LED 屏幕上。

（5）数据传输线缆：显示数据及各种控制信号由数据线缆传输至屏体。

（6）开关电源：将 220V 交流电变为各种直流电提供给控制器、单元板和接收卡。

（7）计算机及其外设：控制显示屏的显示效果。

2．LED 显示屏系统的拼接方式

（1）整体串联形式：一种是简单的串联连续方式，即 LED1～LED*n* 首尾相连，LED 显示屏工作时流过的电流相等；另一种是带旁路的串联连接方式。

（2）整体并联形式：一种是简单的并联方式，另一种是独立匹配的并联方式。简单并联方式中的 LED1～LED*n* 首尾并联，工作时每个 LED 上承受的电压相等。简单的并联方式的可靠性不高，故多采取独立匹配的并联方式，它具有驱动效果好、单个 LED 显示屏保护完整、故障时不影响其 LED 的正常工作等特点。

（3）混联形式：具有上述所说的串联形式和并联形式各自的优点。它也包括两种方式，一种是先串后并的混联方式，另一种是先并后串的混联方式。

（4）交叉阵列形式：主要是为了提高 LED 显示屏工作的可靠性、降低故障率提出来的。

以上说明 LED 显示系统的拼接方式是多种多样的，各有其优劣势，可根据不同的应用选择最适合的方式。因此这部分内容对于工程技术员是必须要了解的，具体问题具体分析。

3．LED 显示屏系统拼接的相关技术规范

LED 显示屏单元板的排列方向相同，信号输入端位于正视屏体右端；单元板水平拼接平整；显示面板上下平整，灯板显示面高低拼缝和 4 周拼缝<1mm，箱体内干净。

4．模组显示常见故障处理

（1）单组模组不亮或显示不正常：检查第 1 块模组连接的 FC 数据排线，用更换 FC 数据排线的方法来排查是否为 FC 数据排线的问题，否则可推断为模组输入、输出的问题。

（2）单组模组连接性缺色：检查第一块模组数据排线，反之判断为模组问题。

（3）单个接收卡带载模组全局显示异常：检查调试是否完成；更换接收卡排查。

实训

（1）实训准备。

准备 LED 显示屏数据线、LED 显示屏单元板、控制器、接收卡、开关电源、FC 数据排线（任务一中已制作，可直接使用）、LED 显示屏电源线、带插头电源线、电源线、螺丝刀，如表 8-3-1 所示。

表 8-3-1　实训物料清单

序号	名　称	数　量	单　位	规格或型号	图　片
1	LED 显示屏数据线	1	条	CF-16P/间距 2.54mm/同向	
2	LED 显示屏单元板	2	块	P4	
3	播放盒	1	个	A4	
4	接收卡	1	块	R512	
5	开关电源	1	个	220V 输入 5V 输出	
6	FC 数据排线	1	条	FC-16P/间距 2.54mm/1.8m/同向	
7	LED 显示屏电源线	1	条	U 型端子/红黑/一拖二电源线	
8	带插头电源线	1	条	$(2\times0.75)mm^2$/单边国标 2 插头/1.8m	
9	电源线	1	条	RV0.5mm^2/黑色/200m	
10	电源线	1	条	RV0.5mm^2/红色/200m	
11	螺丝刀	1	把	十字	

（2）LED 显示屏系统拼接的具体步骤。

按照图 8-3-1 拼接 LED 显示屏系统，并进行节目制作。

第 1 步：通信线缆的连接。接收卡与单元板通过 FC 数据排线进行连接，FC 数据排线的一端连接接收卡 HUB75E 的 J1 接口，另一端连接单元板的数据输入口（见图 8-3-2），用 LED 显示屏数据线连接单元板的数据输出口与另一块单元板的数据输入口，注意数据方向要一致。

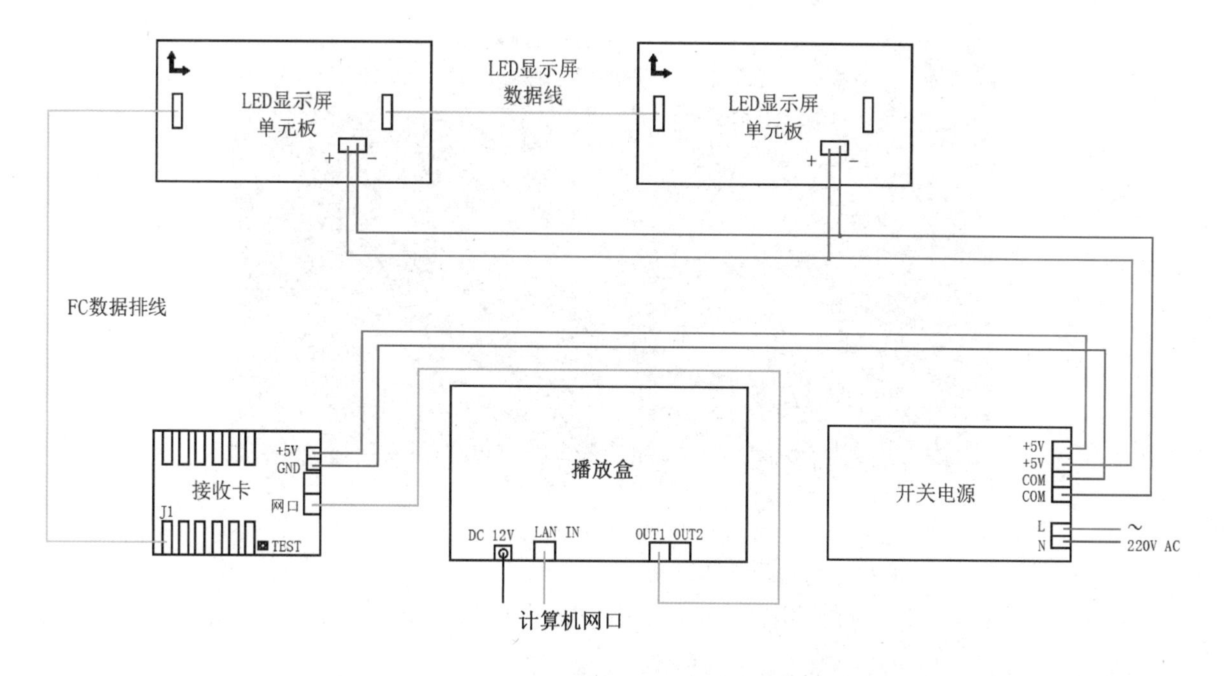

图 8-3-1　系统接线图

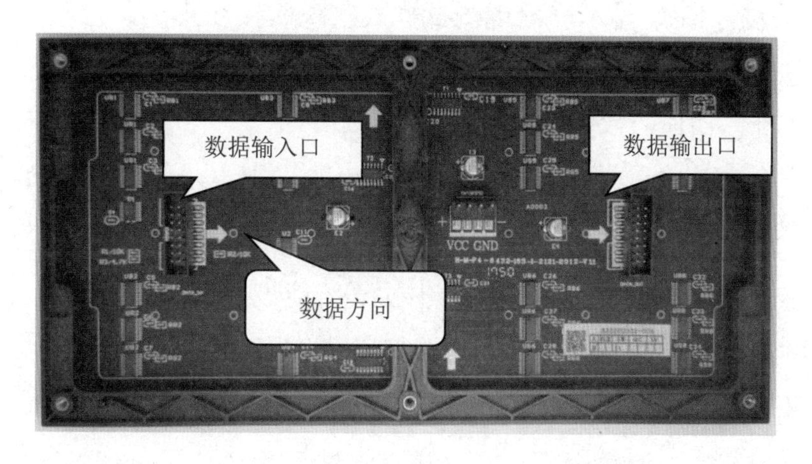

图 8-3-2　单元板背面

接收卡与播放盒通过 T568B 网线进行连接，使用 T568B 网线连接播放盒的 OUT1 网口与接收卡的网口，接收卡的两个网口不分进出口。使用 T568B 网线连接播放盒的 LAN IN 网口与计算机网口，进行数数据通信。

第 2 步：供电线缆连接。接收卡、LED 显示屏单元板均使用 5V 供电。使用 LED 显示屏一拖二电源线连接单元板供电接口，接入时注意极性，红色线对应单元板、接收卡的“VCC”或“+5V”标志的接线端子，黑色线对应“GND”引脚。LED 显示屏一拖二电源线的 U 型端子接入接线端子排，红色、黑色线分别接入开关电源的正极“+5V”、公共端“COM”。

使用带插头电源线连接开关电源的 L、N 接口，注意红色、蓝色分开接入开关电源的火线“L”、零线“N”，插头插入 220V 的电源插座；播放盒电源器插入 220V 的电源插座，如图 8-3-3 所示。

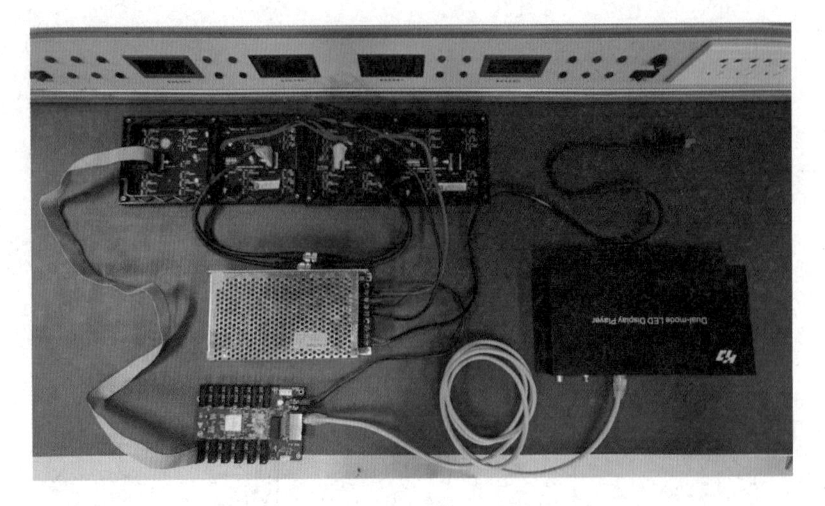

图 8-3-3　系统接线实物图

第 3 步：通电测试。打开电源，接收卡和播放盒指示灯闪烁，利用接收卡或播放盒上自带的测试按键测试拼接的显示屏是否正常，是否存在坏点等问题。按接收卡或播放盒的“TEST”按键，LED 显示屏出现测试模式，说明接线正确，也验证了 LED 显示屏数据线制作合格。每按下检测按键，显示屏红、绿、蓝、白、色块以行、列或对角斜线扫描显示等方式进行切换

第 4 步：显示屏调试。在计算机上打开 LED 显示屏操作软件 HDPlayer，进行接收卡参数的设定：选择菜单栏中的“设置”→“硬件设置”命令，在弹出的对话框中输入密码“168”，单击“接收卡参数”选项卡中的“智能设置”按钮，开始接收卡参数的设定，具体操作方法可参考项目五任务一中的相关内容。

第 5 步：显示屏内容设计与显示。在计算机中打开 LED 显示屏操作软件 HDPlayer，添加显示屏、添加节目、编辑内容，具体操作方法可参考项目五任务一中的相关内容。操作软件界面如图 8-3-4 所示，显示屏效果如图 8-3-5 所示。

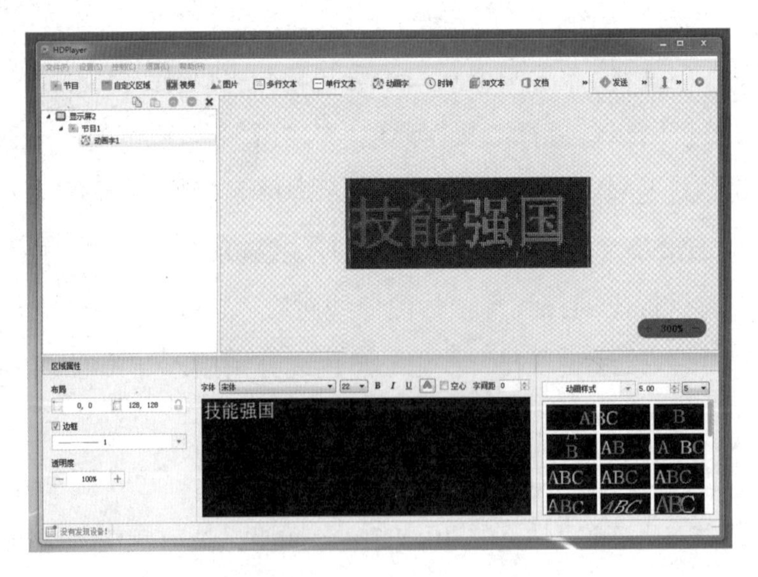

图 8-3-4　操作软件界面

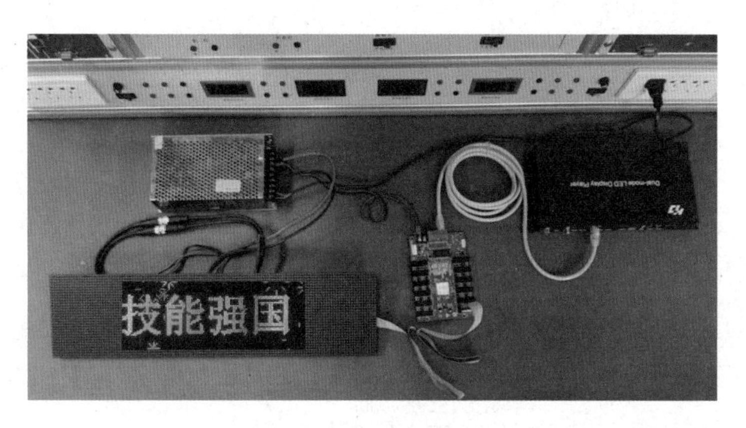

图 8-3-5　显示屏效果

考核

将考核结果填入表 8-3-2 中。

表 8-3-2　考核表

任务考核内容		标准分值	自我评分分值×50%	教师评分分值×50%
专业知识与技能	任务计划阶段			
	了解任务要求	5		
	任务执行阶段			
	熟悉 LED 显示屏系统拼接	10		
	实训效果展示	10		
	理解 LED 显示屏系统拼接操作	10		
	实训设备使用	10		
	任务完成阶段			
	LED 显示屏系统拼接的检查与测试	10		
	实训功能	10		
	实训结论	15		
职业素养	规范操作（安全、文明）	5		
	学习态度	5		
	合作精神及组织协调能力	5		
	交流总结	5		
合计		100		
学生心得体会与收获：				
教师总体评价与建议： 教师签名：　　　　日期：				

反侵权盗版声明

举报电话：（010）88254396；（010）88258888

传　　真：（010）88254397

E-mail：　dbqq@phei.com.cn

通信地址：北京市海淀区万寿路 173 信箱

　　　　　电子工业出版社总编办公室

邮　　编：100036